ARMマイコンで電子工作

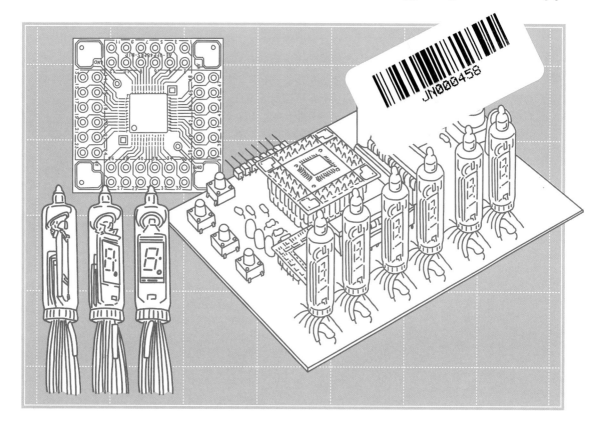

SAMファミリ
活用ガイドブック

後閑 哲也 著

技術評論社

はじめに

　マイクロチップ社は2016年にアトメル社を買収したことで、SAMファミリというARMアーキテクチャの32ビットマイコンを手に入れました。これでマイクロチップ社も遂にARMアーキテクチャを手に入れたことになります。

　32ビットマイコンとしては既存のPIC32ファミリと併存することになり、使い分け等多少混乱しています。開発環境もこれまでのSAMファミリ用と併存することになりました。

　しかし、開発環境の整備はかなりの速さで進められ、既存のPICマイコン用の開発環境であるMPLAB X IDEという統合開発環境の中にSAMファミリも統合されました。それだけでなくCコンパイラも統合され、さらに周辺モジュール用のライブラリや多くのミドルウェアを統合したフレームワークとして「Harmony v3」も一緒にリリースされました。これらを使うとまるで8ビットマイコンと同じような手軽さで32ビットマイコンが使えるようになります。

　本書では、このHarmony v3を使って、できるだけ簡単にしかも高機能なプログラムを作成する方法を解説しています。

　Harmony v3を使うとマイコン内部のアーキテクチャなどの詳細を知る必要がなく、内蔵モジュールについても何ができるかさえ理解していれば使うことができます。もちろんレジスタなどは全く見る必要がなくなります。本書でもレジスタの解説はしていません。

　SAMファミリの中でも最も使いやすいSAM Dファミリをベースにして、その内蔵周辺モジュールの使い方を網羅しました。さらにFATファイルシステムやUSBスタックなどのミドルウェアを使ったプログラムの作り方も解説しています。

　SAMファミリはより高性能なファミリがたくさんあり、Linuxを動かせるレベルのものまで用意されています。このようなより高性能な機能を実現するための基礎として、本書が少しでも読者諸氏の役に立てば幸いです。

　32ビットマイコンの演算能力や処理速度は8ビットマイコンに比べると圧倒的です。メモリも大容量ですから、これまでできないとあきらめていたことも、できるようになるかも知れません。ぜひ32ビットマイコンの高性能を読者ご自身で試してみてください。

　末筆になりましたが、本書の編集作業で大変お世話になった技術評論社の藤澤 奈緒美さんに大いに感謝いたします。

2020年3月　　後閑 哲也

目 次

第1章
SAMファミリの概要

本章では、2016年にマイクロチップ社が買収した
Atmel社のARMアーキテクチャの32ビットマイコン
SAMファミリについて、そのファミリの概要について解
説します。

SAMファミリとは

SAMファミリは、元はAtmel社が開発販売していたARMアーキテクチャで構成された32ビットマイコンです。

2016年にマイクロチップテクノロジー社（以降、マイクロチップ社）がAtmel社を買収したことで、現在はマイクロチップ社の製品として提供されています。

これにより現状のマイクロチップ社のマイコンファミリ全体は図1-1-1のような構成となっています。

8ビットファミリのAVR*ファミリと32ビットファミリのSAM*ファミリが旧Atmel社の製品となります。

AVR
8ビットマイコン。
Arduinoに使用。

SAM
32ビットマイコン。

●図1-1-1　マイクロチップ社のマイコンファミリの全体構成

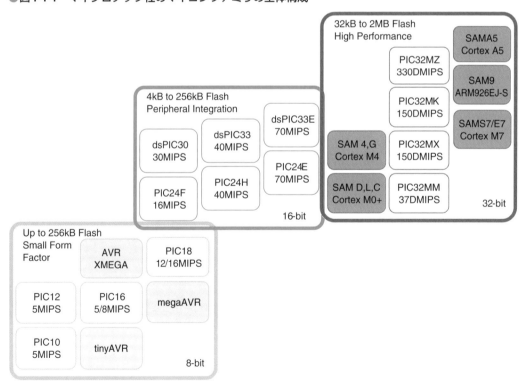

10

MIPSアーキテクチャ
旧MIPS Technologies
社（2018年Wave
Computing社が買収）
が開発したマイコンの
アーキテクチャ。

ARMアーキテクチャ
英ARM社が開発した
マイコンのアーキテク
チャ。1-2節参照。

DRAM
Dynamic Random
Access Memory
パソコン等に使われて
いるメモリ。

Linux
Windowsと並ぶ
Operating System。
オープンソースなので
無料で使える。

　PICマイコンは元々マイクロチップ社の製品で、MIPSアーキテクチャ*が採用されています。しかし、現状のマイコンの世界がARMアーキテクチャ*に席巻されていることから、マイクロチップ社としてもARMアーキテクチャを無視できなかったのだと思われます。ここでAtmel社を買収したことで、一気にARMアーキテクチャのマイコンを手にいれたことになります。

　これにより8ビットから32ビットまで多くのファミリが追加され、デバイス種類も数千種類を超えるほどになっています。

　32ビットファミリも、実行速度などの性能の差で多くの種類に分かれています。

　PIC32ファミリは、グラフィック表示器や高機能なアプリケーションを得意としています。

　SAMファミリは小型安価なファミリから、上位SAMファミリには外付けでDRAM*を接続してLinux*を実行できるレベルのものもあります。

　いずれも豊富なメモリを内蔵していて、大きなアプリケーションやデータを扱うことができます。

1-2 ARMアーキテクチャの種類と特徴

Cortex ファミリ
英ARM社が2005年に発表した一連のCPUファミリの名称。

ARMアーキテクチャの中のCortexファミリ*には、現在次のようないくつかの種類があり、それぞれに特徴があって適したアプリケーションが想定されています。

1 Arm Cortex M/M0+/M23

低価格の組み込み用途のマイクロコントローラ用のアーキテクチャです。

入出力ピンの制御が単一命令サイクルで完了するようになっていて、**8ビットマイコンと同様の制御**が可能です。またメモリ保護機能も搭載されていて、プログラムを盗難から保護します。

このファミリ中のM0+ファミリは、より高速、低消費電力化を実現したものです。さらにM23ファミリは、セキュリティ機能を強化したものとなっています。

2 Arm Cortex M3とM4

M3ファミリとM4ファミリは同じアーキテクチャとなっていて、M0+より3倍から4倍高速となっています。やはり組み込み用途に向けたマイクロコントローラ用です。M4はM3にDSP*関連の命令と浮動小数演算機能を追加したものとなっています。

DSP
Digital Signal Processor
デジタル化したアナログ信号の処理を高速で実行できるプロセッサ、演算処理。

3 Arm Cortex M7

M7ファミリは倍精度浮動小数演算機能とメモリ高速アクセス機能が追加されています。高性能な組み込み用途のマイクロコントローラ用のアーキテクチャです。複数命令を同時に実行することができ、M4に比べて2倍の処理性能を発揮します。

4 Arm Cortex R

Real Timeファミリと呼ばれ、デュアルコアのアーキテクチャで車載用途向けです。コア同士が常にヘルスチェックを行うことで高い信頼性を実現できます。

RTOS
Real Time Operating System
実時間で並行処理する複数のタスクを実行管理するソフトウェア。

5 Cortex A

大規模アプリケーション用途を目的としたマイクロプロセッサ用で、メモリを外付けして使います。RTOS*やLinux*を搭載して、画像処理や高性能が必要な処理を行うアプリケーション用です。

Linux
多くのコンピュータで実行可能なフリーのRTOS。

1-3 SAMファミリの種類と特徴

MCU
Micro Controller Unit

MPU
Micro Processor Unit

　SAMファミリには多くの種類がありますが、**MCUファミリ**[*]と呼ばれるものを大分類すると、採用している ARM Cortex のアーキテクチャに従ってベースライン、ミッドレンジ、ハイエンドの3種類に分けられます。

　この他に**MPU**[*]**ファミリ**と呼ばれる Linux が動作する高性能な SAM ファミリもありますが、本書では対象外とします。

・ ベースライン

Cortex M0+/M23 アーキテクチャを採用したもので次の3種類があります。

SAM D　　　SAM L　　　SAM C

・ ミッドレンジ

Cortex M4F アーキテクチャを採用したもので次の4種類があります。

SAM D5　　　SAM E5　　　SAM 4　　　SAM G

・ ハイエンド

Cortex M7 アーキテクチャを採用したもので次の3種類があります。

SAM S7　　　SAM E7　　　SAM V7

　どのファミリも、メモリ容量や周辺モジュールの実装内容などにより多くの種類に分かれています。本書で対象とするベースラインのファミリの差異は、表1-3-1のようになっています。

▼表1-3-1　ベースラインSAMファミリ一覧表

型　番	SAM D10/11	SAM D20/21	SAM C20/21	SAM L10/11	SAM L21/22
Cortex	M0+			M23	M0+
クロック	48MHz			32MHz	
ROM	8 ～ 16kB	16 ～ 256kB	32 ～ 256kB	16 ～ 64kB	32 ～ 256kB
RAM	4kB	2 ～ 32kB	4 ～ 32kB	4 ～ 8kB	4 ～ 32kB
ピン数	14/20/24	32/48/64	32/48/64/100	24/32	32/48/64/100
ADC	12bit 350ksps			12bit 1Msps	
SERCOM	3	4/6	8	3	6
USB+DMA	D11のみ	D21のみ	－	－	L21はhost可
セキュリティ	－	－	－	L11のみ	暗号化(L21)
その他	－	－	5V対応		
CAN (C21)	－	－	－	－	－

　また全体の詳細な SAM ファミリの一覧表は表1-3-2のようになっています。

Product Family	Core	Max. Operating Frequency (MHz)	Program Flash Memory (KB)	RAM (KB)	Pin Count	Peripheral Function Focus						
						Intelligent Analog				Waveform Control		
						ADC (channels/bits)	ADC Speed (sps)	DAC (channels/bits)	Analog Comp. (+Op Amp)	Output Compare Channels	Input Capture Channels	PWM Channels
SAMD09	CM0+	48	8–16	4	14–24	10/12	350k			6	3	4
SAMD10	CM0+	48	8–16	4	14–24	10/12	350k	1/10	2	6	3	12
SAMD11	CM0+	48	16	4	14–24	10/12	350k	1/10	2	6	3	12
SAMD20	CM0+	48	16–256	2–32	32–64	20/12	350k	1/10	2	16	8	16
SAMD21	CM0+	48	32–256	4–32	32–64	20/12	350k	1/10	2	18	8	24
SAMD21L	CM0+	48	32–64	4–8	32–48	18/12	350k	1/10	4	18	13	24
SAMDA1[3]	CM0+	48	16–64	4–8	32–64	20/12	350k	1/10	2	18	8	24
SAML10	CM23	32	16–64	4-16	24-32	10/12	1M	1/10	2[O3]	6	6	6
SAML11	CM23	32	16–64	8-16	24-32	10/12	1M	1/10	2[O3]	6	6	6
SAML21	CM0+	48	32–256	4–32	32–64	20/12	1M	2/12	2[O3]	24	8	24
SAML22	CM0+	32	64–256	8–32	48–100	20/12	1M		2	12	8	12
SAMC20	CM0+	48	32–256	4/32	32–64	12/12	1M		2	14	6	18
SAMC21	CM0+	48	32–256	4–32	32–100	20/12	1M	1/10	4	18	8	24
SAM4N	CM4	100	512–1024	64–80	48–100	16/10	510k	1/10		18	12	4
SAM4S	CM4	120	128–2048	64–160	48–100	16/12	1M	2/12	1	18	12	4
SAM4E	CM4F	120	512–1024	128	100–144	24/12	300k	2/12	1	24	18	4
SAM4L	CM4	48	128–512	32–64	48–100	16/12	300k	1/10	4	18	12	5
SAMG	CM4F	120	256–512	64–176	49–100	8/12	500k			6	6	6
SAMD5x	CM4F	120	256-1024	128-256	64-128	32/12	1M	2/12	2	25	16	24
SAME5x	CM4F	120	256-1024	128-256	64-128	32/12	1M	2/12	2	25	16	24
SAMS7x[2]	CM7	300	512–2048	256–384	64–144	24/12	1.7M	2/12	1	44	24	8
SAME7x[2]	CM7	300	512–2048	256–384	64–144	24/12	1.7M	2/12	1	44	24	8
SAMV7x[2][3]	CM7	300	512–2048	256–384	64–144	24/12	1.7M	2/12	1	44	24	8

Note 1: USART、SPIを含む
Note 2: DRAMサポート
Note 3: 連載グレード

Peripheral Function Focus																					
Timing and Measurements			Communications												System Flexibility						
16-bit/32-bit Timer	TCC (24-bit Control Timer)	Motor Interface (QEI/QDEC)	USB (FS/HS) + PHY (Trx)	CAN (2.0B or FD)	Ethernet (10/100)	SERCOM/FLEXCOM	USART/UART	I2C	SPI[1]	SDIO/SD/eMMC	CMOS Camera Interface	SQI/QSPI	Audio CODEC (I2S)	Peripheral Bus Interface PMP/EBI (Bus width, bit)	Dual Panel/Bank Flash	Intelligent Low Power Peripheral Event System (channels)	DMA (channels)	Low Active Power (μA/MHz)	5V Supply	CLC/CCL	Ultra-Small Package (WLCSP)
2/1						2	2	2	2							6	6	✓			
2/1	1					3	3	3	3							6	6	✓			✓
2/1	1		1^{F+P}			3	3	3	3							6	6	✓			✓
5/2						6	6	6	6							8		✓			
5/2	3		1^{F+P}			6	6	6	6				1			12	12	✓			✓
5/2	3					5	5	5	5							12	12	✓			
5/2	3		1^{F+P}			6	6	6	6				1			12	8	✓			
3/1						3	3	3	3							8	8	✓		✓	✓
3/1						3	3	3	3							8	8	✓		✓	✓
5/2	2		1^{F+P}			6	6	6	6							12	16	$\checkmark V_{BAT}$		✓	✓
4/2	1		1^{F+P}			6	6	6	6							8	16	$\checkmark V_{BAT}$		✓	✓
5/2	2					4	4	4	4							6	6	✓	✓	✓	✓
5/2	2		2^{FD}			8	8	8	8							12	12	✓	✓	✓	✓
2/–		D				3/4	3	4									23	✓			
2/–		D	1^{F+P}			2/2	2	3	1		✓		1	E^{24}	✓	14	22	✓			✓
–/3		D	1^{F+P}	2	1	2/2	2	3	1		✓			E^{24}			33	✓			
2/–			1^{F+P}			4/1	4	5			✓		1			4	16	✓			✓
2/–			1^{F+P}			8	8	8	8				2			6	30	✓			✓
8/4	2	D	1^{F+P}			8	8	8	8	2	✓	✓	1		✓	32	32	✓		✓	✓
8/4	2	D	1^{F+P}	2^{FD}	1	8	8	8	8	2	✓	✓	1		✓	32	32	✓		✓	
4/–		D	1^{H+P}			3/5	3	5	1	✓	✓		2	E^{24}			12	24	✓			
4/–		D	1^{H+P}	2^{FD}	1	3/5	3	5	1	✓	✓		2	E^{24}			12	24	✓			
4/–		D	1^{H+P}	2^{FD}	1	3/5	3	5	1	✓	✓		2	E^{24}			12	24	✓			

これらのファミリの中から、本書ではベースラインの中で一番高性能な SAMD21ファミリを使うことにしました。

ピン数も32ピンからあって自作する際に扱いやすいことと、メモリもたくさんあるので、大きなデータやアプリケーションでも気にしないで使えます。

USB
Universal Serial Bus
パソコンなどで広く使われているシリアル通信。

USB*もデバイスとホスト両方に対応しているので、いろいろな応用ができます。

メーカから図1-3-1のような評価ボードやオプションボードも用意されているので、自作が無理な方でもすぐ試すことができます。

●図1-3-1　ATSAMD21-XPRO Evaluation Kit

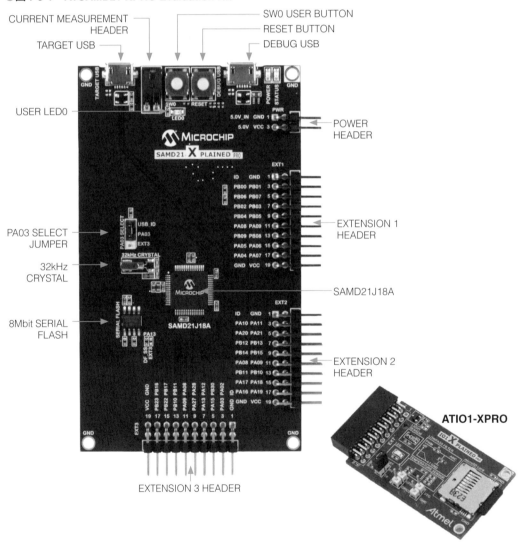

16

第2章

SAM D21 ファミリの
アーキテクチャ

本章では、本書で使うことにしたSAM D21 ファミリの
特徴とアーキテクチャについて解説します。このファミ
リを使う際に知っておくべき内部構成や動作に関する解
説です。

2-1 SAM D21 ファミリの特徴

2-1-1 SAM D21 ファミリの特徴

本書ではSAMファミリのエントリレベルのデバイスの中でも最も高性能な SAM D21 ファミリを使うことにしました。このファミリは次のような特徴を持っています。

- **ARM Cortex M0+ アーキテクチャを採用**
  - 乗算を1サイクルで実行
- **メモリが大容量**
  - ROMが32kB 〜 256kB　RAMが4kB 〜 32kB
- **高機能なシステム機能**
  - 豊富なクロック源　最高48MHzの動作
  - 高速で多種類の割り込み機能　16本の外部割り込み
  - 2ピンで書き込みとデバッグが可能
- **低消費電力**
  - アイドル、スタンバイ、スリープ*のモード
  - スリープ中も動作可能な周辺モジュールがある
- **多種類高機能な周辺モジュール**
  - 12チャネルのDMA*
  - 12チャネルのイベントシステム
  - 最大5組の16ビットタイマ/カウンタ　コンペア/キャプチャ動作
  - 最大4組の24ビット制御用タイマ/カウンタ　相補*のPWM*動作
  - 32ビットのリアルタイムカウンタ（RTC）　カレンダー動作
  - ウォッチドッグタイマ（WDT）
  - フルスピードのUSB　ホスト、デバイスいずれも可能
  - 最大6組のシリアル通信（SERCOM*）　UART、I^2C、SPI動作
  - I2Sインターフェース
  - 12ビット 350kspsのA/Dコンバータ　差動入力可能、アンプ内蔵
  - 10ビット 350kspsのDAコンバータ
  - 最大4組のアナログコンパレータ
  - タッチコントローラ　最大256チャネル
- **幅広い動作電源電圧**
  - 1.62V 〜 3.63V

スリープ
クロックを停止して極低消費電力を実現する動作モード。

DMA
Direct Memory Access
RAMメモリと周辺モジュール間で直接読み書きを行う機能でプロセッサとは独立に動作する。

相補
HighとLowが逆向きのパルス形式。

PWM
Pulse Width Modulation
パルス幅変調制御のこと。モータの可変速制御ができる。

SERCOM
Serial Communication Interface
シリアル通信用モジュール。

18

2-1-2　SAM D21ファミリのデバイスの種類

このファミリには表2-1-1のような種類があります。主にピン数とメモリサイズで分かれています。32/48/64ピンが基本のピン数となっています。

▼表2-1-1　SAMD21ファミリの一覧表

型番	Program Memory(KB)	Data Memory(KB)	Pin数	パッケージ	内蔵クロック	外部クロック	USB	SERCOM	PWM TC用	TCC	PWM/TCC数	I2S	DMAチャネル	RTC	WDT	イベントシステム数	外部割込み	入出力ピン数	ADCチャネル	コンパレータ	DAC
SAMD21E15A	32	4	32	TQFP QFN	OSC32K OSCULP32K OSC8M DFLL48M FDPLL96M	XOSC32K XOSC	Y	4	3/2	3	8/4/2	Y	12	Y	Y	12	16	26	10	2	Y
SAMD21E16A	64	8																			
SAMD21E17A	128	16																			
SAMD21E18A	256	32																			
SAMD21E15B	32	4																			
SAMD21E16B	64	8																			
SAMD21E15C	32	4	35	WLCSP																	
SAMD21E16C	64	8	32	TQFP QFN																	
SAMD21E17D	128	16								4	6/4/2/6										
SAMD21G15A	32	4	48	TQFP QFN	OSC32K OSCULP32K OSC8M DFLL48M FDPLL96M	XOSC32K XOSC	Y	6	3/2	3	8/4/2	Y	12	Y	Y	12	16	38	14	2	Y
SAMD21G16A	64	8																			
SAMD21G17A	128	16																			
SAMD21G18A	256	32																			
SAMG21G15B	32	4																			
SAMD21G16B	64	8																			
SAMD21G17D	128	16								4	8/4/2/8										
SAMD21J15A	32	4	64	TQFP QFN	OSC32K OSCULP32K OSC8M DFLL48M FDPLL96M	XOSC32K XOSC	Y	6	5/2	3	8/4/2	Y	12	Y	Y	12	16	52	20	2	Y
SAMD21J16A	64	8																			
SAMD21J17A	128	16																			
SAMD21J18A	256	32																			
SAMD21J15B	32	4																			
SAMD21J16B	64	8																			
SAMD21J17D	128	16		UFBGA						4	8/4/2/8										

これらのデバイスの型番の意味付けは、図2-1-1のように、比較的わかりやすくなっています。

●図2-1-1　SAMD21ファミリの型番の見方

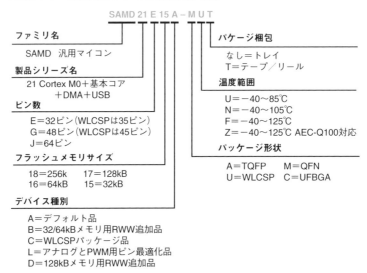

SAMD 21 E 15 A – M U T

ファミリ名
SAMD　汎用マイコン

製品シリーズ名
21 Cortex M0＋基本コア
　　＋DMA＋USB

ピン数
E＝32ピン（WLCSPは35ピン）
G＝48ピン（WLCSPは45ピン）
J＝64ピン

フラッシュメモリサイズ
18＝256k　　17＝128kB
16＝64kB　　15＝32kB

デバイス種別
A＝デフォルト品
B＝32/64kBメモリ用RWW追加品
C＝WLCSPパッケージ品
L＝アナログとPWM用ピン最適化品
D＝128kBメモリ用RWW追加品

パッケージ梱包
なし＝トレイ
T＝テープ／リール

温度範囲
U＝－40～85℃
N＝－40～105℃
F＝－40～125℃
Z＝－40～125℃ AEC-Q100対応

パッケージ形状
A＝TQFP　　M＝QFN
U＝WLCSP　C＝UFBGA

本書では、このファミリの中から、ピン数が少なくはんだ付けができて、最大メモリサイズの、下記の2つのデバイスを選びました。

・ SAMD21E18A-AU　　　32ピン　　　TQFP*　　256kB
・ SAMD21G18A-AU　　　48ピン　　　TQFP　　256kB

これらの実装内容は図2-1-2のようになっています。

●図2-1-2　SAMD21ファミリの実装内容

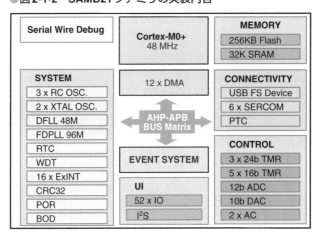

TQFP
Thin Quad Flat
Package
上から見ると正方形
で、薄く4つの端面に
ピンがでているパッ
ケージ。

2-2 全体構成とバスマトリクス

2-2-1 全体構成

SAM D21ファミリの内部全体構成は、図2-2-1のようになっています。

● 図2-2-1 SAM D21 ファミリの全体構成

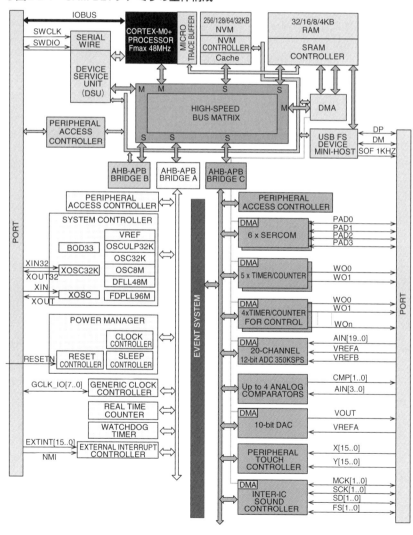

上側がCPU*部で、ARM Cortex M0+のプロセッサコアとメモリとバスマトリクス*で構成されています。

このバスマトリクスの下側に3つのAHB-APB Bridgeというブリッジを経由して周辺モジュールが接続されていて、バスマトリクスがすべてのデータ経路の交通整理をしています。

（AHB：Advanced High Performance Bus、APB：Advanced Peripheral Bus）

2-2-2 プロセッサコア部

プロセッサコアはARM Cortex M0+をベースにしています。すべてのプログラムは特権*モードのみで動作するようになっています。このプロセッサコアには次のような機能が追加されています。

❶専用のIO*バス（IOBUS）

基本となるバスは、すべてのメモリと周辺とのアクセスを32ビット幅のバスで実行し、命令とデータの読み書きを実行します。さらにもう1つローカルバスとして入出力ポートアクセス専用バス（IOBUS）が用意されています。このIOBUSにより32ビット幅でIOポートに直接アクセスして1サイクルでの入出力を可能としています。

❷システム制御空間（SCS：System Control Space）

SCS内のレジスタ経由でのデバッグを可能とします。

❸システムタイマ（SysTick）

CPUのクロックで動作する24ビット幅のタイマでCPUと割り込みの機能を拡張します。

ベクタ割り込み
割り込み要因ごとに独立のジャンプ先を持っている割り込み方式。

コンフィギュレーション
ハードウェアの動作、構成を設定すること。

例外処理
範囲外のアドレス指定や0による割り算などの異常処理。

SRAM
Static Random Access Memory
ダイナミックなリフレッシュが不要な読み書き可能なメモリ。

❹ベクタ割り込み*（NVIC：Nested Vectored Interrupt Controller）

プロセッサコアと密接に連携することで高速な割り込み応答を可能としています。外部割り込みと各周辺モジュールの割り込みが接続され、優先順位レベルの設定ができます。

❺システム制御ブロック（SCB：System Control Block）

コンフィギュレーション*設定や例外処理*を実行します。

❻マイクロトレースバッファ（MTB：Micro Trace Buffer）

SRAM*を内蔵していて簡単なトレースをコア本体で実行します。

2-2-3 ● バスマトリクス（Bus Matrix）

　SAMファミリでは、このバスマトリクスが非常に重要な役割を果たしています。基本の構成は図2-2-2のようになっていて、データの読み書きを要求する側のマスタとデータを供給する側のスレーブとの間の接続切り替えを行います。

　各バスは32ビット幅となっていて、CPUとフラッシュメモリ間はノーウェイトで命令をフェッチできます。

　周辺モジュールは低速度なので、3個のAHB-APB Bridge というブリッジでまとめて中継してアクセスするようになっています。

　（AHB：Advanced High Performance Bus、APB：Advanced Peripheral Bus）

　バスマトリクスでは、マスタとスレーブの接続を行いますが、互いに重ならなければ同時に複数の接続もサポートしています。

　CPUの上側にあるIOBUSは、1サイクルでの入出力制御を可能とするCPU直接の入出力専用バスとなります。

●図2-2-2　バスマトリクスの機能

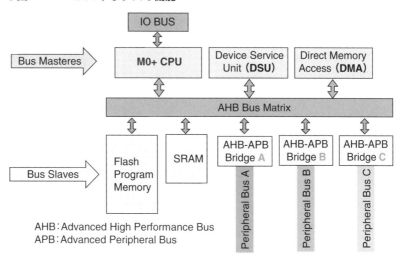

　このバスマトリクスの接続可能なクロスポイントの詳細は図2-2-3のようになっています。図中の○印のあるクロスポイントがサポートされています。

　USBとDMAはメモリに特権を持って高速アクセスできるように、AHB-APB Bridge Bを専用ブリッジとして使っています。

●図2-2-3 バスマトリクスの詳細

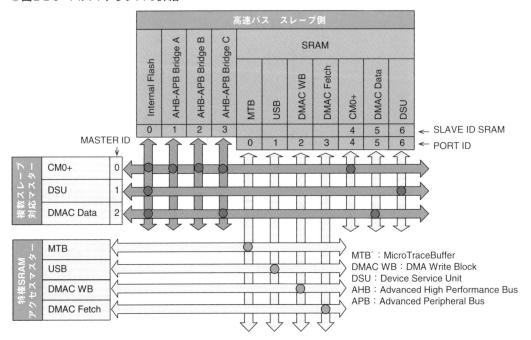

MTB : MicroTraceBuffer
DMAC WB : DMA Write Block
DSU : Device Service Unit
AHB : Advanced High Performance Bus
APB : Advanced Peripheral Bus

. . . .
MTB
Micro Trace Buffer
命令実行履歴を保存す
ることができるメモリ。

2-3 メモリ構成と書き込みインターフェース

2-3-1 メモリ構成

リニアなアドレス空間
連続の1つのアドレスに割り付けられるという意味。

I/O空間
内蔵周辺モジュールを制御するためのレジスタが配置されている範囲。

Boot Loader
周辺モジュールを使って外部からプログラムを読み込んでROMに書き込むためのプログラム。

SAM D21ファミリの物理的なメモリマップは図2-3-1のようになっています。ROM、RAMともに1つのリニアなアドレス空間*に割り付けられているので、容易にアドレスで扱うことができます。また設定用の領域や、I/O空間も*同じメモリアドレス空間にマッピングされています。

Boot Loader*を使う場合には、メイン空間の下位アドレス部に配置され、プロテクトをセットして保護することができます。

型番のサフィックスがB、C、D、Lタイプのデバイスには、RWW（Read-While-Write）と呼ばれる書き込み可能なフラッシュメモリ領域、つまり疑似EEPROM領域が用意されています。

●図2-3-1 物理的メモリマップ

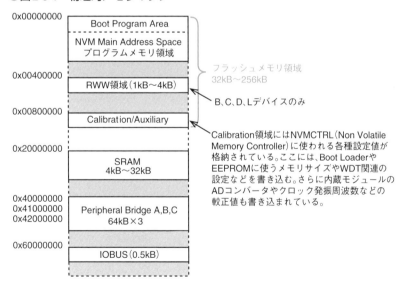

フラッシュメモリ領域であるNVMメモリは、NVMCTRL（Nonvolatile Memory Controller）と呼ばれる制御部により制御されています。NVMCTRLでは次のような制御が行われています。

- AHBバス経由の32ビット幅の読み書き
- ウェイトステートの挿入とキャッシュの制御
- Boot Loaderを使う場合にはプロテクト制御も行う
- スリープモードのときは低消費電力になるようにする
- ウェイクアップ時の電力制御も行って高速アクセスを可能とする

NVMメモリは、64バイトごとのPageで構成されており、これが4つずつ集まってROWを構成しています。消去はROW単位でできますが、書き込みはPage単位となっています。

NVMメモリの上位側に**Calibration領域**が用意されていて、工場出荷時の各種の較正値や、各種設定値が書き込まれています。較正値は起動時に自動的に読み出されて周辺モジュールに設定されます。またユーザーにより書き換えることも可能になっています。

2-3-2 書き込みインターフェース

フラッシュメモリにプログラムを書き込むためのインターフェースについて説明します。

本書では開発環境としてはMPLAB X IDE[*]を使い、書き込みデバッグツールには**PICkit 4**[*]を使うことにしました。このPICkit 4とSAM D21ファミリとの接続は図2-3-2のようにします。

もともとのSAM D21ファミリの書き込みインターフェースは、図2-3-2(a)のようなCortex Debug Connector用のインターフェースになっています。

PICkit 4の場合も、これと同じ接続構成ができるようになっていて、図2-3-2(b)のように接続します。この図にはリセットスイッチも追加しています。RESETINピンにはプルアップ抵抗が内蔵されていますが、念のため外付けで10kΩの抵抗を追加しています。

MPLAB X IDE
マイクロチップ社が提供する統合開発環境。詳細は第4章参照。

PICkit 4
USBでパソコンと接続でき、プログラムの書き込みやデバッグができるハードウェアツール。

●図2-3-2 書き込みインターフェース

(a) Cortex Debug Connector（10pin）の場合

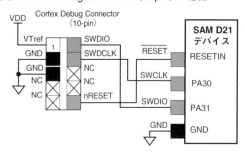

(b) PICkit 4の場合

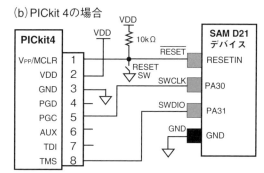

2-4 電源供給方法

SAM D21ファミリの電源ピンと供給範囲は図2-4-1のようになっています。電源ピンとしては次の2種類となっていますが、同じ単一電源で動作します。

1 VDDIO、VDDIN、GND

VDDIOとGNDは基本となる電源供給ピンで、デジタル入出力ピンの電源となるとともに、外部クロック発振回路*用の電源ともなります。ここには1.62Vから3.63Vの範囲の電圧を供給します。

同じ電源供給ピンであるVDDINはレギュレータ*の入力電圧となって、プロセッサコア用のVDDCORE（1.2V）を生成します。このVDDCOREのピンには平滑*用のコンデンサを接続する必要があります。

2 VDDANA、GNDANA

VDDANAとGNDANAはアナログ回路用の電源供給ピンで、内部アナログ回路の電源となるとともに、アナログ入出力ピン用の電源にもなります。ここここにはVDDIOと同じ電圧を供給します。

内部のデジタル回路とアナログ回路の電源を分離することで、デジタル回路がアナログ回路に与えるノイズの影響が最少となるようにしています。

外部クロック発振回路
外付けでセラミック発振子やクリスタル発振子を接続して発振させるための内部回路。

レギュレータ
内蔵の定電圧回路。

平滑
電源のリップルノイズを低減してきれいな直流にすること。

●図2-4-1　電源供給の範囲

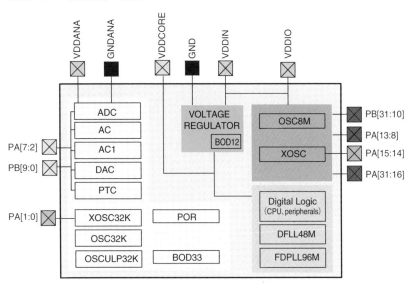

実際の回路設計では、電源供給を図2-4-2のようにします。

基本の回路は図2-4-2 (a) のようになります。特にアナログ回路のノイズを気にしなくてよい場合には、この回路でも問題なく動作します。

アナログ回路のノイズをできるだけ少なくしたい場合には、図2-4-2 (b) の推奨回路とします。図のようにアナログ回路用電源にLCのデカップリング回路を挿入して、電源からのノイズが最小限となるようにします。またこのとき、図2-4-2 (b) の点線から右にあるバイパスコンデンサ*はできるだけピンの近くに配置するようにします。

バイパスコンデンサ
パスコンとも呼ばれる。電源の変動を抑制するためのコンデンサ。

● **図2-4-2　実際の電源供給回路**

(a) 基本回路

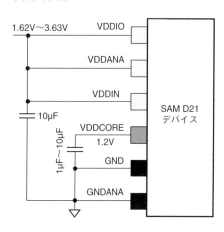

(b) 推奨回路

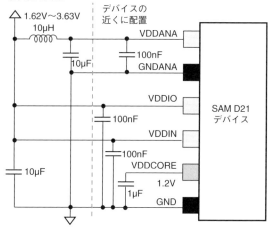

アナログ入力でノイズが課題になる場合には注意することがあります。

アナログ入力ピンの内、PA08 (AIN16) からPA11 (AIN19) の4ピンは、VDDIOつまりデジタル回路用の電源で動作しているので、アナログ入力用のピンには適していないということです。

2-5 クロックシステムとSYSCTRL

2-5-1 クロックシステム

SAM D21ファミリ内部のクロック生成システムの全体構成は図2-5-1のようになっています。各ブロックの役割は次のようになっています。

1 SYSCTRL（System Controller）

外部発振
外付けでセラミック発振子やクリスタル発振子を接続してクロックを生成すること。

クロック源を制御するブロックで、外部発振*（XOSC）、内蔵8MHz発振器（OSC8M）、デジタル逓倍器*（DFLL48M）から一定の周波数のクロックを提供します。

2 GCLK（Generic Clock Controller）

デジタル逓倍器
デジタル回路で信号を指定倍にアップする回路のこと。

クロック分配器で、9個のGCLK Generator xで分周したクロック信号を内蔵モジュールに供給します。特にGCLK Generator 0はGCLK_MAINとよぶクロックを生成し、これがPM（Power Manager）に供給されて、CPUのタイミングに合わせた同期クロックを生成するのに使われます。その他のGenerator xで分周されたクロックはGCLK Multiplexer yで指定された内蔵周辺モジュールに供給されます。さらにMultiplexer 0はDFLL48Mの逓倍器にフィードバックして入力クロックとすることもできます。

3 PM（Power Manager）

AHB
Advanced High Performance Bus

APB
Advanced Peripheral Bus

PMではCPUの基本クロックを供給するとともに、システム全体に同期クロック（AHB/APB* System Clock）を供給し、周辺モジュールが、AHB、APBバスにアクセスする場合に必要となるCPUに同期したクロックを供給します。

つまり、周辺モジュールはGCLKから供給されるクロック（非同期）で動作しますが、バスとのやりとりの場合にはPMから供給される同期クロックで動作します。

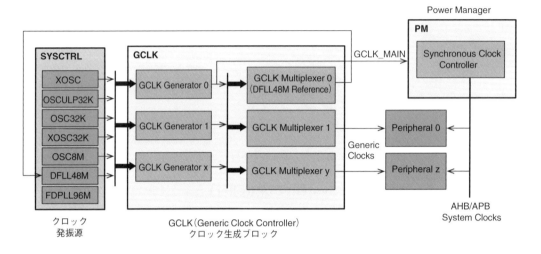

2-5-2　PM（Power Manager）

PMはリセット、同期クロック生成、スリープモードの制御を行います。

■1 リセット制御

リセットには次の2種類があります。

- 電源リセットは、POR[*]、BOD12[*]、BOD33によりリセット
- ユーザーリセットは、外部リセット、WDT[*]、ソフトリセット

■2 クロック制御

CPUとAHB、APBバス用の同期クロックを生成します。
リセット直後の同期クロックは、次のような状態となります。

- OSC8Mが発振し、1/8分周となる
- GCLK Generator 0がOSC8Mで動作しGCLK_MAINを供給する
- CPUとバスのクロック分周比は1/1となる

また電源オンリセット後のGCLKは次の状態となります。

- Generator 0とGenerator 2以外のすべてのGeneratorは停止
- Generator 0はOSC8MでCLOCK_MAINを生成
- Generator 2はOSCULP32Kで1/1分周でクロックを生成しWDTに供給

ユーザーリセット後は、ユーザー設定の条件で動作します。

POR
Power On Reset
電源オン時リセット。

BOD
Brown Out Detect
電圧低下を検知したら
CPUをリセットする
機能。BOD12は1.2V、
BOD33は3.3V以下を
検知する。

WDT
Watch Dog Timer
プログラム暴走検知用
タイマ。

2

SAM D21 ファミリのアーキテクチャ

3 スリープモード

IDLE、STANDBY*の低電力のスリープモード制御を実行し、停止が必要なクロックを選択して停止と再起動制御を実行します。

低電力動作時のクロックの停止と動作は表2-5-1のようになっています。

ただしOSCULP32Kクロックは、常時動作を継続します。

▼表2-5-1　低電力動作モードとクロックの停止/動作

動作モード	ONDEMAND	RUNSTDBY	動　作
Idle 0、1、2	0	×	動作
Idle 0、1、2	1	×	周辺からの要求で動作
Standby	0	0	停止
Standby	0	1	動作
Standby	1	0	停止
Standby	1	1	周辺からの要求で動作

2-5-3　SYSCTRL（System Controller）

システムコントローラは、クロック源、ブラウンアウト検出*、レギュレータ、定電圧リファレンスに関する制御を提供します。それぞれの制御は次のようになります。

❶ XOSC

0.4MHzから32MHzの外部発振回路を制御し、発振回路のゲインや開始時間を設定できます。

❷ XOSC32K

32.768kHzのクリスタル発振回路を制御し、発振回路のゲインと開始時間を設定できます。

❸ OSC32K

内蔵の高精度な32.768kHzの発振器を制御し、周波数の微調整や開始時間の設定ができます。

❹ OSCULP32K（Ultra Low Power Internal Oscillator）

常時動作の32kHzの低電力発振器を制御し、周波数の微調整を行い、リセット時に較正値をメモリから読み出して設定します。

❺ OSC8M

内蔵の8MHzの発振器を制御し、周波数微調整と分周器*の設定と較正値の読み出しと設定を行います。

❻ DFLL48M（Digital Frequency Locked Loop）

内蔵の48MHzの発振器でオープンループ動作とクローズ動作*を制御します。

⑦ FDPLL96M (Fractional Digital Phase Locked Loop)

32kHzから2MHzの入力クロックから48MHzから96MHzまでのクロックの生成を制御します。分周設定は16ステップで設定できます。

⑧ BOD33 (3.3V Brown-out Detector)

3.3Vのブラウンアウトの検出制御で、34mV単位のスレッショルドの設定、割り込みトリガ、連続かサンプリングかの動作モード、ヒステリシス*の制御を実行します。

⑨ VREG (Internal Voltage Regulator System)

コア用の1.2Vを生成する内蔵レギュレータの通常モードと低電力モードの動作制御を行います。

⑩ BOD12 (1.2V Brown-out Detector)

コア用の1.2V用の電源のブラウンアウト検出機能を制御し、スレッショルドの設定や割り込みトリガ、動作モードの設定を制御します。

⑪ VREF (Voltage Reference System)

内蔵定電圧リファレンスで、較正値をメモリから読み出して設定します。また温度センサも内蔵しています。

2-5-4 動作クロック周波数

SAMD21ファミリのCPUや周辺モジュールが動作する最高周波数は表2-5-2のようになっています。基本は48MHzが最高周波数ですが、一部の周辺モジュールでは96MHzで動作するものもあります。

またアナログ関連のモジュールは動作が遅くなっています。

▼表2-5-2　最高動作周波数

モジュール名	最高周波数	備　考
CPU本体	48MHz	
AHB、APBバス	48MHz	
DFLL48Mのリファレンス	33kHz	
FDPLL96Mのリファレンス	2MHz	
イベントシステム	48MHz	
USB	48MHz	
TCC0、TCC1	96MHz	
TC3	96MHz	
TC4、TC5	48MHz	
アナログコンパレータ入力	64kHz	
DAC入力	350kHz	1ステップの場合は1MHz
I2S入力	13MHz	
その他の周辺モジュール	48MHz	

2-6 割り込みシステム

2-6-1 ベクタ割り込み

割り込み
現在実行中のプログラムをいったん中止し、別のプログラムを実行させ、そのプログラムが終了したら元のプログラムを再開させる機能。

NVIC
Nested Vector Interrupt Controller ベクタ割り込みのこと。割り込み要因ごとに独立した番地にジャンプする。

　SAM D21ファミリの割り込み*システムはNVIC*が全体の制御をし、29本の割り込みラインがそれぞれ個別に周辺モジュールに割り当てられています。周辺モジュールごとに割り込みフラグビットが設けられていて、割り込み条件成立でセットされて割り込み要因となります。
　割り込みベクタは表2-6-1のように周辺モジュールに割り当てられています。

▼表2-6-1　割り込みベクタの割り当て一覧

略　号	周辺モジュール名	ライン
EIC NMI	外部割り込みコントローラ	NMI
PM	電源マネージャ	0
SYSCTRL	システム制御	1
WDT	ウォッチドッグタイマ	2
RTC	リアルタイムカウンタ	3
EIC	外部割り込みコントローラ	4
NVMCTRL	不揮発性メモリコントローラ	5
DMAC	ダイレクトメモリアクセスコントローラ	6
USB	USB	7
EVSYS	イベントシステム	8
SERCOM0	シリアル通信インターフェース0	9
SERCOM1	シリアル通信インターフェース1	10
SERCOM2	シリアル通信インターフェース2	11
SERCOM3	シリアル通信インターフェース3	12
SERCOM4	シリアル通信インターフェース4	13
SERCOM5	シリアル通信インターフェース5	14
TCC0	制御用タイマ/カウンタ0	15
TCC1	制御用タイマ/カウンタ1	16
TCC2	制御用タイマ/カウンタ2	17
TC3	タイマ/カウンタ3	18
TC4	タイマ/カウンタ4	19

略　号	周辺モジュール名	ライン
TC5	タイマ/カウンタ5	20
TC6	タイマ/カウンタ6	21
TC7	タイマ/カウンタ7	22
ADC	アナログ/デジタルコンバータ	23
AC	アナログコンパレータ	24
DAC	デジタル/アナログコンバータ	25
PTC	周辺タッチコントローラ	26
I2S	I2S	27
AC1	アナログコンパレータ1	28
TCC3	制御用タイマ/カウンタ3	29

2-6-2 割り込み優先順位

　SAMD21ファミリの割り込みは、表2-6-2のように7レベルの段階で優先順位が付けられています。ベクタ番号がマイナスの割り込みは例外割り込みとなっていて、上位の固定優先順位となっています。周辺モジュールの割り込みは0～3の4レベルが設定でき、数値の小さいほうが高い優先順位となっています。

▼表2-6-2　例外割り込みと優先順位

ベクタ番号	種　類	優先レベル
− 15	リセット	− 3
− 14	NMI (Non Maskable Interrupt)	− 2
− 13	Hard Fault (ハードウェア異常)	− 1
− 5	SVCall (SuperVisor Call)	0
− 2	PendSV (Pendable Service)	0
− 1	SysTick (System Tick Service)	0
0 ～ 29	周辺モジュール割り込み	0 ～ 3設定可

2-7 WDT

WDT
Watch Dog Timer
Watch Dogとは 番 犬
の意味。

WDT*はプログラムの動作監視用のタイマ**で、タイムアップでリセットがかかります。WDT使用時には、一定時間内にタイマをクリアしてタイムアップしないようにプログラムを作る必要があります。万一プログラムが暴走したり異常ループに入ったりした場合には、リセットして最初から再起動させるように動作します。

監視時間は、分周設定により8msから16sまでの間で設定できます。

窓付きの動作にした場合には、リセットをする時間帯が制限され、設定した時間内にWDTをリセットしないと異常と検出します。窓時間より早くても遅くても異常とみなすので、より厳しい条件でプログラム動作を監視します。

WDTの内部構成は図2-7-1のようになっています。クロック源となるGCLK_WDTはスリープ中も動作するので、スリープ中にもWDTは動作を継続します。

Early Warning Interruptを許可すると、窓付き動作の場合には、窓の開始のタイミングで割り込みを生成するので、スリープ動作の場合これでウェイクアップしてWDTクリアをすればタイムアップによるリセットを回避できます。

● **図2-7-1　WDTの内部構成**

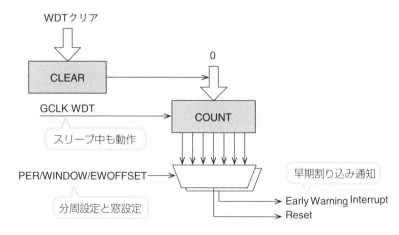

35

2-8 DMAモジュール

2-8-1 DMAモジュールの概要

DMAC
Direct Memory Access
Controller

CRC
Cyclic Redundancy
Check
巡回冗長符号チェッ
ク。指定された計算式
でデータを順次計算
し、結果があらかじめ
記憶されたものと一致
するかどうかでデータ
が正しいか、変化して
いないかをチェックす
る方式のこと。

SAM D21ファミリのDMA（Direct Memory Access）モジュールには DMAC*モジュールだけでなく、CRC*モジュールも一緒に実装されています。
DMACモジュールは、メモリと周辺モジュール間のデータ転送をCPUの助けを借りず独立に行います。CRCモジュールはこのデータ転送中のエラー検出のためと、プログラムメモリ内容が破壊されていないかをチェックすることでデバイスの信頼性を確保するために使われます。

このDMAモジュールは次のような特徴を持っています。

・データ転送モード

周辺モジュール同士、周辺モジュールからメモリ、メモリから周辺モジュール、メモリ同士の転送が可能です。1回の転送は1バイトから256kバイトまで設定でき、データのアドレスも固定かインクリメントが指定できます。

・転送トリガと割り込み

プログラム指定、4種類のイベント、周辺モジュールからの要求でトリガできます。転送終了かエラー発生で、割り込みを生成します。

・デスクリプタで転送モードを設定

最大12チャネルのDMAチャネルが構成でき、SRAM内に用意されるデスクリプタで転送方法を設定します。1チャネルごとに16バイトのデスクリプタを構成し、多重転送や循環転送はこのデスクリプタをリンクすることで行われます。

・柔軟な優先順位設定

ラウンドロビン
番号順に割り当て、一
巡したあとはまた最初
に戻る方式のこと。

チャネルごとに4レベルの優先順位が設定でき、各レベル内も固定またはラウンドロビン*による優先順位付けができます。

2-8-2 DMAモジュールの内部構成と動作

DMAモジュールの内部構成は図2-8-1のようになっています。DMAチャネルとして最大12チャネルが実装されていて、12組のデータ転送を制御できます。
DMAモジュールは4種類のデータバスを持っています。
まず、データ転送そのものは、マスタとしてデータを要求するバスと周辺

モジュールと転送するためのAHB/APBブリッジとのバスで行われます。

それ以外にデータ転送をするための条件の設定や転送状況を書き込む**DMA デスクリプタ***をSRAMとの間でRead/Writeするバスがあります。

DMAデスクリプタ
転送方式や構成設定用
のデータ。

チャネルごとにこのデスクリプタを転送することでDMA転送が設定されて実行されます。

さらにCRC Engine部が転送中のエラーチェックを行います。

● 図2-8-1　DMAモジュールの内部構成

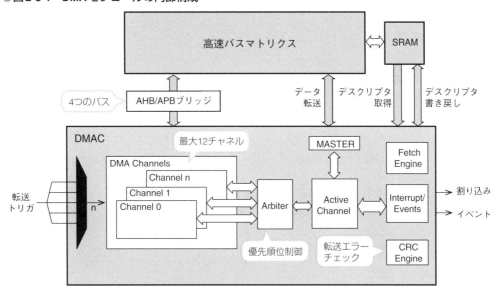

2-8-3　データ転送方法

DMAの1つの転送単位は**Transaction**と呼ばれます。そのTransactionの構成は図2-8-2（a）のようになっています。この例は**Link Transfer**と呼ばれ、転送可能なBlockが優先順位にしたがって挿入されリンクされてTransactionが構成されます。

Blockが1つのDMAの転送単位のデータで、**Beat**と呼ばれる最小転送単位の複数個で構成されます。最小単位のBeatは8ビット、16ビット、32ビットの指定ができます。1つのBlockは1個から64000個までのBeatで構成できます。

トリガで起動される転送モードには次の3種類があります。

❶ Beat転送モード
1回の転送ごとに1個のBeatを転送する

②ブロック転送モード

1回の転送ごとに指定された個数のBeatを含むブロックを転送する

③リンク転送モード

1回の転送ごとにリンクリストに従って複数ブロックを転送する

例えば図2-8-2（b）は、8ビット単位の同じチャネルのBeatを4個でBlockを構成した例で、UARTの送信などに使うことができます。この場合、転送元となるメモリのアドレスは、インクリメントモードにして順次データを取り出します。転送先のUARTは常に同じレジスタのアドレスですから、固定とします。

図2-8-2（c）の例では、16ビット単位の同じチャネルのBeatを4個でBlockを構成した例で、DAコンバータの出力などに使うことができます。アドレスモードは（b）と同じようにします。

この他にメモリとメモリ間の転送にもDMAを使うことができ、大容量のデータのコピーや移動に使えます。この場合には転送元も転送先もアドレスをインクリメントする設定として使います。

●**図2-8-2　DMA転送単位と転送方法**

（a）DMA Transactionの構成

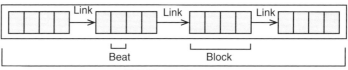

（b）8ビットBeatの転送例

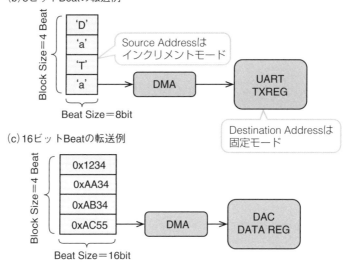

（c）16ビットBeatの転送例

2-8-4　DMAデスクリプタ

DMAのTransactionの構成や、リンク指定を設定するのがデスクリプタで図2-8-3の構成となっています。1チャネル分の容量が128ビット（16バイト）で構成されています。

DESCADDR（Descriptor Address register）がリンク用で、リンクなしの場合は0x00000000として1つのDMAチャネル転送で終了です。リンクする場合には、ここにリンクする先のチャネルのデスクリプタの先頭アドレスを設定します。リンク最後のDESCADDRが0となります。

●図2-8-3　DMAデスクリプタの構成

DESCADDR	4byte	リンク先デスクリプタのドレス 0x00000000で終了
DESTADDR	4byte	転送先のアドレス
SRCADDR	4byte	転送元のアドレス
BTCNT	2byte	Block　のBeat数
BTCTRL	2byte	Blockの制御情報

このデスクリプタは図2-8-4のようにSRAM領域に保存します。初期設定用のデスクリプタはベースアドレスで指定されるDescriptor Sectionに使用チャネル順に初期値を格納します。そしてこのデスクリプタが実行開始時にDMA関連レジスタにコピーされて動作します。

動作が終了したり、あるいは停止したり優先順位が下がったりした場合には現状をWrite-Back Sectionに保存し、次に起動したときこのWrite-Back Sectionからレジスタにロードすることで前回の続きから継続するようになります。

●図2-8-4　DMAデスクリプタの配置

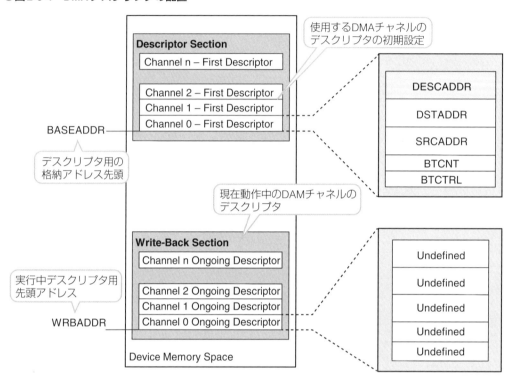

2-9 入出力ピン（GPIO）の構成

GPIO
General Purpose Input
Output

入出力ピン**GPIO***はマイコンのICのピンのことで、直接外部にHighかLowの電圧を出力したり、入力したりします。また、内蔵周辺モジュールに接続して内蔵周辺モジュールの入出力を行うことにも使われます。

2-9-1 入出力ピンとは

グループ
Groupは32ピンが単位となる。

入出力ピンは**PORT**と呼ばれ、32ピンごとに振り分けられ、group_0、group_1などの**グループ***としてまとめられています。このグループ単位でまとめて入出力できます。

group_0はPA00からPA31ピンとして1ピンごとに名前が付けられ、group_1はPB00からPB31ピンとして名前が付けられています。この名前により、1ピン単位での制御もできます。どのピンが存在するかは、パッケージのピン数により異なることになります。

SAM D21ファミリはARM Cortex-M0+のアーキテクチャにより、通常の周辺モジュールと同じHPB/APBバスからのアクセス以外に、IOBUSでコアから直接制御できるようになっていて、1サイクルでの入出力が可能となっています。

2-9-2 入出力モジュールの内部構成

プッシュプル構成
電流の入力と出力両方
ができる。

read-modify-write
いったん全体を読み込
み、指定したビットの
み変更してから再度全
体を出力する方式。

入出力ピンモジュールの内部構成は図2-9-1のようになっています。ピンごとに**PAD**と呼ばれる駆動回路があり、それに制御レジスタの各ビットが接続されていてレジスタで各種設定と制御を行います。

駆動出力はトランジスタのプッシュプル構成*となっていて、電流の供給と吸収の両方ができます。

1ピンごとに入出力モードが設定でき、出力はread-modify-write*方式となっていて、1ピンごとにセット、クリア、トグルが直接レジスタで制御できるようになっています。

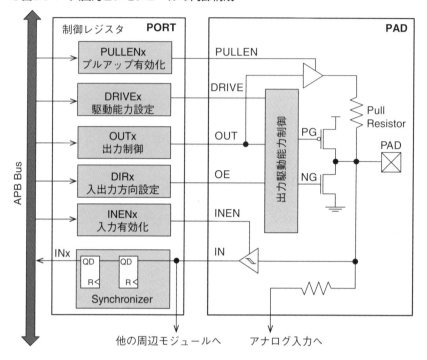

●図2-9-1　入出力ピンモジュールの内部構成

レジスタの各ビットの制御内容は次のようになります。

・・・・・・・・・・・・・・・
プルアップ
電源の抵抗経由で接続
すること。

・ PULLENx

入力時のピンのプルアップ*の有効/無効を制御します。

有効時には約40kΩ程度の抵抗で電源にプルアップします。

図2-9-2（a）がプルアップを有効にした入力モードの構成となります。

・ DRIVEx

出力時の駆動能力を制御します。

Lowレベルのときは、弱で最大2.5mA、強で最大10mAの駆動能力となります。Highのときは、弱で最大2mA、強で最大7mAの駆動能力となります。

・ OUTx

出力モードのときのHigh/Lowの出力制御をします。

図2-9-2（b）が出力モード時の構成で、プッシュプル出力となります。

・ DIRx

入力か出力かの方向の設定を行います。

・ **INENx**

　入力機能の有効/無効を制御します。入力モードで入力を無効とすると、入出力モジュールのデジタル機能がオフとなって、アナログ入力が有効となります。図2-9-2 (c)がこの設定のときの構成となります。

　マイコンリセット後はこの状態となっています。

● **図2-9-2　入出力ピンモジュールの動作設定例**

（a）プルアップ付き入力モード

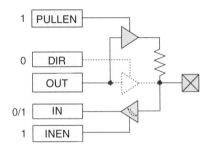

（b）出力モード

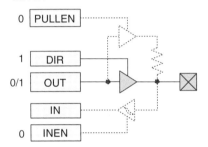

（c）アナログ入力モード

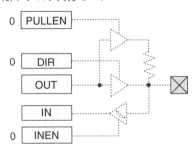

2-10 イベントシステム

2-10-1 イベントシステム（EVSYS）とは

EVSYS（Event System）とは、周辺モジュール同士を高速で接続して、CPU
コアから独立して動作するようにする連携動作のことをいいます。

周辺モジュールごとにイベント*を出力させたり、イベントにより特定の動
作をさせたりすることができます。

さらにイベントによりCPUをスリープからウェイクアップ*させることも
できるので、イベントによる動作でクロックが必要な場合でも動作を実行開
始できます。

実際のイベントシステムの動作は図2-10-1のようになります。

イベントを生成するモジュールと、イベントを入力してトリガとするモ
ジュールとをイベントチャネルを経由して接続します。

例えば図のようにタイマ0の一定周期のイベントをチャネル0のイベントと
して受け付け、チャネル0がユーザーイベントとして出力します。このユーザー
イベントで、ADコンバータがAD変換を開始します。

イベント
スイッチが押される、
外部からデータが届
く、監視データが所定
の値になるなど、処理
のきっかけになる出来
事。

ウェイクアップ
スリープで停止したク
ロックを再起動しプロ
グラム実行を再開する
こと。

●図2-10-1　イベントシステムの動作

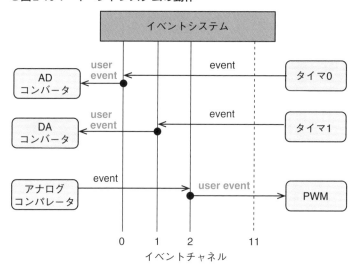

2-10-2　イベントシステムの内部構成と設定

イベントシステムの内部構成は図2-10-2のようになっています。

動作設定は、まずイベントチャネル部で受け付ける周辺モジュールのイベントを指定します。イベント信号のエッジを使う場合にはその指定もします。イベント生成をクロックに同期させるか、クロックを使わない非同期で生成するかの設定も行います。このイベントにより内部でチャネルイベントを生成します。

次にユーザーマルチプレクサ部の設定を行います。

ユーザーマルチプレクサは、すべてのチャネルのチャネルイベントを入力とします。そして設定によりその中からどのチャネルイベントを使うかを指定し、ユーザーイベントを生成するようにします。

周辺モジュール側ではどのユーザーイベントを使うかを設定します。これでイベント間の連携が取れるようになります。

●図2-10-2　イベントシステムの内部構成

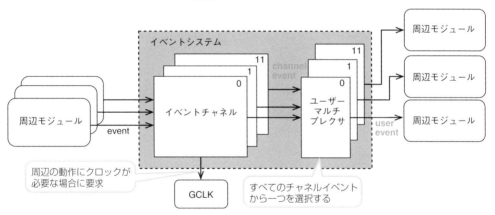

2-11 周辺モジュールとピン割り付け

　SAMD21ファミリでは、周辺モジュールが使える入出力ピンがあらかじめ決められています。しかし、複数のピンが使用可能になっているので、**ある程度の選択自由度があります**。この入出力ピンと周辺モジュールの割り付け表が表2-11-1となります。

　表は32ピンのSAMD21Eと48ピンのSAMD21Gのピン割り付けとなっています。

　表中の「電源Group」とは、IC内部でアナログ用電源（VDDANA）を使っているか、デジタル用電源（VDDIO）を使っているかの区別です。

　通常のアナログ入力ピンはアナログ電源から供給してデジタルノイズを低減させるようになっています。しかし、**AIN[16]からAIN[19]ピンだけはデジタル電源供給となっていてノイズが含まれているので**、アナログ入力としては避けたほうがよいでしょう。

　シリアル通信モジュールのSERCOMはSERCOM0からSERCOM5までの6組が実装されており、それぞれに使用するピンとしてPAD[0]からPAD[3]の4ピンずつが割り当てられています。表の中のSERCOM欄とSERCOM-ALT欄のどちらでも使えるようになっていますが、UART、I²C、SPIで使うPADが異なるため、**データシートで使えるピンを確認しながら使う必要があります**。

　同様にタイマTCや制御用タイマTCCモジュールを使ってパルス出力をする場合にも、出力可能なピンが決まっているので注意して使う必要があります。

　それぞれの周辺モジュールごとのピン指定方法は、第6章を参照してください。

▼表2-11-1　入出力ピンの割り付け一覧

| ピン番号 | | GPIO | 電源 Group | 状変 EXTINT | アナログ | | | SERCOM | SERCOM -ALT | TC/TCC | TCC | その他 |
E	G				ADC	AC	DAC					
1	1	PA00	VDDA	[0]					1/PAD[0]	2/WO[0]		
2	2	PA01		[1]					1/PAD[1]	2/WO[1]		
3	3	PA02		[2]	AIN[0]		VOUT				3/WO[0]	
4	4	PA03		[3]	AIN[1]						3/WO[1]	
10	5	GNDA										
9	6	VDDA										
	7	PB08		[8]	AIN[2]				4/PAD[0]	4/WO[0]	3/WO[6]	
	8	PB09		[9]	AIN[3]				4/PAD[1]	4/WO[1]	3/WO[7]	
5	9	PA04		[4]	AIN[4]	AIN[0]			0/PAD[0]	0/WO[0]	3/WO[2]	
6	10	PA05		[5]	AIN[5]	AIN[1]			0/PAD[1]	0/WO[1]	3/WO[3]	
7	11	PA06		[6]	AIN[6]	AIN[2]			0/PAD[2]	1/WO[0]	3/WO[4]	
8	12	PA07		[7]	AIN[7]	AIN[3]			0/PAD[3]	1/WO[1]	3/WO[5]	
11	13	PA08	VDDIO	NMI	AIN[16]			0/PAD[0]	2/PAD[0]	0/WO[0]	1/WO[2]	
12	14	PA09		[9]	AIN[17]			0/PAD[1]	2/PAD[1]	0/WO[1]	1/WO[3]	
13	15	PA10		[10]	AIN[18]			0/PAD[2]	2/PAD[2]	1/WO[0]	0/WO[2]	
14	16	PA11		[11]	AIN[19]			0/PAD[3]	2/PAD[3]	1/WO[1]	0/WO[3]	
	17	VDDIO										
	18	GND										
	19	PB10		[10]					4/PAD[2]	5/WO[0]	0/WO[4]	
	20	PB11		[11]					4/PAD[3]	5/WO[1]	0/WO[5]	
	21	PA12		[12]		CMP[0]		2/PAD[0]	4/PAD[0]	2/WO[0]	0/WO[6]	
	22	PA13		[13]		CMP[1]		2/PAD[1]	4/PAD[1]	2/WO[1]	0/WO[7]	
15	23	PA14		[14]				2/PAD[2]	4/PAD[2]	3/WO[0]	0/WO[4]	
16	24	PA15		[15]				2/PAD[3]	4/PAD[3]	3/WO[1]	0/WO[5]	
17	25	PA16		[0]				1/PAD[0]	3/PAD[0]	2/WO[0]	0/WO[6]	
18	26	PA17		[1]				1/PAD[1]	3/PAD[1]	2/WO[1]	0/WO[7]	
19	27	PA18		[2]		CMP[0]		1/PAD[2]	3/PAD[2]	3/WO[0]	0/WO[2]	
20	28	PA19		[3]		CMP[1]		1/PAD[3]	3/PAD[3]	3/WO[1]	0/WO[3]	
	29	PA20		[4]				5/PAD[2]	3/PAD[2]		0/WO[6]	
	30	PA21		[5]				5/PAD[3]	3/PAD[3]		0/WO[7]	
21	31	PA22		[6]				3/PAD[0]	5/PAD[0]	4/WO[0]	0/WO[4]	
22	32	PA23		[7]				3/PAD[1]	5/PAD[1]	4/WO[1]	0/WO[5]	
23	33	PA24		[12]				3/PAD[2]	5/PAD[2]	5/WO[0]	1/WO[2]	USBDM

| ピン番号 | | GPIO | 電源 | 状変 | アナログ | | | SERCOM | SERCOM | TC/TCC | TCC | その他 |
E	G		Group	EXTINT	ADC	AC	DAC		-ALT			
24	34	PA25		[13]				3/PAD[3]	5/PAD[3]	5/WO[1]	1/WO[3]	USBDP
	35	GND										
	36	VDDIO										
	37	PB22		[6]					5/PAD[2]		3/WO[0]	
	38	PB23		[7]					5/PAD[3]		3/WO[1]	
25	39	PA27		[15]							3/WO[6]	
26	40	RESET	VDDIO									
27	41	PA28		[8]							3/WO[7]	
28	42	GND										
29	43	COORE										
30	44	VDDIN										
31	45	PA30		[10]					1/PAD[2]	1/WO[0]	3/WO[4]	SWCLK
32	46	PA31		[11]					1/PAD[3]	1/WO[1]	3/WO[5]	SWDIO
	47	PB02	VDDA	[2]	AIN[10]				5/PAD[0]		3/WO[2]	
	48	PB03		[3]	AIN[11]				5/PAD[1]		3/WO[3]	

第3章
トレーニングボードの製作

　本書ではSAM D21ファミリを使ったトレーニングボードを自作し、このボードを使って周辺モジュールの使い方などを解説しています。
　本章ではこのトレーニングボードの概要と作り方の解説をします。

トレーニングボードの全体構成と仕様

3-1-1 全体構成

トレーニングボードの完成外観は写真3-1-1のようになります。

中央が変換基板に実装したSAM D21Gマイコンです。右側がフルカラーグラフィック液晶表示器を実装した例で、ここはキャラクタ液晶表示器に変更することもできます。

右下にあるのが複合センサでI^2Cにより接続します。中央上側がWi-Fiモジュールで、そのすぐ左のヘッダピンがパソコンと接続するためのUART用コネクタになります。左下のヘッダピンがプログラム書き込みに使うPICkit4用のコネクタとなります。

Type A USBコネクタ、スイッチ、LED、可変抵抗などを練習用のデバイスとして実装しています。

マイクロSDカード、ミニUSBコネクタ、レギュレータ、日本語フォントICを基板のはんだ面側に実装しています。

●写真3-1-1 トレーニングボードの外観

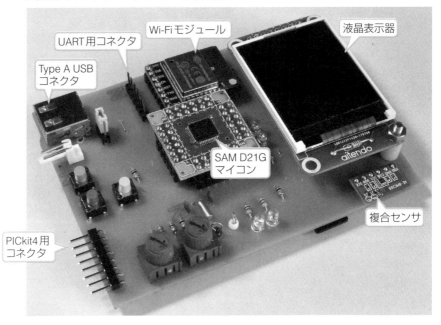

トレーニングボードの全体構成は図3-1-1のようにしました。48ピンの SAMD21G18A*マイコンを中心にして各種のセンサや表示器を接続しています。これでSAMファミリの大部分の内蔵モジュールを使った練習ができます。

SAMD21G18A
48ピンTQFPパッケージ。

USBはスレーブとホストどちらも試せるようにミニUSBコネクタとタイプAコネクタの両方を用意しました。

電源は通常はミニUSBから供給し、内部はすべて3.3V動作としています。

USBホスト動作をさせる場合は、DC5Vの外部電源をコネクタに接続して使います。この切り替えはジャンパで行うことにしました。外部電源でもUSBスレーブ以外の動作は正常に動作します。

プログラム書き込みとデバッグにはPICkit4を使うこととしています。

FAT
File Allocation Table Windowsの標準ファイルシステム。

マイクロSDカードを実装し、FAT*ファイルシステムを構成して、パソコンでもそのまま読み書きできるファイルフォーマットで使います。

1.8インチのフルカラーグラフィック液晶表示器を実装し、これに日本語も表示できるように日本語フォントICも実装しています。

16文字×2行のキャラクタ液晶表示器も置き換えて使えるようにしました。

IoT
Internet of Things すべてのものをネットワークに接続してデータ化することで、分析し連携させて役に立たせることを目的とする。

センサの例として温湿度気圧が計測できる複合センサを実装し、SDカードやWi-Fiモジュールと連携させて簡単なIoT*センサシステムが構成できるようにしました。

● **図3-1-1　トレーニングボードの全体構成**

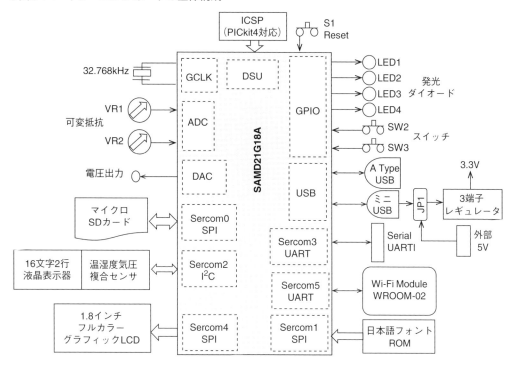

51

3-1-2 トレーニングボードの仕様

トレーニングボード内の接続デバイスの仕様と対応内蔵モジュールは表3-1-1となります。

▼表3-1-1 トレーニングボードの仕様

接続デバイス	仕様等	対応モジュール他
ボード電源	ミニUSBコネクタ、または専用コネクタより5V供給 レギュレータで3.3Vを生成し全体に供給	ジャンパ切り替え
ボード寸法	100mm×75mm	自作プリント基板*
ICSPリセットスイッチ	PICkit 4対応 書き込み、デバッグ用	DSU
リセット専用スイッチ	小型タクトスイッチ	DSU
クリスタル発振子	32.768kHz サブクロック用	GCLK
LED	3mmφ 赤/緑色発光ダイオード 各2個	GPIO
汎用スイッチ	小型タクトスイッチ 2個	GPIO
可変抵抗	アナログ電圧入力用 2個	ADコンバータ
電圧出力ピン	アナログ電圧出力用、正弦波出力等	DAコンバータ
マイクロSDカード	FATファイルシステムでPC互換	SERCOM0 SPI
複合センサ	温度、湿度、気圧の測定 I^2C 接続	SERCOM2 I^2C
液晶表示器	I^2C 接続キャラクタ液晶表示器 16文字×2行 アイコン表示つき	
液晶表示器	フルカラーグラフィック液晶表示器 1.8インチ 128×160ドット	SERCOM4 SPI
日本語フォントIC	JIS X 0208の第1、第2水準を含む	SERCOM1 SPI
Wi-Fiモジュール	ESP WROOM-02モジュール	SERCOM5 UART
シリアル通信	TTL-USBシリアル変換ケーブル対応	SERCOM3 UART
パソコン	スレーブデバイス対応 ミニUSBコネクタを電源供給にも使用	USB
USBメモリ	USBホストとして動作 Type Aコネクタ	USB

プリント基板の自作
ECADで版下を作り、市販の感光基板に紫外線で露光し、現像、エッチング、穴開けして作成する。

3-2 主要部品の概要

トレーニングボードで使っている主要な部品の概要と仕様を説明します。

3-2-1 キャラクタ液晶表示器の概要

アイコン
イラスト化した図形表示。

I²C
Inter-Integrated Circuit
フィリップス社が提唱した周辺デバイスとのシリアル通信方式。

バックライト
液晶の背面に設ける照明。

使ったのはよく使われている16文字×2行と上段にアイコン*が表示できる液晶表示器で、I²C* インターフェースで使います。

■仕様

この液晶表示器の仕様は図3-2-1のようになっています。

バックライト*付きのモデルもありますが、本書ではバックライトはなしとしています。

●**図3-2-1 キャラクタ液晶表示器の仕様**

型番	：SB1602B
電源電圧	：2.7V～3.6V
使用温度範囲	：−20～70℃
I²Cクロック	：最大100kHz
I²Cアドレス	：0b0111110（7ビットアドレス）
バックライト	：なし
コントラスト	：ソフトウェア制御
表示内容	：英数字カナ記号256種
	アイコン9種　16文字×2行
リセット	：リセット回路内蔵、外部も可能

マイコンとの接続はI²C インターフェースとなっているので、クロック（SCL）とデータ（SDA）の2本だけで接続します。また、この液晶表示器のI²C通信はマイコンからの出力となるWriteモードだけなので、図3-2-2のような簡単な手順で通信ができるようになっています。

■通信フォーマット

最初にスレーブアドレス＋Writeコマンドを1バイトで送信します。この液晶表示器のスレーブアドレスは「0111110」（0x3E）の固定アドレスとなっており、Writeコマンドは「0」ですから、最初の1バイト目は「0111 1100」（0x7C）というデータを送ることになります。

このあとにはデータを送りますが、データは制御バイトとデータバイトのペアで常に送信するようにします。制御バイトは上位2ビットだけが有効ビットです。最上位ビットは、この送信ペアが継続か最終かの区別ビットで、「0」のときは最終データペア送信で、「1」のときはさらに別のデータペア送信が継続することを意味しています。本書では常に0として使います。

次のRビットはデータの区別ビットで、続くデータバイトがコマンド（0の場合）か表示データ（1の場合）かを区別します。コマンドデータの場合は、多くの制御を実行させることができます。表示データの場合は、液晶表示器に表示する文字データとなります。

●図3-2-2　I²C通信フォーマット

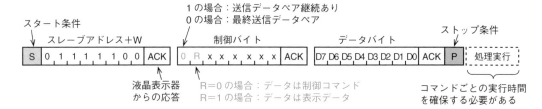

■制御コマンド

この液晶表示器は、制御コマンドを送信することで多くの制御を行うことができます。この制御コマンドには大きく分けて標準制御コマンドと拡張制御コマンドとがあります。標準制御コマンドには、表3-2-1のような種類があり、基本的な表示制御を実行します。コマンドごとに処理するために必要な実行時間があり、マイコンのプログラムでは、このコマンド実行終了まで次の送信を待つ必要があります。

拡張制御コマンドには2種類あり、表3-2-1の機能制御コマンドのISビットで選択します。ISビットが「0」のときの拡張制御コマンドには表3-2-2（a）のようなコマンドがあり、ISビットが「1」のときの拡張制御コマンドには表3-2-2（b）のようなコマンドがあります。拡張制御コマンドは、電源やコントラストなど初期設定に必要なコマンドと、アイコン選択をするためのコマンドがあります。

▼表3-2-1　標準制御コマンド一覧

コマンド種別	DBx								データ内容説明	実行時間
	7	6	5	4	3	2	1	0		
全消去	0	0	0	0	0	0	0	1	全消去しカーソルはホーム位置へ	1.08 msec
カーソルホーム	0	0	0	0	0	0	1	*	カーソルをホーム位置へ、表示変化なし	
書き込みモード	0	0	0	0	0	1	I/D	S	表示メモリ（DDRAM）か文字メモリ（CGRAM）への書込方法と表示方法の指定 I/D：メモリ書込で表示アドレスを＋1(1)または－1(0)する。 S：表示全体シフトする(1)　しない(0)	26.3 µsec
表示制御	0	0	0	0	1	D	C	B	表示やブリンクのオンオフ制御 D：1で表示オン　　0でオフ C：1カーソルオン　0でオフ B：1ブリンクオン　0でオフ	
機能制御	0	0	1	DL	N	DH	0	IS	動作モード指定で最初に設定 DL：1で8ビット　　0で4ビット N　：1で1/6　　　0で1/8デューティ DH：倍高指定　　　1で倍高　0で標準 IS　：拡張コマンド選択（表3-2-2参照）	
表示メモリアドレス	1	DDRAMアドレス							表示用メモリ（DDRAM）アドレス指定 この後のデータ入出力はDDRAMが対象 表示位置とアドレスとの関係は下記 　　　行　　　　　DDRAMメモリアドレス 1行目　　　　　　0x00 ～ 0x13 2行目　　　　　　0x40 ～ 0x53	

▼表3-2-2　拡張制御コマンド一覧

（a）拡張制御コマンド（IS＝0の場合）

コマンド種別	DBx								データ内容説明
	7	6	5	4	3	2	1	0	
カーソルシフト	0	0	0	1	S/C	R/L	*	*	カーソルと表示の動作指定 S/C：1で表示もシフト 　　　0でカーソルのみシフト R/L：1で右、0で左シフト
文字アドレス	0	1	CCRAMアドレス						文字メモリアクセス用アドレス指定（6ビット） この後のデータ入出力はCGRAMが対象となる

（b）拡張制御コマンド一覧（IS＝1の場合）

コマンド種別	DBx								データ内容説明
	7	6	5	4	3	2	1	0	
バイアスと内蔵クロック周波数設定	0	0	0	1	BS	F2	F1	F0	バイアス設定 　BS：1で1/4バイアス　0で1/5バイアス クロック周波数設定　F<2:0>= 　100：380kHz　110：540kHz　111：700kHz
電源、アイコン、コントラスト設定	0	1	0	1	IO	BO	C5	C4	アイコン制御　IO：1で表示オン　0で表示オフ 電源制御　BO：1でブースタオン　0でオフ コントラスト制御の上位ビット 　　コントラスト設定コマンドとC<5:0>で制御
フォロワ制御	0	1	1	0	FO		R<2:0>		フォロワ制御　FO：1でフォロワオン　0でオフ フォロワアンプ制御 　R<2:0>　LCD用VO電圧の制御
アイコンアドレス指定	0	1	0	0			AC<3:0>		アイコンの選択AC<3:0>とアイコン対応は図3-2-4
コントラスト設定	0	1	1	1			C<3:0>		コントラスト設定 　C5、C4と組み合わせてC<5:0>で設定する

■ 表示データ

ASCII

American Standard
Code for Information
Interchange
元々は英文字を7ビットでコード化したもの。JISで8ビットに拡張してカタカナを追加した。

　表示データとしてASCII*コードを送信すると1文字表示しますが、そのASCIIコードと文字の対応は図3-2-3のようになっています。通常のASCIIコードでは、0x00から0x1F、0x80から0x9F、0xE0から0xFFには文字はないのですが、この液晶表示器にはこの範囲に特殊文字が割り当てられています。C言語でこの文字を表示する場合には、16進数で指定する必要があります。

　アイコンを表示する場合には、表示するアイコンのオンオフを制御するデータのアドレスとデータビットで指定します。16個のアドレスごとに5ビットの制御データでオンオフができるようになっているので、最大5×16＝80個のアイコンの制御が可能です。

　しかし、本書で使っている液晶表示器は13個のアイコンだけとなっています。アイコン制御データの位置と実際の表示アイコンとの対応は、図3-2-4のようになっています。

　この制御コマンドを使ってアイコンを表示、消去する手順は次のようにします。

　①機能制御コマンドでISビットを1にして送信
　②アイコンアドレスを送信
　③アイコン制御ビットを設定して送信
　　（ビットを1とすれば表示、0とすれば消去）
　④ISビットを0に戻して機能制御コマンド送信

● 図3-2-3　液晶表示器の文字メモリ内容

● 図3-2-4　アイコン制御ビットとアイコンの対応

ICON address	ICON RAM bits				
	D4	D3	D2	D1	D0
00H	S1	S2	S3	S4	S5
01H	S6	S7	S8	S9	S10
02H	S11	S12	S13	S14	S15
03H	S16	S17	S18	S19	S20
04H	S21	S22	S23	S24	S25
05H	S26	S27	S28	S29	S30
06H	S31	S32	S33	S34	S35
07H	S36	S37	S38	S39	S40
08H	S41	S42	S43	S44	S45
09H	S46	S47	S48	S49	S50
0AH	S51	S52	S53	S54	S55
0BH	S56	S57	S58	S59	S60
0CH	S61	S62	S63	S64	S65
0DH	S66	S67	S68	S69	S70
0EH	S71	S72	S73	S74	S75
0FH	S76	S77	S78	S79	S80

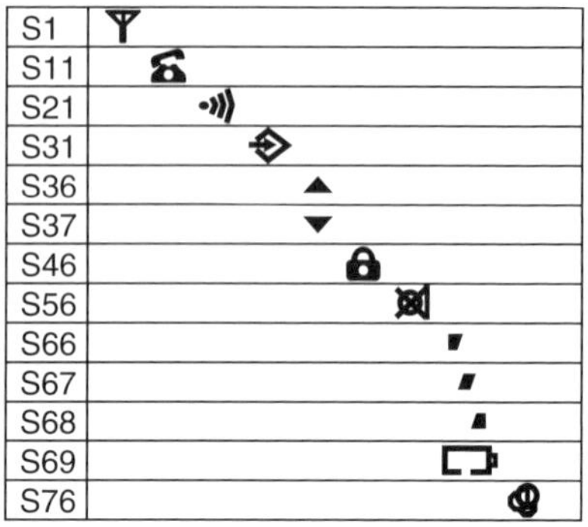

S1	
S11	
S21	
S31	
S36	
S37	
S46	
S56	
S66	
S67	
S68	
S69	
S76	

■ライブラリ

ライブラリの入手は巻末に記載の技術評論社のサポートサイトから。

　この液晶表示器を使うためにライブラリ*を用意しました。このライブラリは次のファイルをプロジェクトに登録して使います。

- ・LCD_lib.h：ヘッダファイル
- ・LCD_lib.c：ライブラリ本体

　この液晶表示器ライブラリには、表3-2-3のような関数が含まれています。これらの関数の具体的な使い方は第6章を参照してください。

▼表3-2-3　キャラクタ液晶表示器用ライブラリ関数一覧

関数名	機能内容
lcd_init	液晶表示器の初期化処理を行う 《書式》lcd_init(); 　　　　　パラメータなし
lcd_cmd	液晶表示器に対する制御コマンドを出力する 《書式》lcd_cmd(unsigned char cmd) 　　　　　cmd：8ビットの制御コマンド 　　　　　　表3-2-1のコマンドデータ 《例》　lcd_cmd(0xC0); 　　　　　2行目にカーソルを移動する
lcd_data	液晶表示器に表示データを出力する 《書式》lcd_data(unsigned char asci) 　　　　　asci：ASCIIコードの文字データ
lcd_clear	液晶表示器の表示を消去しカーソルをHomeに戻す 《書式》lcd_clear(void) 　　　　　パラメータなし

58

関数名	機能内容
lcd_str	ポインタptrで指定された文字列を出力する 《書式》lcd_str(unsigned char* ptr) 　　　　ptr：文字配列のポインタ、文字列直接記述は不可 《例》　StMsg[]=" Start!!" ;　　//文字列の定義 　　　　lcd_str(StMsg);
lcd_icon	アイコンの表示制御 《書式》void lcd_icon(unsigned int num, char onoff) 　　　　num：アイコンの番号（0から14） 　　　　onoff：1＝オン　0＝オフ

3-2-2 カラーグラフィック液晶表示器の概要

■仕様

　トレーニングボードで使ったフルカラーグラフィック液晶表示器は図3-2-5となります。

　同じサイズのものが数種類ありますが、同じST7735S[*]かST7735Bというコントローラが使われていれば、同じプログラム[*]で動作させることができます。

　寸法もほぼ同じですので、いずれも液晶モジュール単体と一緒に販売されているキャリー基板に実装して使います。

ST7735S
台湾のSitronix Technology社製のディスプレイドライバICで、多くの液晶表示器に使われている。

ライブラリ初期化部で1か所のみ変更。配色がRGBとBGRで異なるのでMADCTLレジスタの設定変更、ソースファイルを参照。なお、ST7735Rは初期化手順が異なるので動作しない。

●図3-2-5　フルカラーグラフィック液晶表示器

Z180SN009

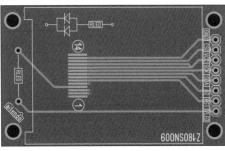

P-Z18　キャリー基板

液晶表示器の仕様（販売 アイテンドー）
型番　　　：Z180SN009
サイズ　　：TFT　1.8インチ
制御IC　　：ST7735S
電源　　　：3V ～ 3.4V
表示　　　：128×160 ドットフルカラー
バックライト：有　10 ～ 15mA
制御　　　：SPI

No	信号名	No	信号名
1	VLED	5	SCK
2	RST	6	VCC
3	RS/A0	7	CS
4	SDA	8	GND

　この液晶表示器は標準的なSPI通信で制御できるので、簡単に使えます。初期化の手順が少し面倒ですが、それ以外は単純ですのでわかりやすいと思います。

■座標と色指定

この液晶表示器のドット座標と色指定の方法は図3-2-6のようになっています。

表示用メモリは実際の表示サイズ128×160ドットより大きくなっており、132×162ドット分となっていて、実際の表示領域は160ドット方向が1ドット、128ドット方向が2ドット内側となっています。

縦表示の場合は図3-2-6（a）のように（0、0）から（0x0083、0x00A1）がメモリの範囲となっています。したがって全画面クリアする場合には、132×162＝21384ドットの数のドット書き込みをして、全メモリ範囲に書き込む必要があります。

横向きの場合は図3-2-6（b）のような座標となります。縦横は初期化時のコマンドで切り替え設定*できます。

本書では、このままの座標では使いにくいので、実際の表示領域の座標を（0、0）から（127、159）または、（0、0）から（159、127）としています。

1ドットのカラー指定は、もともとは18ビットカラーなのですが、この場合3バイト必要となりメモリが多く必要となってしまうため、本書では16ビットモードで使うことにしました。したがって色指定は図3-2-6（c）のようにRGBが5-6-5という指定になります。つまり赤は0xF800、緑は0x07E0、青は0x001F　という指定になります。

ライブラリの初期化
MADCTLレジスタで
設定する。

●図3-2-6　液晶表示器のドット座標とカラー指定

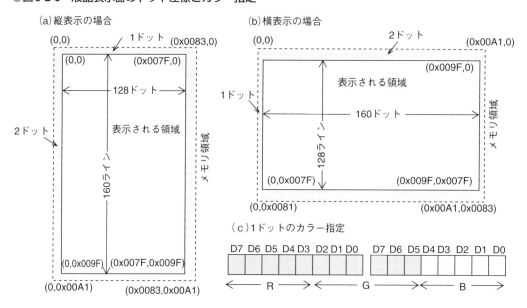

（a）縦表示の場合　（b）横表示の場合　（c）1ドットのカラー指定

■表示手順

　横向きの表示の場合、実際に（Xpos、Ypos）の座標のドットをColorで指定した色で表示する関数は、リスト3-2-1のようにします。

　まず座標の範囲をチェックしてから縦、横の座標を指定しますが、表示領域とメモリ領域とのずれを補正しています。

　最初にRASET[*]というコマンドを送信し、次にYposの開始座標と終了座標を2バイトずつで送信します。ここでは1ドットですから両者は同じとなります。

　次にCASETというコマンドを送り、同じようにXposの開始座標と終了座標を送信します。続いてメモリ書き込みコマンドのRAMWRコマンドを送信してから、16ビットのカラーを上位、下位の順に送信します。最後にDISPONという表示指定のコマンドを送信すれば1ドットの表示が行われます。

RASET
Raw Address Set
CASET
Colum Address Set

リスト 3-2-1 1ドット表示手順

```
/***********************************
 *  1ピクセル表示関数
 *  座標は(0,0)-(159,127)
 ***********************************/
void lcd_Pixel(int Xpos, int Ypos, uint16_t Color){
    /* アドレス範囲チェックし範囲外なら何もしない */
    if((Xpos<=ENDCOL) && (Ypos<=ENDPAGE)){
        Xpos += 1;                  // 物理アドレス補正
        Ypos += 2;
        lcd_cmd(RASET);             // 行(RAW)アドレスセット
        lcd_data(0);
        lcd_data(Ypos);             // 開始アドレス
        lcd_data(0);
        lcd_data(Ypos);             // 終了アドレス
        lcd_cmd(CASET);             // 列(COLUM)アドレスセット
        lcd_data(0);
        lcd_data(Xpos);             // 開始アドレス
        lcd_data(0);
        lcd_data(Xpos);             // 終了アドレス
        // 16ビットカラーで書き込み
        lcd_cmd(RAMWR);             // 1ピクセル書き込み
        lcd_data((uint8_t)(Color >> 8));
        lcd_data((uint8_t)Color);
        lcd_cmd(DISPON);            // 表示オン
    }
}
```

■ライブラリ

　本書ではこの液晶表示器をできるだけ簡単に使えるように、ライブラリ化しました。このライブラリ[*]が提供する関数は表3-2-4となっています。

　ライブラリを使う場合には、次の2つのファイルをダウンロードしてプロジェクトに登録する必要があります。

ライブラリの入手は巻末に記載の技術評論社のサポートサイトから。

　　colorlcdROM_lib.h：ヘッダファイル
　　colorlcdROM_lib.c：ライブラリ本体

関数名	機能内容
lcd_Init	液晶表示器の初期化処理を行う　　横向き指定 void lcd_Init(void)
lcd_Clear	液晶表示画面全体を指定色とする 《書式》void lcd_Clear(uint16_t Color) 　　　　Color：全体に書き込む色データ（16ビットカラー） 《例》　lcd_Clear(BLACK);　//黒で全消去
lcd_Pixel	指定位置の1ドットを指定色で描画する 《書式》void lcd_Pixel(int Xpos, int Ypos, uint16_t Color); 　　　　Xpos：X座標（0-159）　Ypos：Y座標（0-127）　Color：ドットの色 《例》　for(i=0; i<ENDPAGE; i++) 　　　　　　lcd_Pixel(i,i,RED);
lcd_Line	指定した始点(x0, y0)、終点(x1, y1)を結ぶ直線を描画する 《書式》void lcd_Line(int x0, int y0, int x1, int y1, uint16_t Color); 　　　　x0, y0：始点座標　x1, y1：終点座標　Color：ドットの色 《例》　lcd_Line(j, j, 127-j, j, YELLOW);
lcd_Circle	指定した座標(x0, y0)を中心とする半径rの円を描画する 《書式》void lcd_Circle(int x0, int y0, int r, uint16_t Color); 　　　　x0, y0：中心の座標　r：半径の長さ　Color：ドットの色 《例》　lcd_Circle(i*6, 32, i*3, RED);
lcd_ascii	指定した位置にASCII文字列を描画する（19文字8行） 16×8ドットフォント 《書式》void lcd_ascii(int colum, int line, const uint8_t * ASCII, 　　　　uint16_t Color1, uint16_t Color2); 　　　　　colum：列位置（0-9）　line：行位置（0-10） 　　　　　ASCII：ASCII文字列　Color1：文字の色　Color2：背景色 《例》　unsigned char Mesg1[] = "x.xx Volt"; 　　　　lcd_ascii(52, 24, Mesg1, CYAN, BLACK);
lcd_kanji	指定した位置から指定漢字文字列を描画する（10文字8行表示） 16×16ドットフォント　　文字列の最後に0x00が必要 《書式》void lcd_kanji(int colum, int line, const uint16_t 　　　　*JIScode, uint16_t Color1, uint16_t Color2); 　　　　　colum：列位置（0-9） 　　　　　line：行位置（0-10） 　　　　　JIScode：漢字コード 　　　　　Color1：文字の色　　Color2：背景色 《例》　const unsigned short Code02[] = {0x4545,0x3035,0x00}; 　　　　lcd_kanji(10, 94, Code02, RED, BLACK);
lcd_Image	イメージの表示を行う（図は160×128ドットのモノクロBMP） 《書式》void lcd_Image(cont uint8_t *ptr, uint16_t Color1, uint16_t 　　　　Color2) 　　　　*ptr：イメージの先頭アドレス　Color1：図の色　Color2：背景色 《例》　lcd_Image(IMAGE, BLUE, WHITE);

3-2-3 日本語フォントICの概要

トレーニングボードでは、フルカラーグラフィック液晶表示器に日本語を表示できるように、JIS第一、第二水準の漢字を網羅したフォントのICを使うことにしました。

■仕様

このICの仕様は図3-2-7のようになっています。非常に小さなデバイスですが、この中にはJISの第一、第二水準の漢字とかなが、すべて実装されています。

●図3-2-7 日本語フォントICの概要

 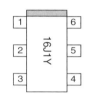

No	信号名
1	SCLK
2	GND
3	CS
4	VCC
5	SO
6	SI

型番　　　　　：GT20L16J1Y　　　　　実装文字
電源　　　　　：2.2V ～ 3.6V　　　　　　JIS X 0208　第一、第二水準
消費電流　　　：8mA　待機：8μA　　　　　　15×16ドット
パッケージ　　：SOT23-6　　　　　　かな　8×16ドット
インターフェース：SPI　Max 30MHz　　　ASCII　8×16ドット
　　　　　　　　モード0　　　　　　　（販売：スイッチサイエンス）

■転送手順

このICは標準的なSPI*インターフェースのモード0となっていて、図3-2-8の手順で16×16ドットのフォントが連続で読み出せます。最初に読み出しコマンド（0x03）と3バイトのメモリアドレスを送信したら、あとは連続でフォントデータを読み出せます。漢字のコード*とメモリアドレスとの変換はデータシートに記載されているので、その通りに変換すれば正しくフォントデータが読み出せます。

SPI
Serial Peripheral Interface
3線または4線で行う同期式近距離用シリアル通信で、高速通信が特徴。

漢字のコード
JIS X 0208 コード
http://ash.jp/code/codetbl2.htm

●図3-2-8 SPIの転送手順

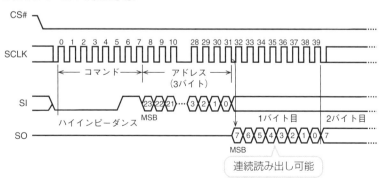

■データのビット配置

　読み出すフォントのデータの並びは、図3-2-9のようになっています。1バイトが縦の列に並んでいて、横方向に順に15バイトと0x00（空白）が1バイト並んでいます。この16バイトが上下2列で1文字分となるため、1文字あたり32バイトということになります。半角文字の場合は横方向が半分の8バイトとなります。

●図3-2-9　漢字データのビット配置

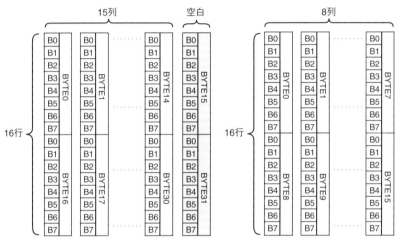

■読み出し手順

　この日本語フォントICから文字フォントのデータを読み出すためには、SPI通信で次の手順が必要です。

・ フォントのJISコードから格納アドレスを計算する
・ フォントの格納先頭アドレスを送信する
・ 16バイトまたは32バイトのデータを連続で読み出す

　この手順を満足するプログラムがリスト3-2-1となります。フォント指定はJIS X 0208のコードとします。

　メモリ内には漢字コード順にフォントデータが並んでいます。ASCIIコードの場合はすべて順に並んでいるので、先頭アドレス（255968）から単純に16バイトごとに計算できます。漢字の場合はところどころでコードが飛んでいます。そのブロックごとに先頭アドレスからアドレスを計算します。

　アドレスが求められたら、まずSPIでコマンドとアドレスを送信します。

続いて連続で16バイトか32バイトを読み出せば目的の漢字のフォントが読み出せます。この送受信の間はCSピンをLowのままとして連続で実行します。SPI通信の設定方法については第6章を参照してください。

リスト 3-2-1 漢字フォントデータを読み出すプログラム

```c
/*********************************************
 *  半角文字データ読み出し        16x8ドット
 *  256文字  配列は特殊  SPI通信
 *********************************************/
void GetASCII(uint8_t ASCIIcode, uint8_t *rbuf){
    Adrs = (ASCIIcode - 0x20)*16 + 255968;
    /**** アドレスセット、送信 ****/
    tbuf[0] = 0x03;
    tbuf[1] = (Adrs >> 16) & 0xFF;
    tbuf[2] = (Adrs >> 8) & 0xFF;
    tbuf[3] = Adrs & 0xFF;
    CS1_Clear();                       // 1回のCS処理で行う
    SERCOM1_SPI_Write(tbuf, 4);
    /**** 16バイトデータ受信) ****/
    SERCOM1_SPI_Read(rbuf, 16);
    CS1_Set();
}
/***********************************************************
 *  漢字コードでROMから32バイトのデータを読み出す
 *  JIS X 0208のコード、 SPI通信
 ***********************************************************/
void GetKanji(uint16_t kanji, uint8_t *rbuf){
    /** ROMアドレス計算 ***/
    MSB = (uint32_t)((kanji >> 8)&0xFF) - 0x20;
    LSB = (uint32_t)(kanji & 0xFF) - 0x20;
    /** 英数字記号 ***/
    if((MSB >= 1)&&(MSB <= 15)&&(LSB >= 1)&&(LSB <= 94))
        Adrs = ((MSB - 1)*94 + (LSB - 1))*32;
    /** 第一水準漢字 ***/
    else if((MSB >= 16)&&(MSB <= 47)&&(LSB >= 1) &&(LSB <= 94))
        Adrs = ((MSB - 16)*94 + (LSB - 1))*32 + 43584;
    /** 第二水準漢字 ***/
    else if((MSB >= 48)&&(MSB <= 84)&&(LSB >= 1)&&(LSB <= 94))
        Adrs = ((MSB - 48)*94 + (LSB - 1))*32 + 138464;
    else if((MSB == 85)&&(LSB >=1)&&(LSB <= 94))
        Adrs = ((MSB - 85)*94 + (LSB - 1))*32 + 246944;
    else if((MSB >= 88)&&(MSB <=89)&&(LSB >= 1)&&(LSB <= 94))
        Adrs = ((MSB - 88)*94 + (LSB -1))*32 + 249952;
    /**** アドレスセット、送信 ****/
    tbuf[0] = 0x03;                    // コマンド
    tbuf[1] = (Adrs >> 16) & 0xFF;     // 上位
    tbuf[2] = (Adrs >> 8) & 0xFF;      // 中位
    tbuf[3] = Adrs & 0xFF;             // 下位
    CS1_Clear();                       // 1回のCS処理で行う
    SERCOM1_SPI_Write(tbuf, 4);        // アドレス送信
    /**** 32バイトデータ受信 ****/
    SERCOM1_SPI_Read(rbuf, 32);        // データ受信
    CS1_Set();
}
```

注釈（左側の吹き出し）:
- ASCIIコードからアドレスを計算
- アドレスを送信バッファに格納
- 16バイト連続で読み出し
- 漢字のコードはJIS X0208
- 上位バイトと下位バイトに分ける
- コードの範囲ごとにアドレスを計算する
- アドレスを送信バッファに格納
- 32バイト連続で読み出し

読み出した漢字フォントをフルカラーグラフィック液晶表示器に表示させる関数がリスト3-2-2となります。

リスト 3-2-2　漢字を**LCD**に表示するプログラム

文字の色と背景の色

32バイトデータ取得

16バイト表示を2回

1バイトの縦方向表示実行

連続表示用

```
/*****************************************************
 *  漢字文字列表示        16x16 ドット
 *  JIS X 0208          32 バイト下位ビットが上側
 *****************************************************/
void lcd_kanji(int colum, int line, const uint16_t *JIScode, uint16_t Color1, uint16_t Color2){
    uint8_t kdata[34], Mask, i, j, k;

    while(*JIScode != 0){
        GetKanji(*JIScode, kdata);
        for(k=0; k<2; k++){                  // 上側と下側の 16 バイト
            /** 16 バイトの表示 **/
            for(j=0; j<16; j++){
                /** 1 バイトの縦表示 **/
                Mask = 0x01;
                for(i=0; i<8; i++){
                    if((kdata[j+k*16] & Mask) != 0)
                        lcd_Pixel(colum+j, line+i+k*8, Color1);
                    else
                        lcd_Pixel(colum+j, line+i+k*8, Color2);
                    Mask <<= 1;
                }
            }
        }
        JIScode++;                           // 次の文字へ
        colum +=16;                          // 次のコラムへ
    }
}
```

3-2-4　複合センサ

I^2Cモジュールの動作確認用にセンサを用意しました。1つのセンサで温度、湿度、気圧が計測できるセンサで、ボッシュ社製です。

測定値の較正にやや複雑な計算が必要ですが、データシート通りとすれば問題なくできます。

■仕様

便利なセンサなのですが、センサ本体は表面実装の非常に小さなものですので直接我々が扱うことは困難です。したがってこれを基板に実装して販売されているものを使います。この基板実装のセンサの外観と仕様が図3-2-10となります。

この基板実装のものは、I^2C接続とSPI接続のいずれかを選択できるようになっています。本書ではI^2C接続を使います。この場合、J3のジャンパ接続[*]をしておく必要があるので忘れないようにします。またI^2C接続の場合スレーブア

ジャンパ接続
はんだを盛ってジャンパ間の溝を接続する。

66

66

ドレスをSDOピンで0x76と0x77を切り替えられます。電源は3.3Vが標準の電圧になります。

●図3-2-10　複合センサの外観と仕様

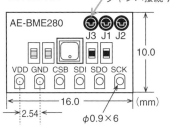

(a)外観寸法　　　　　　　　　　ジャンパ接続する

AE-BME280

J3　J1　J2

VDD GND CSB SDI SDO SCK

10.0

16.0　　(mm)

2.54

φ0.9×6

(b)ピン配置と機能

番号	記号	I²C接続の場合
1	VDD	電源
2	GND	グランド
3	CSB	未使用
4	SDI	SDA
5	SDO	アドレス切り替え
6	SCK	SCL

(c)機能仕様

項　目	仕　様	備　考
動作電源電圧	1.7V〜3.6V	
動作電流	350μA	温湿度測定時
	714μA	気圧測定時
待機電流	0.1μA〜0.3μA	スリープ時
外部接続	I²CまたはSPI	
I²Cアドレス	0x76(SDO：GND)　0x77(SDO：V)	
測定項目　室内測定モードの応答時間	0.9秒	
温度	−40℃〜+85℃　±1℃	分解能　0.01℃
湿度	0〜100%　±3%	分解能　0.008%
気圧	300〜1100hPa　±1hPa	分解能　0.18hPa

■レジスタのデータフォーマット

　このセンサの内部レジスタのデータフォーマットは図3-2-11のようになっています。データはレジスタアドレスにより区別されすべて8ビットごとに分けられています。したがって例えば湿度のデータの場合、0xFEと0xFDの2つのレジスタを読み込んで16ビットのデータに変換する必要があります。さらに温度と気圧は3バイトで構成※されています。

　このセンサには個別に較正用のデータが書き込まれていて、最初に較正用データをすべて読み出しておき、データ読み出しごとにこの較正データをもとに較正計算をする必要があります。

　動作モードを設定するためのレジスタが3種類あります。本書では次のように設定しました。

3バイトで構成
3バイトだが32ビットのデータとして扱う。

❶ configレジスタ

　フィルタ係数はなしで　filter = 000、計測間隔1秒として　t_sb = 101　したがって　config = 0xA0とします。

❷ **ctl_meas レジスタ**

オーバーサンプル比は、温度はx1で`osrs_t = 001`、気圧もx1で`osrs_p = 001`、モードはノーマルで`mode = 1`として、結果 `ctrl_meas = 0x27` とします。

❸ **ctrl_hum レジスタ**

オーバーサンプル比を1として `osrs_h = 001`

したがって`ctrl_hum = 0x01`とします。

● 図3-2-11　**BME280のデータフォーマット**

レジスタ名称	レジスタアドレス	bit7	bit6	bit5	bit4	bit3	bit2	bit1	bit0	Reset state
hum_lsb	0xFE				hum_lsb<7:0>					0x00
hum_msb	0xFD				hum_msb<7:0>					0x80
temp_xlsb	0xFC		temp_xlsb<7:4>			0	0	0	0	0x00
temp_lsb	0xFB				temp_lsb<7:0>					0x00
temp_msb	0xFA				temp_msb<7:0>					0x80
press_xlsb	0xF9		press_xlsb<7:4>			0	0	0	0	0x00
press_lsb	0xF8				press_lsb<7:0>					0x00
press_msb	0xF7				press_msb<7:0>					0x80
config	0xF5		t_sb[2:0]			filter[2:0]			spi3w_en[0]	0x00
ctrl_meas	0xF4		osrs_t[2:0]			osrs_p[2:0]		mode[1:0]		0x00
status	0xF3					measuring[0]			im_update[0]	0x00
ctrl_hum	0xF2							osrs_h[2:0]		0x00
calib26..calib41	0xE1..0xF0				calibration data					individual
reset	0xE0				reset[7:0]					0x00
id	0xD0				chip_id[7:0]					0x60
calib00..calib25	0x88..0xA1				calibration data					individual

① 湿度データ＝humi_msb＋humi_lsb
② 温度データ＝temp_msb＋temp_lsb＋temp_xlsb
③ 気圧データ＝press_msb＋press_lsb＋press_xlsb

resetデータの詳細
　① reset：0xB6でリセット実行
　　 他の場合何もしない

ctrl_humデータの詳細
　① osrs_h：湿度のオーバーサンプリング比

statusデータの詳細
　① measuring：1：計測中　0：計測完了

configデータの詳細
　① t_sb　：ノーマルモードの測定間隔時間
　② filte　：フィルタ係数設定
　③ spi　：SPIモードの3線、4線の切り替え

ctrl_measデータの詳細
　① osrs_t：温度のオーバーサンプリング比
　② osrs_p：気圧のオーバーサンプリング比
　③ mode　：動作モード
　　　00：スリープ　01or10：計測開始　11：ノーマル

idデータの詳細
　① chip_id正常なら0x6となる

■送受信手順

I^2Cでデータを送受信する際の手順は図3-2-12のようにします。制御だけの場合は、図3-2-9 (a) のコマンド送信で送信します。最初のconfig設定などに使います。

計測データや較正データの読み出しの場合は、図3-2-9(b)の手順で行います。読み出す最初のレジスタアドレスを送信してから、後は連続的にデータを読み出せば必要なデータを一括で読み出すことができます。

●図3-2-12 BME280のI^2C送受信手順

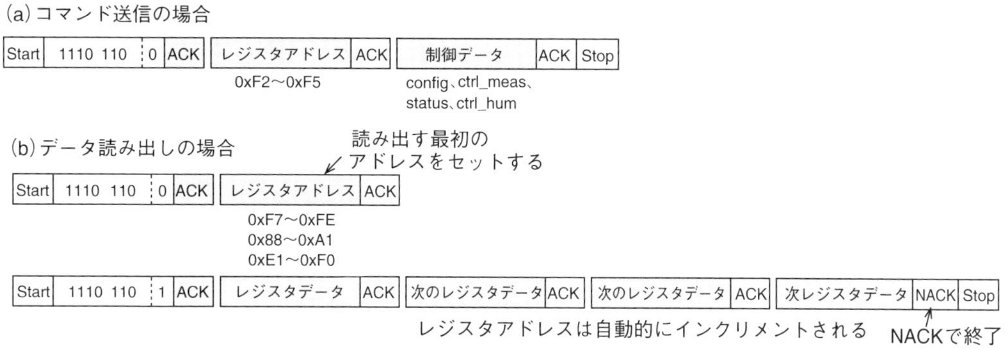
(a)コマンド送信の場合
Start 1110 110 0 ACK
レジスタアドレス ACK
制御データ ACK Stop
0xF2〜0xF5
config、ctrl_meas、
status、ctrl_hum
(b)データ読み出しの場合
読み出す最初の
アドレスをセットする
Start 1110 110 0 ACK
レジスタアドレス ACK
0xF7〜0xFE
0x88〜0xA1
0xE1〜0xF0
Start 1110 110 1 ACK
レジスタデータ ACK
次のレジスタデータ ACK
次のレジスタデータ ACK
次レジスタデータ NACK Stop
レジスタアドレスは自動的にインクリメントされる
NACKで終了

■ライブラリ

このBME280センサの較正演算はちょっと複雑で、データシート通りにする必要がありますが、32ビットの演算になるのと、較正データに正負両方あるので注意が必要です。本書ではこのBME280の制御プログラムもライブラリ化しています。

ライブラリの入手は巻末に記載の技術評論社のサポートサイトから。

BMEセンサのライブラリ*で提供される関数は表3-2-5となります。このライブラリを使ってセンサを使うときの手順は次のようにします。

①`bme_init()`関数を実行して初期化

②`bme_gettrim()`関数を実行して較正用データの読み出し
この関数は最初に1回だけ実行して取得データは定数として保存しておく。正負があるので注意すること

③1秒間隔で`bme_getdata()`関数を実行して現在データ読み出し保存
現在データを一括で読み出す

④`calib_temp()`、`calib_hum()`、`calib_pres()`を順番に実行してデータを較正

これで現在の較正した正しいデータが取得できます。ただしここで得られたデータは温度×100、気圧×100、湿度×1024と大きな数値となっているので、割り算して実際の値に変換する必要があります。

▼表3-2-5 複合センサBME280用ライブラリの関数

関数名	機能内容
bme_init	BME280の初期化　　Configレジスタの設定、フィルタの設定用 《書式》void　bme_init(void);
bme_gettrim	BME280内蔵の較正用データの読み出し 　　較正データとして保存 《書式》void　bme_gettrim(void);
bme_getdata	BME280から計測データを読み出す　温度、湿度、気圧の生データ 《書式》void　bme_getdata(void);
calib_temp	温度データの較正計算　（戻り値は符号付32ビット整数） 《書式》int32_t calib_temp(int32_t adc_T); 　　　adc_T：温度の生データ　　戻り値：温度の実値×100
calib_pres	気圧データの較正計算　（戻り値は符号なし32ビット整数） 《書式》uint32_t calib_pres(int32_t adc_P); 　　　adc_P：気圧の生データ　　戻り値：気圧の実値×100
calib_hum	湿度データの較正計算　（戻り値は符号なし32ビット整数） 《書式》uint32_t calib_humi(int32_t adc_H); 　　　adc_H：湿度の生データ　　戻り値：湿度の実値×1024

3-2-5　マイクロSDカード

　　トレーニングボードにはマイクロSDカードも実装できるように、マイクロ
SDカードソケットも実装しています。

　　使ったマイクロSDカードソケットは図3-2-13のような外観で、図は裏面か
ら見たピン配置となっています。表面実装タイプとなっているので、はんだ
面側への実装となります。ちょっとはんだ付けにコツがいりますが、温度調
節付きの先の細いこてを使えばスムーズにできます。

　　このソケットはプッシュプルタイプとなっていて、カードを押せば挿入し
ロックされ、もう一度押せば飛び出てくるタイプとなっています。

●図3-2-13　マイクロSDカードソケットの外観とピン配置

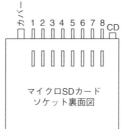

マイクロSDカード
ソケット裏面図

SDピン	略号	信号種別	MCU
1	DAT2	未使用	－
2	CD/DAT3	チップセレクト	CS
3	CMD	コマンド入力（SPI入力）	SDO
4	VDD	電源	VDD
5	CLK	SPIクロック	SCK
6	VSS	GND	GND
7	DAT0	データ出力（SPI出力）	SDI
8	DAT1	未使用	－
	CDI	カード挿入（挿入時Low）	－
	カバー	上面金属カバー	GND

マイクロSDカードをFATファイルシステムとして使いますが、Harmony v3のライブラリとしてファイルシステムが用意されているので、これを使って構成します。

マイコンとのインターフェースはSPIのモード0となっています。カード挿入の検出ピンは使わないようにしました。

転送速度がSDカードの種類によって異なるので注意が必要です。

マイクロSDカードの種類は容量と転送速度によって表3-2-6のように分けられています。本書ではCLASS10の速度のものを使う前提とします。

▼表3-2-6　マイクロSDカードの種類

種　類	容　量		クラス	速　度
SD	Max 2GB		CLASS10	10MB/sec
SDHC	2GB ～ 32GB		CLASS6	6MB/sec
SDXC	32GB ～ 2TB		CLASS4	4MB/sec
			CLASS2	2MB/sec

3-2-6 Wi-Fiモジュール

トレーニングボードに使ったWi-FiモジュールはESP-WROOM-02で、図3-2-14のような仕様となっています。もともとの本体は表面実装タイプですので、基板に実装してDIPタイプにしたものを購入して使っています。マイコンとの接続はTTLレベルのUARTですので、マイコンと直結ができます。

TCP/IPスタック*はモジュール内にすべて実装されているので、UARTで簡単なATコマンドと呼ばれる文字列を送るだけで使うことができます。

このWi-Fiモジュールは次の3通りの使い方ができます。

- ・ステーションモード
- ・ソフトAP*モード
- ・ステーションモード ＋ ソフトAPモード

TCP/IPスタック
LANやインターネットに接続して通信を行うときに必要なプロトコルをまとめたもの。

AP
Access Point
Wi-Fi通信の中継器となる装置。

●図3-2-14　Wi-Fiモジュールの概要

No.	信号名
1	GND
2	IO0
3	IO2
4	EN
5	RST
6	TXD
7	RXD
8	3V3

Wi-Fiモジュールの仕様
型番　　　　　　：ESP-WROOM-02（32ビットMCU内蔵）
仕様　　　　　　：IEEE802.11　b/g/n　2.4G
電源　　　　　　：3.0V ～ 3.6V　平均80mA
モード　　　　　：Station/softAP/softAP ＋ Station
セキュリティ　　：WPA/WPA2
暗号化　　　　　：WEP/TKIP/AES
インターフェース：UART　115.2kbps
その他　　　　　：GPIO
　　　　　　　　　（スイッチサイエンス社で基板実装で販売）

Wi--Fiルータ
家庭などでWi-Fi通信
のゲートウェイとなる
装置でWi-Fi通信の中
継と外部のインター
ネットへの接続も行
う。

つまりステーションモードで外部のWi-Fiルータ*などに接続して使うこともできますし、自身がアクセスポイントとなることもできます。さらに両方のモードで使うこともできます。

■ATコマンド

ESP-WROOM-02の主要なATコマンドの一覧が表3-2-6となります。ATコマンドモードの場合はこのコマンドを受け付けできる状態ですが、パススルーモードにするとすべてそのまま直接送信されてしまい、コマンドとしては受け付けません。パススルーモードからATコマンドモードに戻すには"+++"のみを送信してから1秒待ちます。

▼**表3-2-6　WROOM-02のコマンド一覧**

コマンド種別	コマンドの機能と書式
CWMODE	モードの選択 《書式》AT+CWMODE=m¥r¥n 　　　m：1=ステーションモード　2=ソフトAPモード 　　　　　3=ステーション+ソフトAPモード 《応答》OK
CWJAP	アクセスポイント (AP) に接続 《書式》AT+CWJAP="SSID", "PASWD"¥r¥n 　　　SSID：APのID 　　　PASWD：APパスワード 《応答》OK または 　　　+CWJAP<error code>¥r¥nFAIL　(error codeは0〜4)
CIPSTART	ステーションモードでサーバと接続する 《書式》AT+CIPSTART=<type>,<remote IP>,<remote port>[,<TCP keep alive>]¥r¥n 　　　<type>：接続タイプ　"TCP" "UDP" "SSL" 　　　<remote IP>：リモートのIPアドレスの文字列またはURL 　　　　　　　　《例》"maker.ifttt.com" 　　　<remote port>：ポート番号　80等 　　　[<TCP keep alive>]：オプション 　　　TCP有効検出時間　　0=無効　　1〜7200=時間sec 《応答》CONNECT¥r¥n OK　または　ERROR　または 　　　ALREADY CONNECTED
CIPMODE	ATコマンドモードまたはパススルーモードを設定する 《書式》AT+CIPMODE=<mode>¥r¥n 　　　<mode>：0=ATコマンドモード(通常転送モード) 　　　　　　　1=パススルーモード(トランスペアレントモード) 　　　(解除には"+++"のみを送信し1秒待つ) 《応答》>
CIPSEND	ATコマンドモードでデータを送信する 《書式》AT+CIPSEND=<length>¥r¥n<data> 　　　<length>：あとに続くデータ数 　　　<data>　：データ本体 《応答》SEND OK

72

コマンド種別	コマンドの機能と書式
受信	ATコマンドモードでサーバからデータ受信した場合 《書式》+IPD,<length>:<data>¥r¥n 　　　<length>：受信文字数 　　　<data>　：受信データ 《例》　+IPD,5:HELLO
CIPCLOSE	通信を終了する 《書式》AT+CIPCLOSE¥r¥n 《応答》OK
CWQAP	回線切断 《書式》AT+CWQAP¥r¥n 《応答》OK

■接続手順

コマンドの使い方を実際の例で説明します。

第8章で説明するIFTTT[*]サーバとステーションモードで接続して通信する場合の手順は、図3-2-15のようになります。

最初にモードをステーションモードにし、Wi-Fiルータのアクセスポイントと接続します。接続できたら続いて相手となるIFTTTサーバと接続します。このあとはサーバとの通信となるのでパススルーモードにします。これでサーバへTCP通信でGETメッセージ[*]を送信します。送信完了で+++を送ってコマンドモードに戻してからサーバとの接続を切断し、アクセスポイントとの接続も切断します。

本来はコマンドに対する応答や、サーバからの応答メッセージがあるのですが、すべて正常に通信できたとして無視し、時間待ちだけしています。

IFTTT
If This Then Thatの略で、各Webサービス間の連携を、簡単な設定だけで提供するWebサービス。

GETメッセージ
サーバへのデータ送信。

●図3-2-15　IFTTTサーバとの接続通信手順

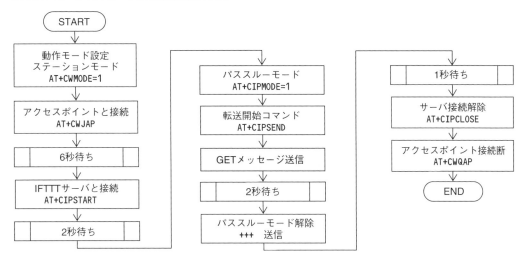

3-3　回路設計組み立て

3-3-1　回路設計

回路図と組立図と基板のパターン図は、巻末掲載の技術評論社サポートサイトからPDFがダウンロードできる。

全体構成の構想にしたがって設計した回路図*が図3-3-1となります。

電源は通常はミニUSBコネクタから5Vを入力し、3端子レギュレータで3.3Vを生成してすべてに供給します。USBホスト動作をさせる場合だけ、外部電源から5Vを供給することにし、この切り替えはジャンパで行うことにしました。

LCフィルタ
コイルとコンデンサによるローパスフィルタ。

レギュレータには余裕を見て1Aクラスのものを使いました。またマイコンのアナログ用電源（VDDANA）には簡単なLCフィルタ*を挿入してノイズを低減するようにしました。

LED、スイッチはGPIOに接続ですから、マイコンに直結とします。スイッチのプルアップ抵抗は内蔵プルアップを使う前提で省略しています。

可変抵抗は、ADコンバータの入力電圧範囲が0Vから1/2VDDですので、10kΩの可変抵抗に10kΩの抵抗を直列に挿入して可変範囲を0Vから1/2VDDとしています。

DAコンバータの出力は電圧か、正弦波出力の波形を確認するだけなので、チェックピンだけとしました。

USBはミニBタイプとタイプAのコネクタの両方を接続しています。したがってスレーブデバイス動作と組み込みホスト動作の両方ができます。

シリアル通信、Wi-Fiモジュール、2種類の液晶表示器、日本語フォントIC、複合センサ、SDカードはいずれもSERCOMによるシリアル通信制御となるため、表3-3-1のように6組のSERCOMモジュールをすべて使って重ならないようにピン配置を決めています。

▼表3-3-1　SERCOMモジュールの使い方

デバイス	デバイスピン	SERCOM#	PAD[#]/GPIO	
SDカード	2 (CD)	GPIO	PA05	
	3 (CMD)	SERCOM0 (SPI)	PAD[2]/PA06	（SO）
	5 (CLK)		PAD[3]/PA07	（SCK）
	7 (DAT0)		PAD[0]/PA04	（SI）
日本語フォントIC	1 (SCK)	SERCOM1	PAD[1]/PA17	（SCK）
	3 (CS)	GPIO	PA16	（CS1）
	5 (SO)	SERCOM1 (SPI)	PAD[2]/PA18	（SI）
	6 (SI)		PAD[3]/PA19	（SO）
複合センサ キャラクタLCD	6 (SCL)	SERCOM2 (I²C)	PAD[1]/PA09	（SCL）
	4 (SDA)		PAD[0]/PA08	（SDA）
シリアルI/F	2 (RX)	SERCOM3 (UART)	PAD[0]/PA22	（TxD）
	3 (TX)		PAD[1]/PA23	（RxD）
グラフィックLCD	2 (RST)	GPIO	PA15	（RST）
	3 (RS)		PA14	（RS）
	4 (SDA)	SERCOM4 (SPI)	PAD[0]/PA12	（SO）
	5 (SCK)		PAD[1]/PA13	（SCK）
	7 (CS)	GPIO	PB11	（CS）
Wi-Fiモジュール	6 (TXD)	SERCOM5 (UART)	PAD[2]/PA20	（RxD）
	7 (RXD)		PAD[3]/PA21	（TxD）

　32.768kHzのクリスタルはサブ発振回路の動作確認用です。

　プログラム書き込みとデバッグにはPICkit 4を使う前提ですので、8ピンのシリアルピンヘッダで接続することにしました。

●図3-3-1　トレーニングボードの回路図

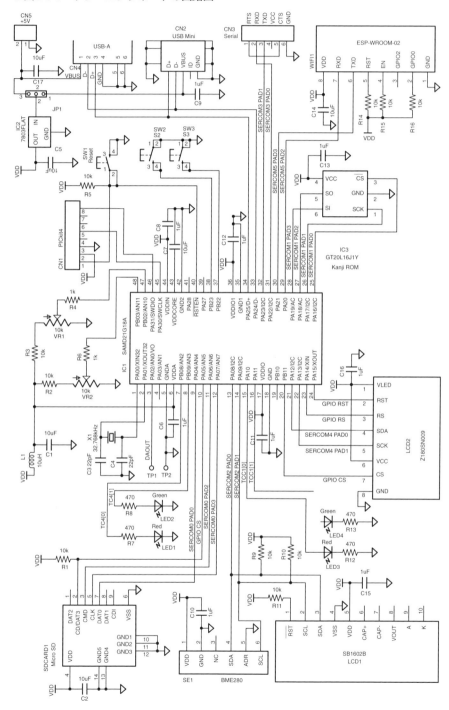

3-3-2 部品表

回路図ができたところで、トレーニングボードの組み立てに必要な部品は表3-3-2となります。

TQFP
Thin Quad Flat Pack
薄く4端面にピンが配置されたICパッケージ。

SAMD21G18Aのマイコンは0.5mmピッチの48ピンTQFP*パッケージですので、直接自作プリント基板に実装するのは難しいため、市販されている**変換基板を使ってソケット実装**することにします。この変換基板のはんだ付けの仕方は付録Aを参照してください。はんだ吸い取り線を使えば、意外と簡単にきれいに実装できます。

2種類の液晶表示器は同じ場所に実装するので、いずれか片方だけの実装となります。したがっていずれもピンヘッダとソケットを使ってコネクタ実装とします。グラフィック液晶表示器の同じものはちょっと入手困難かもしれませんが、同じサイズで、内蔵コントローラが同じであればほぼそのまま使えるので代替えできると思います。

日本語フォントICはちょっと珍しいものですが、スイッチサイエンスさんで扱っているので、Wi-Fiモジュールと一緒に購入してください。

▼表3-3-2　トレーニングボード　パーツ一覧表

型　番	種　別	型番、メーカ	数量
IC1	マイコン	ATSAMD21G18A-AU（秋月電子）	1
	ヘッダソケット	6×2列　丸ピンヘッダソケット （40×2列を切断して使う）（サトー電気）	4
	ヘッダピン	6×2列　丸ピンヘッダ（40×2列を切断して使う）（サトー電気）	4
	変換基板	48ピン TQFP　AE-QFP48PR5-DIP（秋月電子）	1
IC2	レギュレータ	NJM23910DL1-33　3.3V1A	1
IC3	日本語フォントIC	GT20L16J1Y（スイッチサイエンス）	1
X1	水晶発振子	小型円筒型　32.768kHz	1
WiFi1	Wi-Fiモジュール	ESP-WROOM-02 変換基板実装済（シンプル版）（スイッチサイエンス）	1
SE1	複合センサ	AE-BM280　（秋月電子）	1
LCD1	キャラクタLCD	SB1602B（ストロベリーリナックス）	1
	ヘッダソケット	丸ピンヘッダソケット 10ピン×1列（40ピン×1列を切断して使う）（サトー電気）	1
	ヘッダピン	丸ピンヘッダ 10ピン×1列（40ピン×1列を切断して使う）（サトー電気）	1

型　番	種　別	型番、メーカ	数量
LCD2	グラフィックLCD	Z180SN009相当品　（アイテンドー）	1
	LCDキャリー基板	P-Z18　（アイテンドー）	1
	ヘッダソケット	丸ピンヘッダソケット 8ピン×1列（40ピン×1列を切断して使う）	1
	ヘッダピン	丸ピンヘッダ　8ピン×1列（40ピン×1列を切断して使う）	1
LED1、LED3	発光ダイオード	赤　OSR5JA3Z74A　（秋月電子）	2
LED2、LED4	〃	緑　OSG5TA3Z74A	2
VR1、VR2	可変抵抗	10kΩ　TSR3386K-EY5-103TR	2
R1、R2、R3、R5、 R9、R10、R11、 R14、R15、R16	抵抗	10kΩ　1/6W	10
R4、R6	抵抗	1kΩ　1/6W	2
R7、R8、R12、R13	抵抗	470Ω　1/6W	4
C1、C2、C5、C7、 C9、C14、C17	コンデンサ	10uF　16V/25V　3225/3216サイズ	7
C3、C4	コンデンサ	22pF　セラミック	2
C6、C8、C10-C13、 C15、C16	コンデンサ	1uF　16V/25V　2012サイズ	8
L1	コイル	10uH アキシャルリード型小型	1
SW1-SW3	スイッチ	小型基板用タクトスイッチ	3
TP1、TP2	テストピン		2
SDCARD1	SDカードソケット	ヒロセ マイクロSDカードコネクタ DM3AT-SF-PEJM5（秋月電子）	1
CN1	ヘッダピン	角ピンヘッダ　8×1列	1
CN2	USBコネクタ	ミニBタイプUSBコネクタ　MUSB-5B-NE-S175（秋月電子）	1
CN3	ヘッダピン	角ピンヘッダ　6×1列	1
CN4	USBコネクタ	タイプA　USBコネクタ　USB-4AF-103BS-C（秋月電子）	1
CN5	コネクタ	モレックス　2ピン　L型	1
JP1	ヘッダピン	角型　3×1列	1
	ジャンパピン	ジャンパピン	1
	基板	P10K感光基板	1
	ゴム足	透明ゴムクッション	4

3-3-3　組み立て

トレーニングボードの組立図が図3-3-2となります。

基板の組み立てになるので、下記手順で進めていただくとスムーズにできると思います。

① 表面実装部品をはんだ面側にはんだ付けします。

　レギュレータ、チップコンデンサ、USBコネクタ、SDカード

② ジャンパ線を実装します。錫メッキ線*か抵抗などのリード線の切れ端を使います（SW1〜3とCN4のジャンパは不要です）。

③ 抵抗を実装します。リード線を曲げて穴に通してから基板をひっくり返せば固定されますから、そのままはんだ付けします。

④ クリスタル発振子、ピンヘッダソケット、スイッチ、コンデンサを実装します。

⑤ 残りは背の低いものから順に実装します。

⑥ 液晶表示器、マイコン本体はコネクタ実装ですので、別途になります。

錫メッキ線
軟銅線に錫をメッキした線材。酸化しにくい。

●図3-3-2　トレーニングボードの組立図

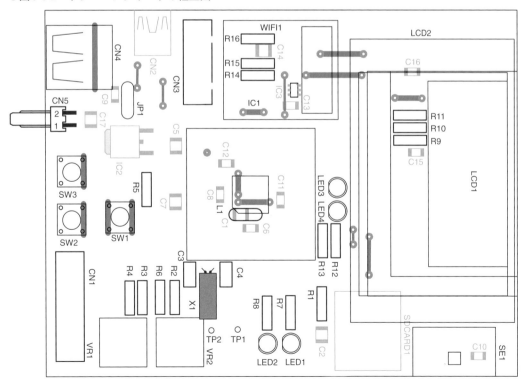

組み立てが完了した基板の部品面が写真3-3-1、はんだ面が写真3-3-2となります。

　中央のヘッダソケットにマイコンを挿入します。右側のヘッダソケットには2種類の液晶表示器を挿入します。右下にあるのが複合センサで、左上にあるジャンパが電源の切り替え用です。左下はプログラミング用ヘッダピンです。

●写真3-3-1　部品面

　左下がマイクロSDカードのソケット、右上にミニUSBコネクタとレギュレータがあります。中央上側に小さな日本語フォントICが実装されています。

●写真3-3-2　はんだ面

第4章

プログラム開発環境と
インストール方法

本書で使用するSAM D21ファミリのプログラム開発環境の解説と、必要なソフトウェアのインストール方法を解説します。

4-1　プログラム開発環境概要

4-1-1　基本のプログラム開発環境

Atmel START
簡単な設定でコードを
自動生成する機能があ
る。

　SAM D21ファミリのプログラム開発では、旧Atmel社から発売されている
ときは「Atmel Studio 7」と「Atmel START*」というツールで行うのが基本でした。
　マイクロチップ社がAtmel社を買収したことにより、開発環境が図4-1-1の
ようにSAMファミリ用とPICファミリ用との2本立てとなり、現状も継続さ
れています。

MPLAB X IDE
マイクロチップ社の統
合開発環境。

　しかし、買収して以降、SAMファミリの開発環境を、PICファミリと同じ
MPLAB X IDE*へ統合する開発が推進されました。本書執筆時点では、主要
なSAMファミリの開発環境の移行がほぼ完了しています。

●図4-1-1　マイクロチップ社の開発用ソフトウェア

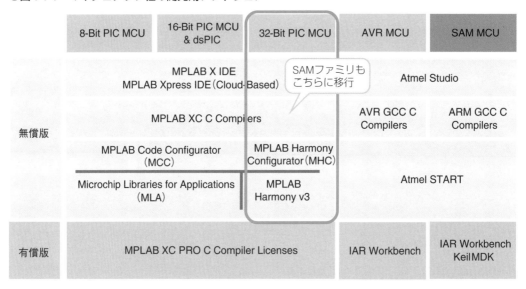

　そこで、本書では、筆者がこれまで慣れ親しんできたPICファミリ用の
MPLB X IDEを使ってSAM D21ファミリのプログラム開発を進めることにし
ました。MPLAB X IDEを使ったことがある方であれば、すぐ使えるようにな
ると思います。

82

　MPLAB X IDEを使ったSAM D21ファミリ用のプログラム開発環境は、図
4-1-2のようになります。ソフトウェアツールでは32ビット用ではHarmony
v3とHarmony Configurator 3を一緒に使います。**Harmony v3**はミドルウェ
アを含めたライブラリを集めたフレームワークで、**Harmony Configurator 3**
は設定だけでコードをHarmony v3から読み出して自動生成するツールです。
　開発に必須なハードウェアはパソコンと書き込みツールだけです。もちろ
んターゲットとなる開発ボードは必須となります。
　書き込みツールが新しいものになった以外は、PICファミリと全く同じです。
しかも書き込みツールはPICとSAM両方に対応しているので、PICファミリ
の開発にも同じ環境が使えます。

●**図4-1-2　SAMD21ファミリのプログラム開発環境**

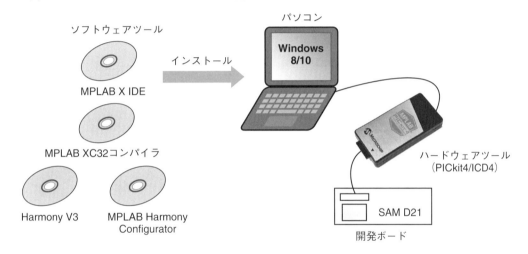

ハードウェアツール
プログラムの書き込み
と、実機デバッグに使
うツール。

　MPLAB X IDEで使えるSAMファミリ用のハードウェアツール[*]としては、
本書執筆時点では表4-1-1のようなものが用意されています。
　この中から本書ではSNAPかPICkit 4を使うことにしました。この両者は接
続インターフェースが同じですので、差し替えればどちらでも同じ手順で使
えます。

（縦書き）

4

プログラム開発環境とインストール方法

▼表4-1-1　ハードウェアツールの種類と機能差異

機能項目	SNAP	PICkit 4	MPLAB ICD4
USB通信速度	フルスピードまたはハイスピード (480Mbps)		
USBドライバ	HID		マイクロチップ 専用ドライバ
シリアライズUSB	可能 (複数ツールの同時接続が可能)		
ターゲットボードへの電源供給	なし	可能 (Max 50mA)	可能 (Max 1A) [注1]
ターゲットサポート電源電圧	1.2 〜 5.5V		
外部接続コネクタ	8ピンヘッダ		RJ11/RJ45
JTAG対応 (SAMファミリ対応)	○	○	○
過電圧、過電流保護	ソフトウェア処理		ハードウェア処理
ブレークポイント	あり		複合ブレーク設定可能
ブレークポイント個数	最大2または3		最大1000 (ソフトウェアブレーク含む)
トレース機能	なし		可能 [注2]
データキャプチャ			
ロジックプローブトリガ			
外観			

(注1) ACアダプタが必要
(注2) トレースなどは、16/32ビットファミリのみ可能で、8ビットファミリは不可

4-1-2　開発用ソフトウェアの概要

　　開発に必要なソフトウェアツールは、図4-1-1の太線で囲った次の4つとなります。これらのそれぞれの概要を説明します。

- ・ MPLABX IDE
- ・ MPLAB XC32
- ・ MPLAB Harmony Configurator
- ・ MPLAB Harmony V3

1 MPLAB X IDE

MPLAB X IDEはIDE（Integrated Development Environment：統合開発環境）と呼ばれているソフトウェア開発環境で、どなたでも自由にダウンロードして使うことができます。8ビットから32ビットまですべて共通で使える便利なものです。

このMPLAB X IDEの内部構成は、図4-1-3のように多くのプログラム群の集合体となっています。全体を統合管理するプロジェクトマネージャがあり、これにソースファイルを編集するためのエディタと、できたプログラムをデバッグするためのソースレベルデバッガが用意されています。そのほかにPlug-in Toolとして数多くのオプションが用意されています。

●図4-1-3 MPLAB X IDEの構成

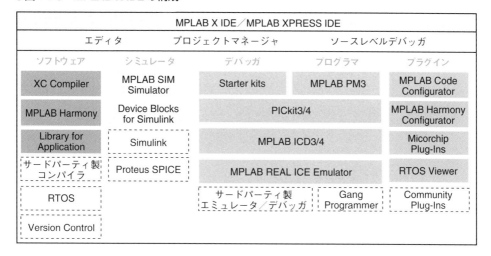

2 MPLAB XC32 Cコンパイラ

マイクロチップ社から提供されている、Cコンパイラ*はMPLAB XC Suiteとして図4-1-4の4種類が提供されています。

8ビット用のMPLAB XC8と、16ビット用のMPLAB XC16、さらに32ビット用のMPLAB XC32とファミリごとにそれぞれ独立したものとなっています。また、32ビット用だけはC++言語用のコンパイラも用意されています。

それぞれに無償版のFreeバージョンと有償版のPRO版とがありますが、この両者の違いは最適化機能だけで、コンパイラ機能はいずれもすべて使うことができます。SAMファミリは32ビットマイコンですので、この中のXC32を使います。

Cコンパイラ
C言語で記述されたプログラムを機械語に変換するツール。

85

●図4-1-4 MPLAB XC コンパイラの種類

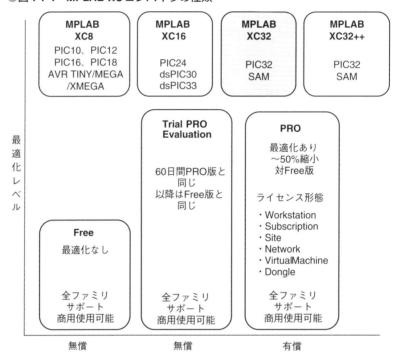

3 MPLAB Harmony v3

　MPLAB Harmony v3は32ビットマイコンのプログラム開発を効率化するためにマイクロチップ社が開発したソフトウェアフレームワークで、多くのソフトウェアの集合体となっています。

　Ver2まではPICファミリだけの対応で、しかもハードウェアドライバの抽象化*のレベルが高過ぎて、ちょっと使い難かったのですが、Ver3になってSAMファミリへの対応も行われ、さらにドライバレベルが簡単化されてソースファイルが生成されるので、ぐっと使いやすくなりました。Harmony v3の全体構成は図4-1-5のようになっています。

　最下位層にはハードウェアがいて、それを**PLIB***が制御します。このPLIBは直接ハードウェアのレジスタを制御していて、しかもソースファイルがMPLAB Harmony Configurator（MHC）で自動生成されるので、解析も容易ですし、理解しやすいものとなっています。ここがHarmony v2から大幅に改良された点で、大いに使いやすくなりました。

抽象化
ソフトウェア関数だけでプログラミングするようにして、ハードウェアのレジスタ類の設定を不要化すること。

PLIB
Peripheral Library

●図4-1-5　Harmony V3の全体構成

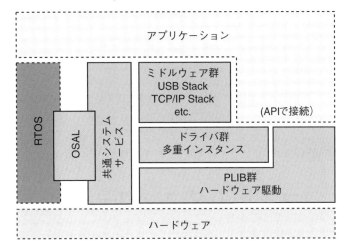

この上位層にドライバがいて、ハードウェアを抽象化してミドルウェアなどからみて共通化されたインターフェースを提供しています。もちろんアプリケーションから直接ドライバを使うこともできます。

このように、PLIBとドライバが上位層にハードウェアを使うためのインターフェースを提供するので、アプリケーションやミドルウェアが簡単にハードウェアを使えるようになっています。

さらにRTOS*を使う場合には、OSAL*がインターフェースを抽象化して、いずれのRTOSでも同じように使えるようにします。

4 MPLAB Harmony Configurator 3（MHC）

MPLAB Harmony Configurator 3（MHC）は、Harmony v3を使う場合に、周辺モジュール*やライブラリの各種設定を、GUIツールを使って簡単にできるようにしたものです。さらにこの設定でドライバやPLIBのソースを自動生成します。

このMHCを使うことで周辺モジュールの複雑なレジスタの設定方法を調べる必要がなくなりますし、周辺モジュールを使うための関数も自動生成されますから、プログラム開発を効率的に行うことができます。

本書では、このMHCを使ってできるだけ簡単に32ビットマイコンを使うという趣旨で進めます。

RTOS
Real Time Operating System
リアルタイムシステムで多くの機能を並列動作させる場合に有効なオペレーティングシステム。

OSAL
Operating System Abstraction Layer

周辺モジュール
マイコン内蔵の機能モジュール、タイマやシリアル通信、ADコンバータなどがある。

4-2　MPLAB X IDEとMPLAB XC32の入手とインストール

MPLAB X IDEはマイクロチップ社のウェブサイトからいつでも最新版が自由にダウンロードできます。またCコンパイラも同じページから選択してダウンロードできるようになっています。本節では、このMPLAB X IDEとMPLAB XC32コンパイラの入手方法とインストール方法について説明します。

4-2-1　ファイルのダウンロード

MPLAB X IDEの入手には、まずマイクロチップテクノロジー社のウェブサイトの開発ツールのページ（http://www.microchip.com/MPLAB）を開き、図4-2-1のように宣伝画像下にあるMPLABをクリックします。これでドロップダウンリスト*が開きますから、この中の［MPLAB X IDE］を選択します。Cコンパイラの場合には［MPLAB XC Compiler］を選択します。これでMPLAB X IDEまたはXCコンパイラのOverviewページに移行します。

開発関連のすべてのリンクがある。

●図4-2-1　マイクロチップ社のウェブサイト

常に最新版を使うほうがよい。複数バージョンをインストール可能なので使い分けも可能。

Overviewのページの下の方に移動し、［Downloads］のタブをクリックすると図4-2-2のようなダウンロードの選択ページとなります。ここでWindows版の［MPLAB X IDE vx.xx*］を選択し、適当なフォルダにダウンロードします。

88

●図4-2-2　マイクロチップ社のウェブサイト

●図4-2-3　XC32コンパイラのダウンロード

次にMPLAB XC32のコンパイラもダウンロードします。これには図4-2-1で
［MPLAB XC Compilers］を選択します。これでCompilerのOverViewのページ
になりますから、このページの下のほうにある［Compiler Downloads］のタブ
をクリックすれば図4-2-3のページとなります。ここでWindows版の［MPLAB
XC32/32++ Compiler vx.x］を選択してMPLAB X IDEと同じフォルダ内にダウ
ンロードします。

これで必要なファイルのダウンロードが完了したので、早速インストール
を開始します。

4-2-2 MPLAB X IDEのインストール

　MPLAB X IDEのインストールから始めます。これにはダウンロードしたファイル「MPLABX-vx.xx-windows-installer.exe」をダブルクリックして実行を開始するだけです。v以下のx.xx部はバージョン番号です。

　実行を開始してセキュリティを許可してしばらくすると図4-2-4のダイアログとなるので、最初はそのまま[Next]とします。次にライセンス確認ダイアログになるので、ここでは[I accept the agreement]にチェックを入れてから[Next]とします。

　ここで1つ注意することがあります。Windowsのユーザー名に日本語を使っていると、インストールはできますが正常に起動できなくなるので**ユーザー名は半角英文字とする必要があります**。

●図4-2-4　MPLAB X IDEのインストール

　次に図4-2-5のダイアログでディレクトリの指定になります。ここではそのままで[Next]とします。ここで注意が必要なことは、MPLAB X IDEを使う場合には、**常にフォルダ名やファイル名には日本語が使えない**ということです。

起動はできますが、後からプロジェクトを作成したとき #include でファイルが見つからず、コンパイルエラーが出ることになります。

Proxy[*]の設定はお使いのネットワーク環境に合わせることになりますが、通常は No Proxy で大丈夫です。

Proxy
セキュリティ強化のためのゲートウェイ。

●図4-2-5　**MPLAB X IDE のインストール**

これで[Next]とすると図4-2-6のダイアログになります。ここではインストールするデバイスファミリの選択とエラー情報収集の可否選択となります。通常はすべてにチェックを入れたままで[Next]としますが、図のようにチェックを外しても構いません。デバイスファミリでは本書では[32bit MCUs]が必須となります。

●図4-2-6　**インストールデバイスファミリの選択**

右側縦：**4　プログラム開発環境とインストール方法**

91

これで図4-2-7のようにインストール準備完了ダイアログになるので、さらに [Next] とすればインストールが開始されます。インストール実行にはしばらくかかりますが、この間図4-2-7のダイアログで進捗状況を表示します。しばらくするとインストールが完了して完了ダイアログになります。最後に次のステップのためのウェブサイト呼び出しができるようになっていますが、必要ないのですべてチェックを外してから、[Finish]をクリックすれば完了です。

●図4-2-7　MPLAB X IDEのインストール

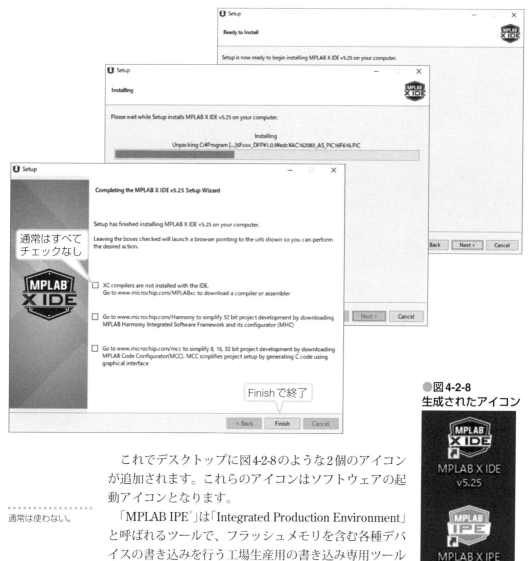

これでデスクトップに図4-2-8のような2個のアイコンが追加されます。これらのアイコンはソフトウェアの起動アイコンとなります。

通常は使わない。

「MPLAB IPE*」は「Integrated Production Environment」と呼ばれるツールで、フラッシュメモリを含む各種デバイスの書き込みを行う工場生産用の書き込み専用ツールです。

●図4-2-8
生成されたアイコン

4-2-3 MPLAB XC32 コンパイラのインストール

次にMPLAB XC32 Cコンパイラをインストールします。ダウンロードしたファイル「XC32-vx.xx-full-install-windows-installer.exe」をダブルクリックして実行を開始します。vx.xxの部分はバージョン番号[*]ですので、最新版をインストールします。

常に最新版を使うほうがよい。複数バージョンをインストール可能なので使い分けも可能。

セキュリティを許可後、最初に図4-2-9のSetup開始ダイアログになります。ここはそのまま[Next]とします。これでライセンス確認ダイアログになるため、[I accept the agreement]にチェックを入れてから[Next]とします。

●図4-2-9 コンパイラのインストール開始

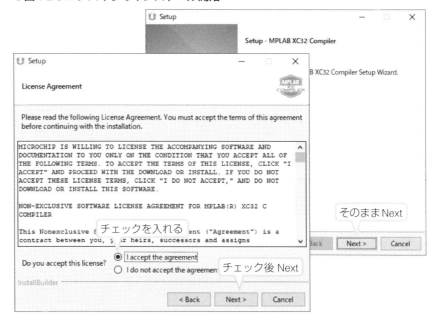

次に図4-2-10のライセンス選択ダイアログになります。本書ではフリー版[*]としてインストールするので、チェックは[Free]のままで[Next]とします。PRO版を購入した場合は、ライセンス形態にしたがってチェックを入れます。

フリー版でもすべての機能が使えるので何も問題はない。

次がインストールするディレクトリの指定になります。ここは変更せずそのままで[Next]とします。

●図4-2-10　ライセンスとディレクトリの指定

　　　次に図4-2-11のパスなどの登録選択ダイアログになります。ここではすべてにチェックを入れてから［Next］とします。これで準備完了ダイアログになるので、そのまま［Next］とすればインストールを開始します。インストール中は進捗状況がバーで表示されます。

●図4-2-11　パスの登録指定

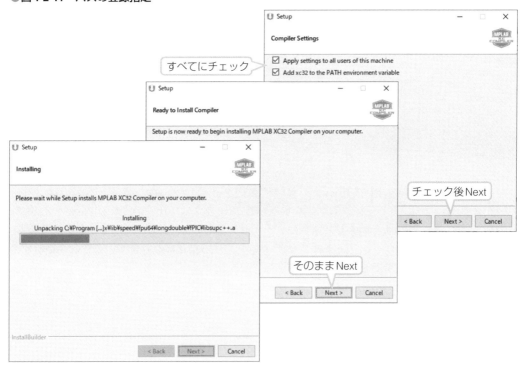

バー表示でインストールが終了したら[Next]をクリックすると、図4-2-12のライセンス登録ダイアログとなり、お使いのパソコンのMACアドレスが表示されます。このMACアドレスでライセンスが登録されますが、フリー版ですので特に制約等はないので、そのまま[Next]とします。これで完了ダイアログが表示されるので、[Finish]をクリックすれば完了です。

●図4-2-12　MPLAB XC32のインストール

4-2-4　MPLAB X IDEの外観

MPLAB X IDEを起動したときの通常の使用状態での画面構成は図4-2-13のようになります。いくつかのPANE(ペイン)と呼ばれる窓で構成されています。それぞれのPANEは上側のタブをドラッグドロップすることで自由に位置を変更できます。位置を指定せずフローティング状態*の窓とすることもできます。本書ではPANEを「窓」または「ダイアログ」と呼ぶことにします。

さらに同じ窓に複数PANEを移動した場合には、タブ*で区別されるようになります。この構成は自由にできますから好みで設定できます。いったん設定すると次に起動したときも同じ構成*となります。

フローティング状態
もとの窓から切り離して独立の窓にすること。

タブ
窓上部にある選択用のつまみ部分のこと。

オリジナルの状態に戻したいときは[Windows]→[[Reset Window]

●図4-2-13　MPLAB X IDEの画面構成

　なおインストール後、初めて起動すると図4-2-14のようなスタートページ
になります。使い方のガイダンスや、フォーラム、最新情報へのリンクなど
があり、関連情報源へのナビゲータとなっています。ただしインターネット
に接続されているパソコンであることが前提です。

●図4-2-14　MPLAB X IDEのスタートページ

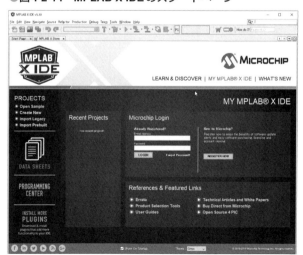

4-3 MPLAB Harmony v3の インストール

4-3-1 MPLAB HarmonyとMPLAB Harmony Configurator 3の関係

Harmonyのインストールには MPLAB Harmony Configurator 3（MHC）を使います。この MHC と Harmony v3の関係は図4-3-1のようになっています。

もともと MHC は MPLAB X IDE の Plug-in Tool* となっていて、MPLAB X IDE から直接インストールできます。

Harmony v3本体のダウンロードは MHC 内に用意された「MPLAB Harmony 3 Content Manager」を使って行うようになっています。

Harmony を使う際にはすべてこの MPLAB X IDE 上の MHC で設定をします。そしてプロジェクトをコンパイルする際に指定されたモジュールが Harmony v3本体から呼び出されてリンクされます。

・・・・・・・・・・・・・・・・・
オプションで追加できるようになっている。

●図4-3-1　HarmonyとMHCの関係

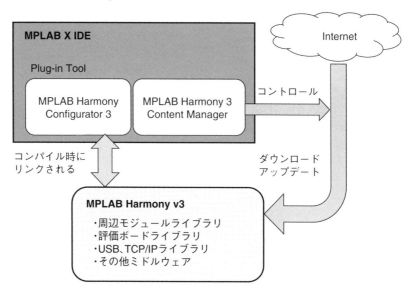

97

4-3-2 MHCのインストール

MHCはMPLAB X IDEのPlug-inですから、MPLAB X IDEで次のようにしてインストールします。

まずメインメニューから、[Tools]→[Plugins]とすると図4-3-2のダイアログが開きます。ここで[Available Plugins]タブをクリックします。

「MPLAB Harmony Configurator」はHarmony v2用なので注意。

このリストの中から「MPLAB Harmony Configurator 3*」を選択します。右側の欄でバージョン情報を確認して**Harmony v3用であることを確認**してから、[Install]ボタンをクリックしてインストールします。

●図4-3-2 PLug-inのダイアログ

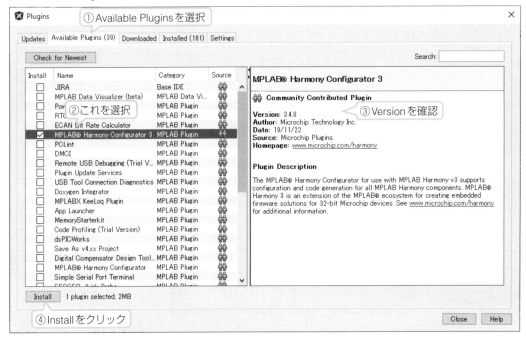

これで図4-3-3のダイアログが表示されます。そのまま[Next]をクリックし、次のダイアログで「I accept ...」にチェックを入れてから[Install]とします。

●図4-3-3　MHCのインストール

これで実際のインストールが始まります。インストールが完了すると図4-3-4のダイアログが表示されるので、そのまま[Finish]とします。これでMPLAB X IDEが自動的に終了し再起動します[*]。

再起動には少し時間がかかるので気長に待つこと。

●図4-3-4　MHCのインストール完了

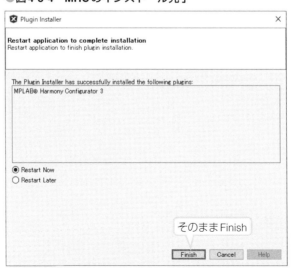

（縦書き）
4 プログラム開発環境とインストール方法

MPLAB Code
Configurator v3
（MCC）は8/16ビット
のPICマイコン用の
コード自動生成ツール
なので、本書では使用
しない。

MPLAB X IDEが再起動したら、［Tools］→［Embedded］をクリックする
と図4-3-5のように「MPLAB Harmony Configurator」と「MPLAB Harmony 3
Content Manager」が追加されているのがわかります。これらの起動はこのメ
ニュー[*]から実行できます。

●図4-3-5　MHC、Content Managerの起動

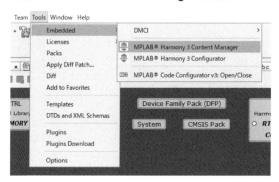

4-3-3　Harmony v3本体のダウンロード

Harmony v3を使うためにはHarmony v3の本体をダウンロードする必要
があります。図4-3-5で［MPLAB Harmony 3 Content Manager］をクリックし
て起動します。最初は図4-3-6のダイアログとなり、Harmony v3本体を格納
するフォルダの指定になります。ここは変更しても構いません。本書では
「C:¥Harmony」とし、［Next］とします。

初めてインストールする場合はまだフォルダがないので、図4-3-5の下側の
ダイアログが表示されます。ここはそのままOKとします。これでフォルダ
が自動生成されます。

●図4-3-6　Harmonyの格納フォルダの指定

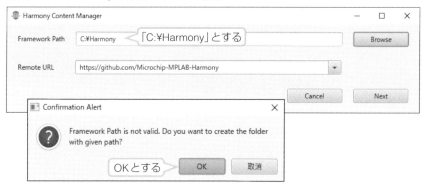

Connection Test Was Successful　となれば OK。

これでHarmonyの提供サーバとの接続[*]を確認してから、図4-3-7の管理ダイアログとなり、Harmony v3をダウンロードできるようになります。

最初はLocal Packagesには何もない状態です。図のようにRemote Packagesの方で、「Select All」にチェックを入れてから「Download Selected」をクリックします。

● 図4-3-7　Harmonyダウンロード管理ダイアログ

[Download Selected]をクリックすると次に進んで図4-3-10のダイアログでライセンス認証を求められるので、図のように[Accept All Licenses[*]]をクリックしてから[Close]をクリックすればダウンロードが開始されます。

このダウンロードでは大量のファイルをダウンロードするため**長時間かかります**。時間の余裕があるときに実行してください。

一括ですべてを認証する。

● 図4-3-8　認証ダイアログ

一括ダウンロード中は図4-3-9のダイアログで進捗状況が表示されます。

進捗バーが100%になれば終了ですので、このダイアログを閉じても構いません。

最初にインストールするときはすべて最新の状態ですが、2回目以降にContent Managerを実行した場合には、図4-3-10のように更新が必要なものにのみUpdateボタン表示が追加されるので、これをクリックして更新します。

●図4-3-9　ダウンロード中の画面　　　　　　　●図4-3-10　更新ダウンロードの表示

以上でHarmony本体のインストールは終了です。

第5章

MHCを使った
プログラム開発方法

本書では、プログラム開発にはすべてHarmony v3と
MHC（MPLAB Harmony Configurator）を使って行います。
このHarmonyとMHCを使ったプログラム開発手順の
説明をします。

Harmonyを使ったプログラムの構成

5-1-1 基本のプログラム構成

　Harmonyを使ったプログラムは、簡略化して表すと図5-1-1のような3種類の構成ができるようになっています。このすべての構成において**MHC**（MPLAB Harmony Configurator 3）が周辺やミドルウェアの設定用のツールとして使われます。

●図5-1-1　**Harmonyのプログラムの構成**

（1）PLIB Application

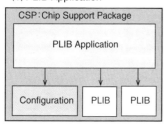

（2）Driver Application

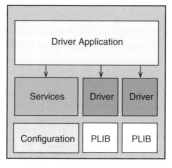

（3）Middleware Application

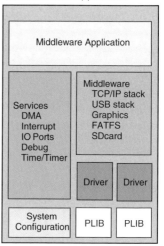

■1 PLIB Application

　もっとも単純な構成のプログラム構成で、第6章までの例題はすべてこの構成としています。

　つまり、アプリケーションから直接周辺モジュールを制御するために**PLIB**（Peripheral Library）を使う構成です。周辺モジュールの動かし方を決めるためにレジスタ類の設定が必要になりますが、ここにMHCが使われます。MHCのGUI*ベースで設定して、自動生成される関数はすべてソースファイルで生成されますから、何をしているのかよくわかりますし、自分で修正することもできるので安心して使えます。

GUI
Graphic User Interface
グラフィックな画面で作業すること。

デバイスごとに異なるPLIBを提供しているのが**CSP**[*]（Chip Support Package）と呼ばれるパッケージで、ダウンロードしたHarmonyの中に含まれています。

この構成では直接周辺モジュールを使うことができますから、速度が必要な場合には最適な構成となります。

2 Driver Application

PLIB直接ではなく**ドライバ**[*]と呼ばれるモジュールを経由してPLIBの周辺モジュールを使うアプリケーションです。このドライバでは次のようなサポートをしています。

- 多重クライアントのサポート
  1つの周辺モジュールを複数のアプリが使えるようにする機能
- 多重インスタンスのサポート
  複数の同じ周辺モジュールをまとめて管理制御する機能
- バッファ待ち行列管理
  複数のアプリからの要求を行列化してバッファ管理する機能
- ミドルウェア用の**API**[*]の提供
  ハードウェアを抽象化してミドルウェアが共通に使えるようにする機能

Servicesというモジュールは、割り込みやDMA、TIMEなどの共通の基本周辺モジュールの設定や機能を提供するモジュールとなります。

ドライバやServiceを使うと、ハードウェアを抽象化するので、異なるデバイスへの移植が容易になります。また、周辺モジュールなどのリソースを複数のアプリケーションで共有する場合や、バッファリングが必要な場合に開発を簡単化できます。

3 Middleware Application

Harmonyが提供するミドルウェアとドライバを使うアプリケーションで、USBやTCP/IPのスタック、ファイルシステム、グラフィック、暗号化などの高機能なアプリケーションを容易に構成できます。この場合にはドライバ経由で周辺モジュールを使います。またこの構成の場合にはPLIB ApplicationやDriver Applicationを混在させた構成も多く使われています。

このミドルウェアやドライバの設定にもMHCが使われ、ミドルウェアの複雑な設定もほとんどそのまま使えるようになっています。

Harmony 3 Content Managerでダウンロード指定可能。デバイスごとのPLIBが用意されている。

規模が大きなシステムのとき使うと便利。

API
Application Interface
プログラム間の呼び出し方を決めたもの。

MHCを使ったプログラム開発方法

5-1-2　RTOSを使った場合の構成

　複数の機能を並行して実行する必要がある場合には、RTOS（Real Time Operating System）を使うと比較的容易に構成できます。

　このRTOSを使ったアプリケーションの場合は、Harmonyを図5-1-2のような構成で使うことになります。多くの場合、前述の基本構成のプログラム構成も混在して使われます。

　ここでOSAL（OS Abstraction Layer）はRTOSを使った多重スレッド*を提供します。また、異なるOS間でも互換性があるAPIをアプリケーションに提供します。

　HarmonyではFreeRTOS*が標準RTOSとしてサポートされていて、簡単な設定でRTOSが使えるようになっています。

多重スレッド
複数の機能を並列に実行する機能。時間を区切ってそれぞれの機能を実行する。

FreeRTOS
もともとはオープンソースのRTOSだったが、最近Amazon.comが買収した。現在もフリーで使える。

●図5-1-2　RTOSを使ったアプリケーションの構成

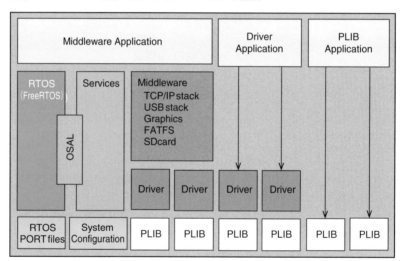

5-2 例題プログラムの機能

Harmonyを使って基本となるPLIB Application構成のプログラムを実際に作成する手順を説明します。

この手順ではすべてMHC（MPLAB Harmony Configurator）を使って行いますが、プログラムを作成する手順の説明用として、トレーニングボードを使って次のような機能のプログラムを例題とすることにします。

【例題】プロジェクト名　Example

図5-2-1のようにトレーニングボードのCN3コネクタにUSBシリアル変換ケーブル（TTL 3.3V用）を接続してパソコンと接続する。さらにトレーニングボードの裏面のミニUSBコネクタとパソコンのUSBを接続して電源を供給する。

PICkit 4をトレーニングボードのCN1に接続してプログラム書き込み用とする。

パソコン側はTeraTerm※などの通信ソフトを使ってUSBシリアルのデータを受信して表示するようにする。

この接続状態でタイマ（TC3）の1秒周期の割り込みで2個の可変抵抗（VR1、VR2）の電圧を測定し、シリアル通信でパソコンに電圧値として送信する。システムクロックは48MHz、通信速度は19.2kbps、電源電圧は3.3Vとする。送信フォーマットは 「POT1=x.xx volt POT2=y.yy volt」とする。

プロジェクトの格納フォルダはD:¥SAM_LAB¥Exampleとする。

TeraTerm
フリーの通信ソフトでCOMポートを使って送受信ができる。

なお本書で作成する例題プログラムは、すべて巻末に掲載したサポートサイトからダウンロードできます。

●図5-2-1　トレーニングボードの例題の接続

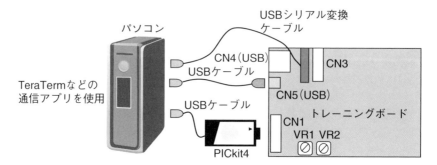

この例題の内蔵周辺モジュールの関係は図5-2-2のようになります。

タイマ（TC3）の1秒周期の割り込みでADコンバータをプログラムで起動し、2チャネルのAD変換をしたあと、電圧値に変換し、SERCOM3を使ってUARTシリアル通信でパソコンにデータを送信します。

クロックは48MHzをCPUと周辺モジュールに供給しますが、TC3だけは1秒という長い時間が必要なので1MHzのクロックを供給することにします。

●図5-2-2　例題の周辺モジュールの関係

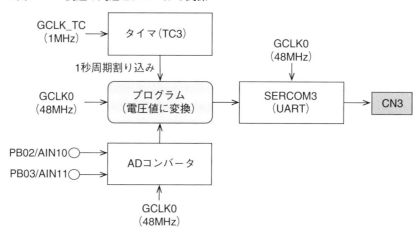

5-3　MPLAB X IDEによるプロジェクトの作成

プロジェクト
プログラム関連ファイルを一括管理する単位。

MPLAB X IDEのPlug-inとなっている「MPLAB Harmony Configurator 3」をインストールすると、MPLAB X IDEでHarmony v3用のプロジェクト*を作成できるようになります。

本節ではこのHarmony v3用のプロジェクトの作成方法を解説します。

5-3-1　MPLAB X IDEでプロジェクトの作成

MPLAB X IDEでHarmony v3用のプロジェクトを作成する手順は次のようにします。

■プロジェクト作成ウィザード

まずMPLAB X IDEのメインメニューから、[File]→[New Project]とすると図5-3-1のダイアログが開きます。このダイアログで、プロジェクトの種類として①のように「32-bit MPLAB Harmony 3 Project」を選択して②[Next]とします。これで図5-3-1の左下のダイアログが開きます。

●図5-3-1　プロジェクトの作成開始

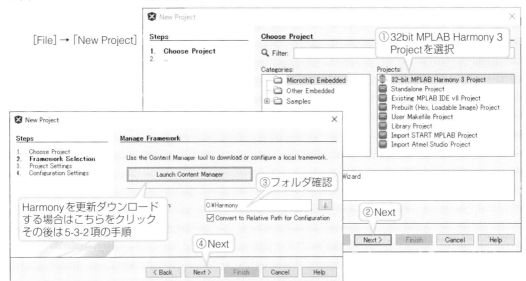

③のようにHarmonyをインストールしたフォルダ名が自動的に表示されます。通常は、これを確認してから④[Next]としますが、Harmonyをインストールしてから時間が経っている場合は、[Launch Content Manager]ボタンをクリックしてHarmonyの更新作業[*]を行います。この更新作業の手順については、5-3-2項を参照してください。

次に、図5-3-2のダイアログが表示されるので、プロジェクトを格納するフォルダを作成します。①のフォルダのアイコンをクリックすると、図5-3-2の左下のダイアログになるので、任意のフォルダに移動し、②の新規作成のボタンをクリックして、③のように新規フォルダ「Example[*]」を作成してから④開くボタンをクリックします。ここでは、プロジェクトの格納フォルダはD:¥SAM_LAB¥Exampleとしています。

●図5-3-2　プロジェクトのフォルダの作成

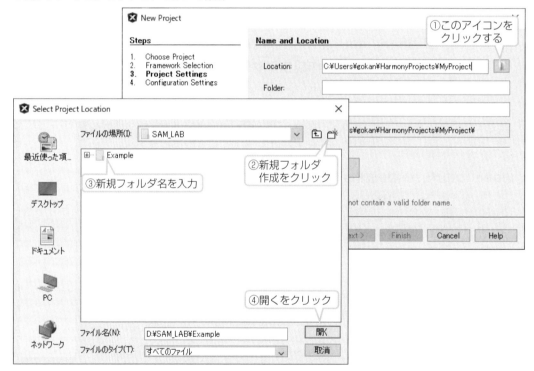

これで図5-3-3のダイアログに戻ります。戻ったところでプロジェクトの名前を設定します。本書ではプロジェクト名はフォルダ名と同じとしているので、①のようにFolder欄に「Example」と入力します。これでName欄にも自動的に同じ名前が設定されます。確認したら②[Next]とします。

これで図5-3-3の左下のダイアログが開くので、使うデバイスの名前を入力

110

トレーニングボードで
使っているSAMマイ
コンの名称。

します。③のようにTarget Device欄に「ATSAMD21G18A*」と入力してから④
[Finish]とします。この名称を間違えるとあとですべてやり直しになってし
まいますので、注意してください。

●図5-3-3 プロジェクト名とデバイスの設定

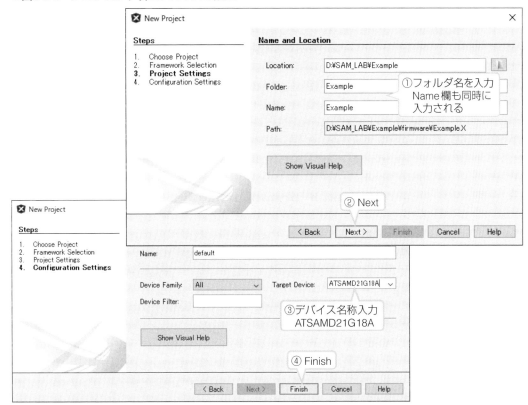

[Finish]の直後に、画面構成を選ぶ「Window Manage Selecting Dialog」が
表示された場合は、[Select Native]をクリックします。「Native Window Quick
Tour」というダイアログがポップアップし、メニューやツールバーの場所が示
されます。[I Understand]でダイアログを閉じます。

以上でプロジェクト生成作業が開始され、まず図5-3-4のダイアログが表示
されます。ここで[Launch]をクリックすればMHCの起動が始まります。す
こし時間がかかります。

5

MHCを使ったプログラム開発方法

●図5-3-4　MHCの起動

■MHCの起動

　これでMHCの起動が完了すると、プロジェクト生成が完了し図5-3-5のような画面構成となります。これがMHCの作業状態の画面となり、中央に設定中の周辺モジュールやライブラリの関連図がProject Graph窓にGUI表示されます。

　左下側の「Available Components」欄に使用できるデバイスやライブラリのリストが表示されています。ここでデバイスなどをダブルクリックして選択すると、左上側の「Active Components」欄に移動し、右側の「Configuration Options」欄で動作内容の設定ができるようになります。

　以上でプロジェクトの作成作業は完了で、このあと、具体的な設定作業に入ります。

●図5-3-5　プロジェクトが生成された直後の画面

もし図5-3-5の画面が表示されず、「初期化に失敗した」旨のメッセージが表示された場合は、以下を実行してから、プロジェクト作成ウィザードを再度実行してください。

①［Projects］の「Example」を右クリックし、［delete］
②D:¥SAM_LABにある「Example」フォルダを削除
③［Tools］ → ［Embedded］ → ［MPLAB Harmony 3 Content Manager］で、「Remote Package」に表示される「dev_packs」をダウンロード

■Propertiesの設定

最後にプロジェクトのProperties[*]を設定します。左上のタブの［Projects］をクリックしてプロジェクト名（ここではExample）を選択し、右クリックして開くドロップダウンリストで、下にあるPropertiesを選択します。これで図5-3-6のダイアログが開きます。右の窓から選択していきます。

①ではコンパイラを選択します。複数ある場合は最新バージョンを選択します。次に②で書き込みに使うツールを選択します。本書ではPICkit 4を使っているので、接続されていれば図のようにシリアル番号の方を選択します。未接続であればPICkit 4を選択します。

次に③でDFPを最新バージョンの方を選択します。DFP[*]はHarmonyと一緒にダウンロードされているデバイスごとの構成を設定したファイルですので、間違いが修正された最新のものを使います。

次に④でGeneralを選択して画面を切り替えます。

●図5-3-6　Propertiesの設定1

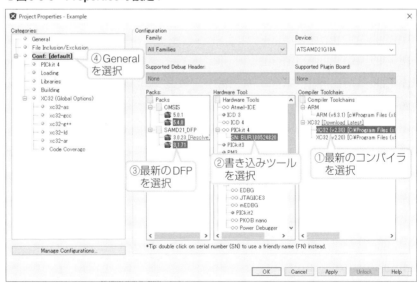

113

文字コードの指定。

Generalを選択すると図5-3-7の画面となります。ここでは⑤のように Encoding*に「Shift-JIS」を選択します。これを選択しないと、日本語のコメント部分が文字化けします。

最後に[Apply]をクリックしてから[OK]をクリックして終了です。[Apply]をクリックしないとDFPが適用されないので、注意してください。

● 図5-3-7　プロパティの設定2

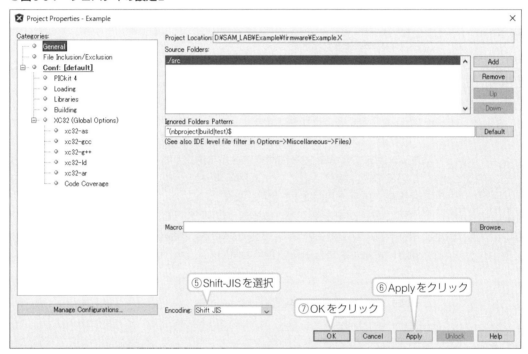

5-3-2 ▪ Harmony v3の更新手順

図5-3-1で「Launch Content Manager」をクリックした場合には、Harmonyの更新作業に入ります。まず図5-3-8のダイアログで①のようにHarmonyの格納フォルダが自動的に表示されますから、確認して②[Next]とします。

接続に失敗した場合は
やり直す。

これで図5-3-8の左下のダイアログでダウンロードサイトとの接続確認が自動的に行われます。これで「The connection Test Was Successful.*」と表示されれば問題ありません。

●図5-3-8　Harmonyの更新開始

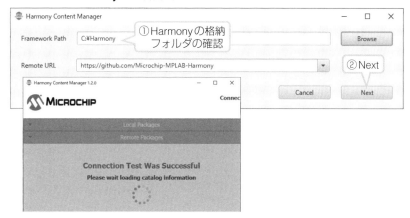

　これで次は図5-3-9のダイアログになります。図のように更新が必要なモジュールにのみ[Update]のボタンが表示されますから、これをクリックして更新ダウンロードを実行します。

●図5-3-9　更新ダウンロード

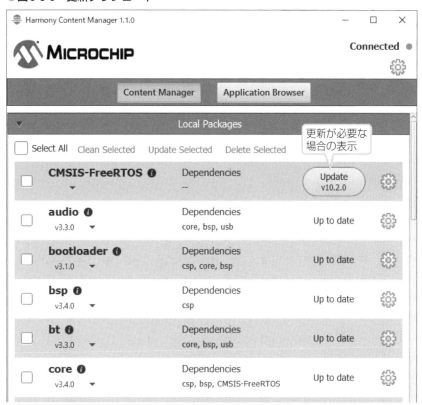

5-3-3 既存プロジェクトの開き方

　すでに作成済のプロジェクトを開いてMHCを起動する方法は次のようにします。本書に掲載した製作例のプロジェクトを開く場合も同じです。

　まずプロジェクトを開きます。MPLAB X IDEのメインメニューから［File］→［Open Project］とすれば図5-3-10のダイアログが開きますから、①のようにプロジェクトのフォルダ*に移動してから、②でプロジェクトを選択し、③で［Open Project］とします。これでプロジェクトが開きます。

「名称.X」がプロジェクトのファイル。

●図5-3-10　既存プロジェクトを開く

［File］→［Open Project］

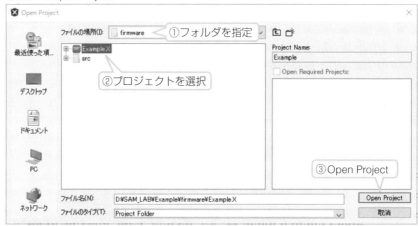

　プロジェクトを開いたあと、MHCを起動するには図5-3-11の①のようにメインメニューから起動します。

　［Tools］→［MPLAB Harmony 3 Configurator］で図5-3-11の下側のダイアログが開きますから、②のようにHarmonyの格納フォルダを確認してから③でLaunchとして起動します。

　これで図5-3-12のように起動確認ダイアログになります。①のように［Launch］をクリックすればMHCが起動します。

　この起動後、すでにMHCで作成されているプロジェクトの場合は、図5-3-12の下側のダイアログで既存のMHCファイルを開くかと確認されますから、通常は［Open］としてMHCの既存設定を開きます。

●図5-3-11 **MHCの起動**

[Tools] → [MPLAB Harmony Configurator]

●図5-3-12 **既存のMHCファイルを開く**

5-3-4 プロジェクトの終了の仕方

　プロジェクトを終了する方法はMPLAB X IDEのメインメニューから [File] → [Close Project(Example)] または [Close All Projects] とするだけです。これでMHCも含めてすべて終了し、MPLAB X IDEは何もない状態となります。

<table>
<tr><td>5-4</td><td># MHCによる周辺モジュールの設定</td></tr>
</table>

　本節ではMHC（MPLAB Harmony Configurator）を使って、例題のクロックや入出力ピンなどの基本の周辺モジュールの設定の仕方を解説します。アプリケーションは、すべて周辺モジュールライブラリ（PLIB）を直接使う「PLIB Application*」の構成としています。

> 詳細は5-1節を参照。

5-4-1　クロックの設定

> **クロック**
> 命令や周辺モジュールの動作のペースメーカとなる一定周波数の連続パルス。

　例題のクロック*は内蔵の48MHzと指定されているので、これに合わせた設定をします。

■クロック設定画面の起動

　MHCでクロックを設定する場合は、図5-4-1のようにMPLAB X IDEのメインメニューから、[MHC] → [Tools] → [Clock Configuration] とします。

●図5-4-1　クロック設定画面の起動

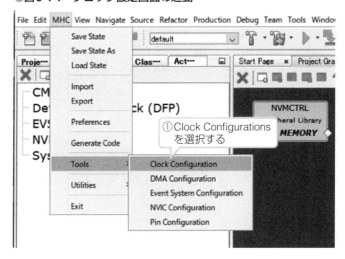

> 元の画面から独立させて画面サイズを自由にできるようにする。タブ部分をMPLABのWindow外にドラッグすればFloat画面になる。

> **DFLL**
> Digital Frequency Locked Loop
> デジタル的に逓倍する回路構成。

　これでGUI表示欄の[Clock Easy View] タブをクリックし、さらにFloat画面*にして最大化すると、図5-4-2のようなクロックの設定GUI画面が開きます。
　CPUのクロックはすでにデフォルトでDFLL*の48MHzが選択された状態となっています。本章の例題はこのままで進められます。

118

●図5-4-2 クロック設定画面

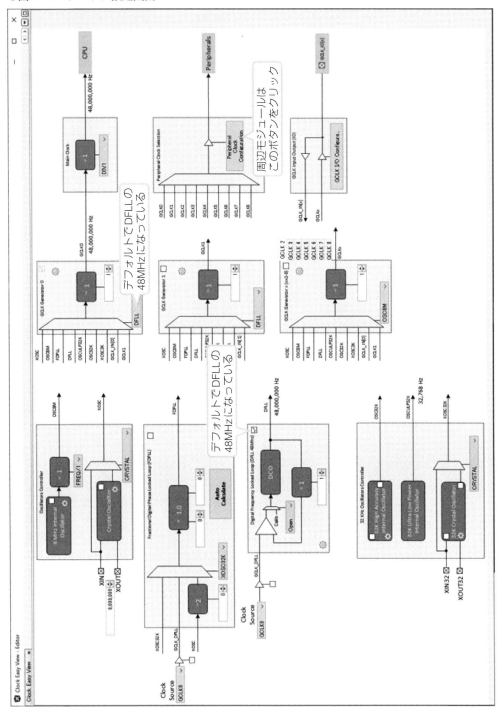

■タイマ用の1MHzのクロックの設定

　次に内蔵周辺モジュール用のクロックを設定しますが、その前にタイマ用の1MHzのクロックを生成します。

　図5-4-3の①でGCLK Generator1の□欄にチェックを入れて有効化します。

　このあと、図5-4-3のように設定します。②入力クロックとしてDFLLを選択、③の分周比に48を入力、これでGCLK1の出力が1MHzとなります。

●図5-4-3　1MHzのクロック設定

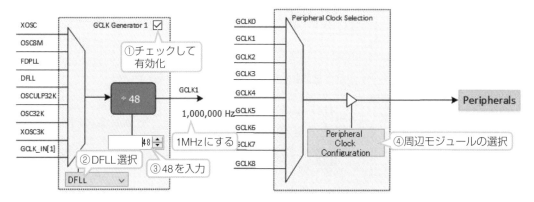

■周辺モジュールのクロック設定

　次に周辺モジュールごとのクロックを指定します。図5-4-3の④［Peripheral Clock Configuration］のボタンをクリックします。これで図5-4-4の画面となるので、ADC、SERCOM3、TC3のクロックを設定します。

　図の①ADCの□にチェックを入れて有効化し、GCLK0のままとして48MHzを供給します。下のほうにずらして②SERCOM3の□にもチェックを入れます。こちらも48MHzとします。次に③TC3の□にチェックを入れ、④GCLK0の欄をGCLK1に変更します。これで1MHzが供給されることになります。以上でクロック関連の設定は終了です。

　ここでは先に周辺モジュールのクロックを設定しましたが、これより先に周辺モジュールを選択* していれば、□のチェックは自動的にチェックされた状態となり、デフォルトでGCLK0が選択された状態となります。

* Available Component 欄で選択してActive Componentにすること。5-4-2項参照。

120

●図5-4-4　周辺モジュールのクロック設定

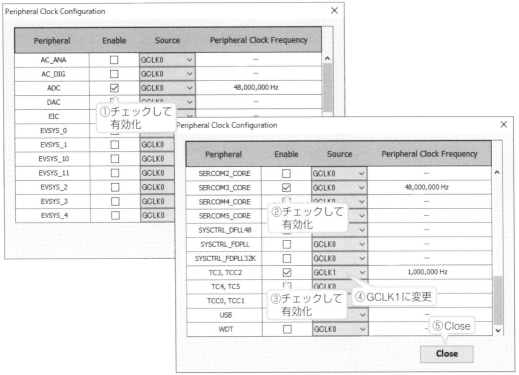

5-4-2　タイマTC3の設定

次はTC3モジュールの動作設定をします。図5-4-5①のように左下の「Available Component」欄でPeripheralsの下のTCの下のTC3をダブルクリックします。これで②のように「Active Components」欄にTC3が移動します。

この欄で②のようにTC3を選択すると、右側の「Configuration Options」欄がTC3の設定欄となります。

デフォルトでCounterモード*になっているので、ここはそのままとします。

③のように1MHzのクロックをさらに1/16に分周するように設定します。これでTC3が16μsec*でカウントアップすることになります。

さらに④のようにOperating Modeの下のTimerの下でTimer Period(Milli sec)欄で1000と入力すれば1000msec=1sec周期となり、その下のEnable Timer Period Interruptにデフォルトでチェックがあるため、1秒周期の割り込みを生成する設定となります。その他のTC3の設定はデフォルトのままで問題ありません。この設定の詳細は第6章で解説します。

16ビットと32ビットがあるが16ビットを選択。

1MHzの入力クロックなので1μsec×16。

●図5-4-5　TC3の選択と設定

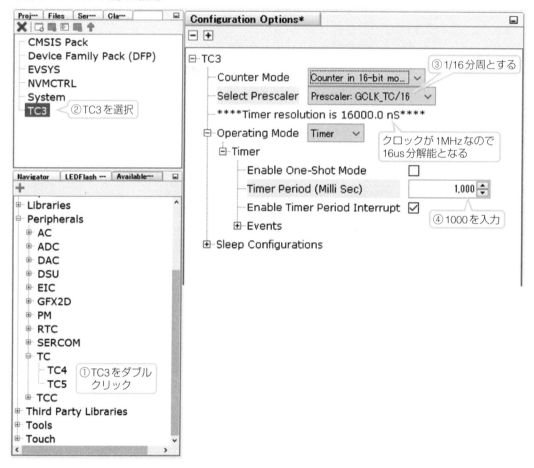

5-4-3　ADコンバータの設定

　次はADコンバータの設定です。タイマと同じように左下の①「Available Components欄」のPeripheralsのADCの下のADCをダブルクリックすれば、②のように上側の窓に移動します。②でADCを選択すると右側のConfiguration Options欄で設定ができるようになります。

■ADCの選択と設定

　ADCの設定は次のようにします。

　③ADC用クロックは2MHz以下とする必要があるので32分周します。
　④でサンプルを3サイクルとしてAD変換時間を10μsecにします。

⑤でトリガをソフトウェア（SW Trigger）とします。

⑥で入力チャネルをとりあえずAIN10とします。

これらの設定の詳細も第6章で解説します。

● 図5-4-6　ADCの選択と設定

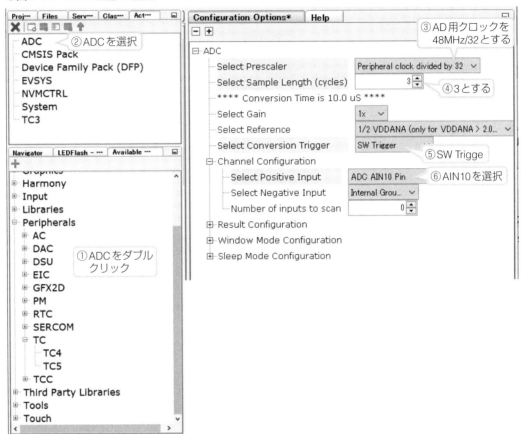

■ アナログ入力ピンの設定

次にアナログ入力ピンの設定をします。これにはメインメニューから図 5-4-7のように [MHC] → [Tools] → [Pin Configuration] とします。これで④の ように、真ん中のGUI表示欄に「Pin Diagram」「Pin Table」「Pin Settings」とい う3つのピン設定関連の窓が追加されます。

● 図 5-4-7　**Pin Configuration の起動**

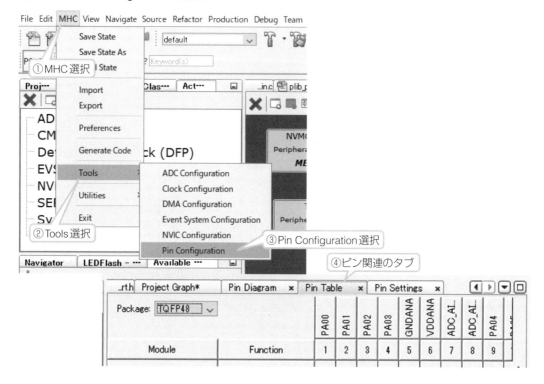

　　ここで①［Pin Settings］タブを選択すると図5-4-8となります。ここで実際に
アナログピンとして使うピンを指定します。トレーニングボードではPB02と
PB03がアナログ入力ピンに該当するので、②のように2つのピンのFunction
をADC_AIN10とADC_AIN11*とします。

GPIOの名称とは異な
る名称番号となるので
要注意、表2-11-1を
参照。

● 図 5-4-8　**Pin Settings でアナログピンの設定**

Pin Number	Pin ID	Custom Name	Function		Mode	Direction		Latch	Pull Up	Pull Down
39	PA27		Available	∨	Digit...	High...	∨	Low	☐	☐
40	RESET_N			∨	Digit...	High...	∨	Low	☐	☐
41	PA28		Available	∨	Digit...	High...	∨	Low	☐	☐
42	GNDIO			∨	Digit...	High...	∨	Low	☐	☐
43	VDDCORE			∨	Digit...	High...	∨	Low	☐	☐
44	VDDIN								☐	☐
45	PA30		Available						☐	☐
46	PA31		Available			High...	∨	Low	☐	☐
47	PB02	ADC_AIN10	ADC_AIN10		Anal...	High...	∨	n/a	☐	☐
48	PB03	ADC_AIN11	ADC_AIN11		Anal...	High...	∨	n/a	☐	☐

②2チャネルをアナログ
入力とする

5-4-4　SERCOM3の設定

次はシリアル通信用のSERCOM3の設定です。こちらもタイマと同じように①PeripheralsのSERCOMのSERCOM3をダブルクリックして選択し、②でSERCOM3を選択すれば、右側の窓で設定ができます。

設定ではまずPAD*の選択をします。回路図に合わせて受信PADをPAD[1]に、送信PADをPAD[0]とします。さらに④で通信速度を19200とします。その他の設定はデフォルトで標準のUARTの設定となっているので、そのままで大丈夫です。

*周辺モジュールの入出力ピン名称で、複数の実際のピンから選択して割り付け可能となっている。

●図5-4-9　SERCOMの設定

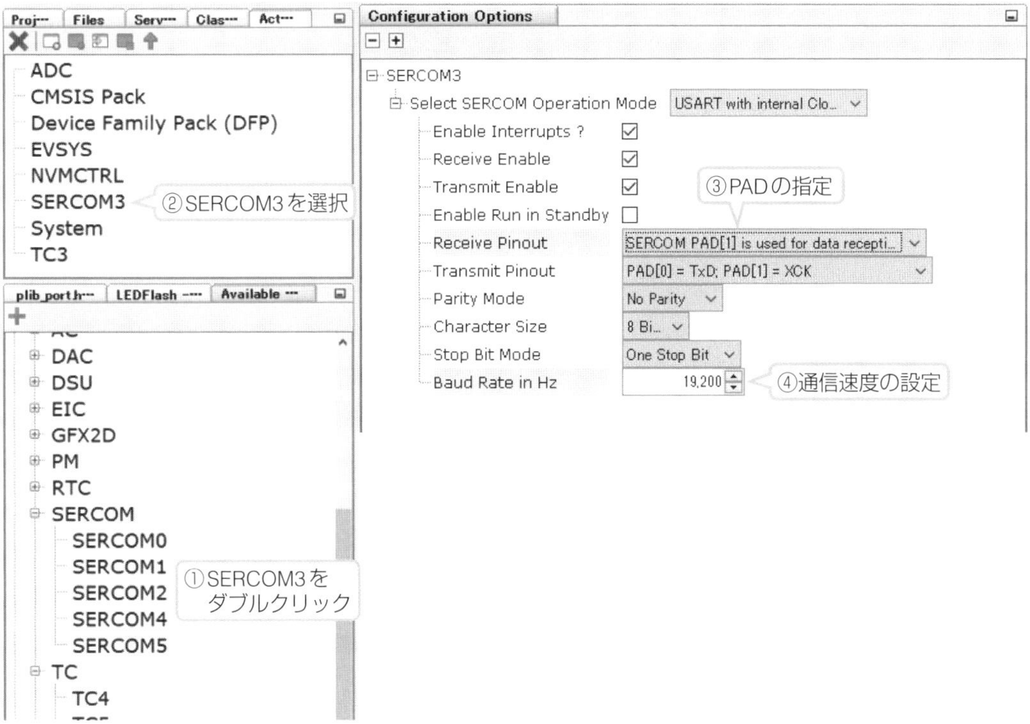

次にPin Settings*の窓でSERCOM3のピンを図5-4-10のように指定します。②のようにPA22をPAD[0]に、PA23をPAD[1]に設定し、Custom Name欄をダブルクリックして③のようにTxD、RxDと名称を入力します。

*ここでPADを実際のピンに割り付ける。割り付け可能なピンはある程度決まっている。表2-11-1を参照。

Pin Settings - Editor　　　─　□　×

Pin Settings　×　　①Pin Settingsタブを選択　　　　　　　　　　　　　　　　　　　　　　　　　　　　◀ ▶ ▼ ◻

Order: Pins ∨　　　Table View　　☑ Easy View

Pin Number	Pin ID	Custom Name	Function	Mode	Direction	Latch	Pull Up	Pull Down
27	PA18		Available ∨	Digital	High I... ∨	Low	☐	☐
28	PA19	②SERCOM3の PADを選択	Available ∨	Digital	High I... ∨	Low	☐	☐
29	PA20		Available ∨	Digital	High I... ∨	Low	☐	☐
30	PA21		Available ∨	Digital	High I... ∨	Low	☐	☐
31	PA22	TxD	SERCOM3_PAD0 ∨	Digital	High I... ∨	n/a	☐	☐
32	PA23	RxD	SERCOM3_PAD1 ∨	Digital	High I... ∨	n/a	☐	☐
33	PA24		Available ∨	Digital	High I... ∨	Low	☐	☐
34	PA25	③名称を入力	Available ∨	Digital	High I... ∨	Low	☐	☐
35	GNDIO		∨	Digital	High I... ∨	Low	☐	☐
36	VDDIO		∨	Digital	High I... ∨	Low	☐	☐

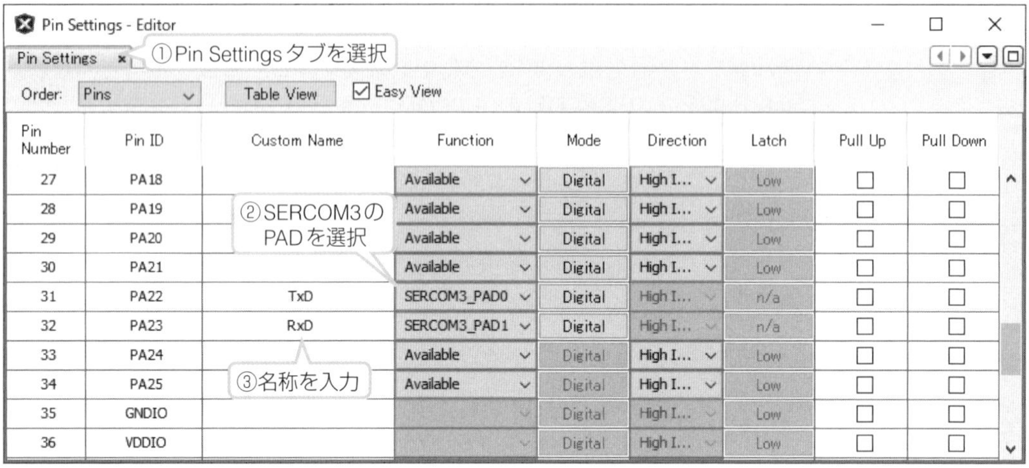

5-4-5　GPIOの設定

　　　　最後に2個のLEDをデバッグ用として使えるように、図5-4-11のように①「Pin Settings」のダイアログで、PB08とPB09のピンをFunctionでGPIOの設定にし、②のようにDirectionをOutとして出力とし、さらに③のように名称をRedと Greenと設定しておきます。

　　　　こうすることで、プログラム中で、Red_Set()やRed_Clear()、Red_Toggle() などのように名称を使って記述できるようになります。

●図5-4-11　GPIOのピン設定

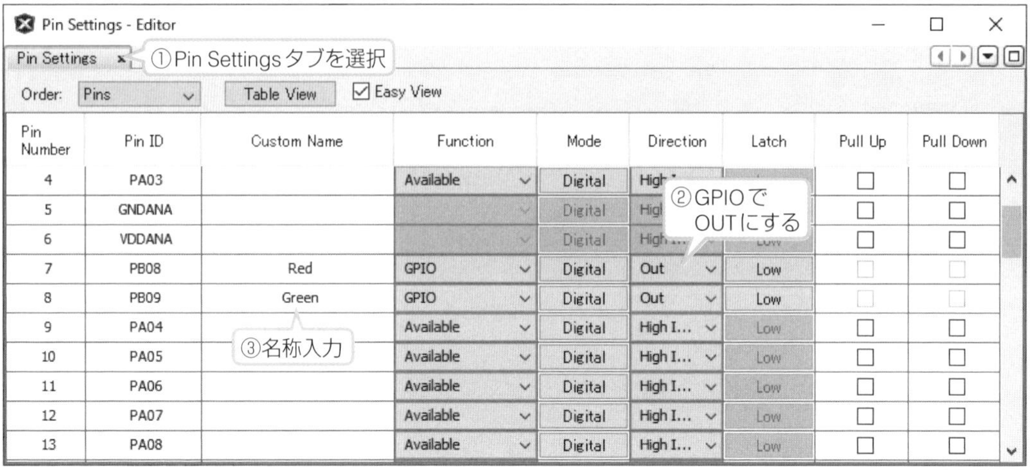

Pin Settings - Editor　　　─　□　×

Pin Settings　×　　①Pin Settingsタブを選択　　　　　　　　　　　　　　　　　　　　　　　　　　　　◀ ▶ ▼ ◻

Order: Pins ∨　　　Table View　　☑ Easy View

Pin Number	Pin ID	Custom Name	Function	Mode	Direction	Latch	Pull Up	Pull Down
4	PA03		Available ∨	Digital	High ...	②GPIOで OUTにする		☐	☐
5	GNDANA		∨	Digital	High ...		☐	☐
6	VDDANA		∨	Digital	High ...		☐	☐
7	PB08	Red	GPIO ∨	Digital	Out ∨	Low	☐	☐
8	PB09	Green	GPIO ∨	Digital	Out ∨	Low	☐	☐
9	PA04		Available ∨	Digital	High I... ∨	Low	☐	☐
10	PA05	③名称入力	Available ∨	Digital	High I... ∨	Low	☐	☐
11	PA06		Available ∨	Digital	High I... ∨	Low	☐	☐
12	PA07		Available ∨	Digital	High I... ∨	Low	☐	☐
13	PA08		Available ∨	Digital	High I... ∨	Low	☐	☐

5-4-6　コード生成

以上ですべてのMHCの設定が完了しました。図5-4-12の①［Generate Code］のアイコンをクリックして生成を開始します。次に②のように確認されますから［Save As］で保存するようにします。さらに③のようにファイル名の設定ダイアログになるので、ここはDefaultのままで保存とします。さらに表示されるダイアログで④［Generate］とすればコード生成が開始されます。

● 図5-4-12　MHCによるコード生成

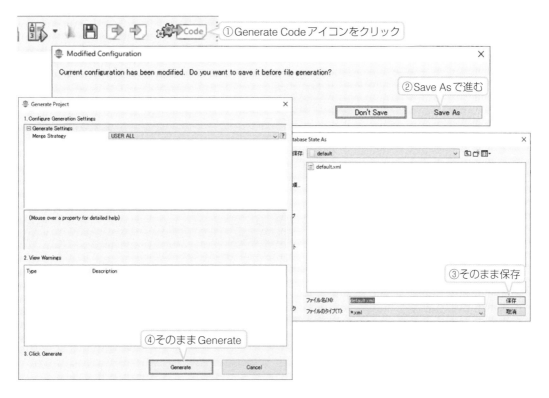

これでProjectの窓でSource Filesを見ると、図5-4-13のようにコードが生成されていることがわかります。メイン関数以外に周辺モジュールごとのPLIBモジュール*も確かに生成されています。

ソースファイルとして生成される。関数として生成され、使い方の例も一緒に生成されるので、それを参照しながらコーディングする。

●図5-4-13　MHCにより生成されたコード

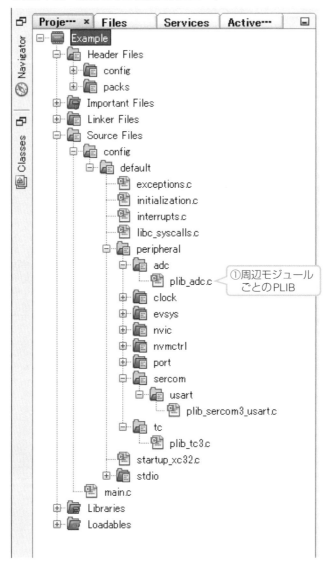

①周辺モジュール
ごとのPLIB

　この自動生成されたPLIBモジュールは、リスト5-4-1のようにソースファイルとなっていて、各関数にコメントが記述されているのでわかりやすいと思います。またヘッダファイルには使用例もコメントで記述されているので、参照しながら使います。

リスト　5-4-1　MHCにより自動生成されたPLIBの例

```
bool SERCOM3_USART_Write( void *buffer, const size_t size )
{
    bool writeStatus  = false;
    uint8_t *pu8Data  = (uint8_t*)buffer;
    if(pu8Data != NULL)
    {
        if(sercom3USARTObj.txBusyStatus == false)
        {
            sercom3USARTObj.txBuffer = pu8Data;
            sercom3USARTObj.txSize = size;
            sercom3USARTObj.txProcessedSize = 0;
            sercom3USARTObj.txBusyStatus = true;
            if(size == 0)
            {
                writeStatus = true;
            }
            else
            {
                /* Initiate the transfer by sending first byte */
                if((SERCOM3_REGS->USART_INT.SERCOM_INTFLAG &
                                        SERCOM_USART_INT_INTFLAG_DRE_Msk) ==
                                        SERCOM_USART_INT_INTFLAG_DRE_Msk)
                {
                    SERCOM3_REGS->USART_INT.SERCOM_DATA =
                            sercom3USARTObj.txBuffer[sercom3USARTObj.txProcessedSize++];
                }

                SERCOM3_REGS->USART_INT.SERCOM_INTENSET =
                                        SERCOM_USART_INT_INTFLAG_DRE_Msk;
                writeStatus = true;
            }
        }
    }

    return writeStatus;
}
```

5-5 ユーザーアプリ部の作成

5-5-1 ユーザーアプリ部の作成

　コードの自動生成が完了したら、ユーザーアプリ部のプログラムを作成します。この例題ではメイン関数のみの作成で完成します。アプリの大まかなフローチャートは図5-5-1のようになります。

　自動生成されたPLIB内の関数を使って記述していきます。MPLAB X IDEのエディタを使います。

●図5-5-1 ユーザーアプリのフローチャート

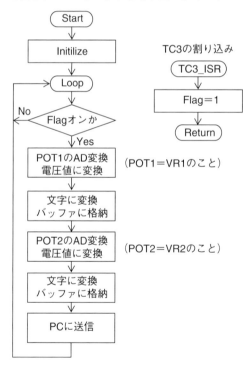

　実際のプログラムのmain部がリスト5-5-1となります。PLIBで用意されている関数を使うだけでコーディングできますから、短いプログラムで処理が完了します。これらの周辺モジュールの関数の使い方の詳細は第6章で解説します。

リスト　**5-5-1　ユーザーアプリ部の詳細（main.c）**

```
/**********************************************************************
*   タイマの1秒間隔割り込みでPOTの計測をしてPCに送信
*       Example   SAMD21G18A
**********************************************************************/
#include <stddef.h>               // Defines NULL
#include <stdbool.h>              // Defines true
#include <stdlib.h>               // Defines EXIT_FAILURE
#include "definitions.h"          // SYS function prototypes
#include <string.h>
#include <stdio.h>
/** グローバル変数 ***/
volatile unsigned char Flag;
unsigned int result;
float Volt1, Volt2;
char Buffer[128];
/********* TC3割り込み処理関数 ***************/
void TC3_ISR(TC_TIMER_STATUS status, uintptr_t context)
{
    Flag = 1;
}
/***** メイン関数 *********************/
int main ( void )
{
    /* Initialize all modules */
    SYS_Initialize ( NULL );
    TC3_TimerCallbackRegister(TC3_ISR, (uintptr_t)NULL);
    TC3_TimerStart();
    ADC_Enable();
    while ( true )
    {
        /**** 1秒フラグオンの場合実行 *****/
        if(Flag == 1){
            Red_Toggle();          // 目印LED
            Flag = 0;              // 1秒フラグリセット
            /**** POT1変換 ***/
            ADC_ChannelSelect(ADC_POSINPUT_PIN10, ADC_NEGINPUT_GND);
            ADC_ConversionStart();
            while(!ADC_ConversionStatusGet());
            result = ADC_ConversionResultGet();
            Volt1 = (3.3 * result) / 4096;
            /**** POT2変換 ****/
            ADC_ChannelSelect(ADC_POSINPUT_PIN11, ADC_NEGINPUT_GND);
            ADC_ConversionStart();
            while(!ADC_ConversionStatusGet());
            result = ADC_ConversionResultGet();
            Volt2 = (3.3 * result) / 4096;
            /*** UART送信 ****/
            sprintf(Buffer,"\r\nPOT1 = %1.2f volt   POT2 = %1.2f volt", Volt1, Volt2);
            SERCOM3_USART_Write(Buffer, strlen(Buffer));
            while(SERCOM3_USART_WriteIsBusy());
        }
    }
}
```

タイマTC3の割り込み処理関数
タイマTC3の割り込み処理関数定義
1秒フラグ待ち
POT1のAD変換
電圧値に変換
POT2のAD変換
電圧値に変換
文字列に変換後PCに送信

5
MHCを使ったプログラム開発方法

131

5-5-2 コンパイルと書き込み

プログラムのコーディングが完了したら、まずコンパイルを実行します。コンパイルは図5-5-2のほうき付きアイコンを使います。これでコンパイルエラーが無くなれば、書き込みのためのHEXファイル*が生成されますから、書き込みが可能となります。

書き込みは、図5-5-2の下向き矢印のアイコンをクリックすれば開始されます。

その前に、トレーニングボードのUSBコネクタとパソコンのUSBとを接続して電源を供給しておきます。

HEXファイル
コンパイル結果の機械語のファイルでプログラマが使用する。

●図5-5-2　メインアイコン

書き込みアイコンをクリックすると、図5-5-3のようにOutputの窓にメッセージが表示され、まずPICkit 4のファームウェアをチェックしに行きます。バージョンやデバイスとの適合をチェックして、最適で最新のファームウェアに自動更新します。更新が完了したら続けてデバイスへの書き込みを実行します。

図5-5-3のように最後に「Verify complete」と表示されれば正常に書き込みが完了しています。ここでリセットスイッチを一度オンとしてすぐオフとすれば動作を開始します。またはPICkit 4をコネクタから外しても動作を開始します。

●図5-5-3　正常に書き込み完了の場合

TeraTerm
パソコン用のフリーの
通信ソフト。

　図5-5-4が正常動作中のTeraTerm[*]の画面例です。確かに可変抵抗の電圧が表示されています。以上で例題のプログラムが完成しました。

●図5-5-4　動作結果のTeraTermの画面

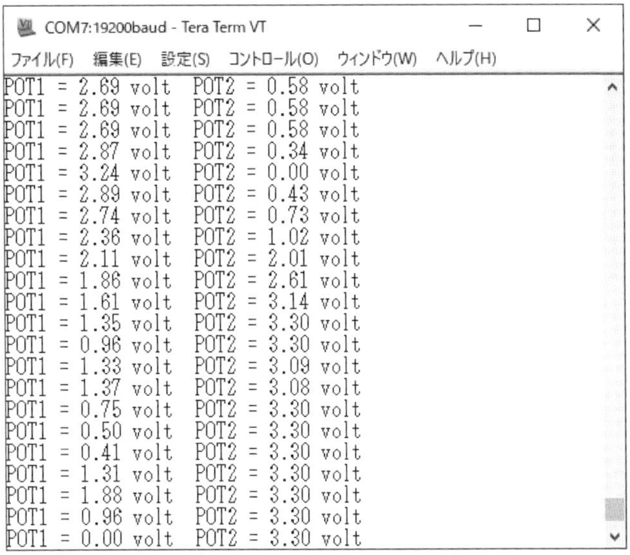

```
COM7:19200baud - Tera Term VT                    —    □    ×
ファイル(F)  編集(E)  設定(S)  コントロール(O)  ウィンドウ(W)  ヘルプ(H)
POT1 = 2.69 volt   POT2 = 0.58 volt
POT1 = 2.69 volt   POT2 = 0.58 volt
POT1 = 2.69 volt   POT2 = 0.58 volt
POT1 = 2.87 volt   POT2 = 0.34 volt
POT1 = 3.24 volt   POT2 = 0.00 volt
POT1 = 2.89 volt   POT2 = 0.43 volt
POT1 = 2.74 volt   POT2 = 0.73 volt
POT1 = 2.36 volt   POT2 = 1.02 volt
POT1 = 2.11 volt   POT2 = 2.01 volt
POT1 = 1.86 volt   POT2 = 2.61 volt
POT1 = 1.61 volt   POT2 = 3.14 volt
POT1 = 1.35 volt   POT2 = 3.30 volt
POT1 = 0.96 volt   POT2 = 3.30 volt
POT1 = 1.33 volt   POT2 = 3.09 volt
POT1 = 1.37 volt   POT2 = 3.08 volt
POT1 = 0.75 volt   POT2 = 3.30 volt
POT1 = 0.50 volt   POT2 = 3.30 volt
POT1 = 0.41 volt   POT2 = 3.30 volt
POT1 = 1.31 volt   POT2 = 3.30 volt
POT1 = 1.88 volt   POT2 = 3.30 volt
POT1 = 0.96 volt   POT2 = 3.30 volt
POT1 = 0.00 volt   POT2 = 3.30 volt
```

5

MHCを使ったプログラム開発方法

本書ではPICkit 4をデバッグツールとしても使います。このPICkit 4を使って実機デバッグする方法を説明します。実機デバッグにより実際の動作をさせながらプログラムの動作確認ができます。

5-6-1 デバッグの開始

Running中は、デバッグ用アイコンはグレイアウトで使えない。

例題のプログラム作成が終わり、トレーニングボードとPICkit 4を接続して書き込み準備ができたら、図5-6-1のようにメインメニューの[Debug Main Project]というアイコンをクリックします。これで、プログラムをデバッグ用に再コンパイルして書き込みを行い、Running状態*となります。

● 図5-6-1 実機デバッグの開始

```
①このアイコンをクリック
Debug Main Project

Configuration Loading Error  ×   Example (Build, Load, ...)  ×   Debugger Cons

Connecting to MPLAB PICkit 4...

Currently loaded versions:
Application version...........00.05.41
Boot version.................01.00.00
Script version...............00.03.33
Script build number..........0540a22e50
Target voltage detected
Target device ATSAMD21G18A found.
Device Revision Id  = 0x2

Calculating memory ranges for operation...

Erasing...

The following memory area(s) will be programmed:
program memory: start address = 0x0, end address = 0x65ff
configuration memory

Programming/Verify complete

Running
```

デバッグモードで実行中

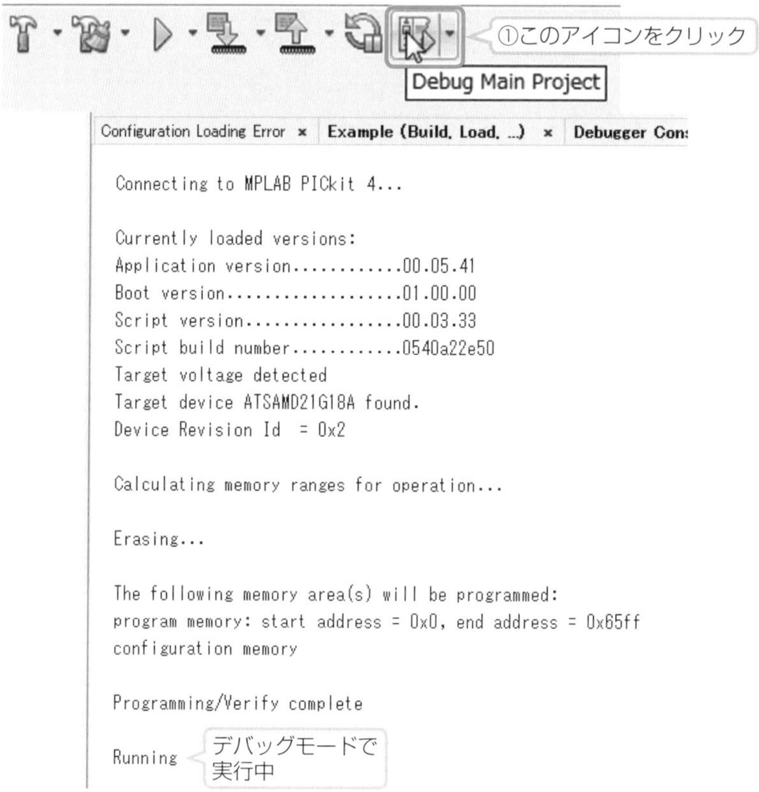

停止するとデバッグ用
アイコンが使える状態
になる。

開始直後はRunningつまり実際に実行中の状態となっているので、［Pause］
アイコンをクリックしていったん実行停止*させると図5-6-2のようなアイコ
ン表示状態となります。

●図5-6-2　デバッグ用アイコン

Clean and Build Main Project 既存生成ファイルを消去してから全コンパイルする		**Step Over** サブ関数内に入らないで1行ずつ実行する	
Debug Main Project デバッグモードでコンパイルし実行制御アイコンを表示する		**Step Into** サブ関数内も含めて1行ずつ実行する	
Finish Debugger Session デバッグモードを終了し実行制御アイコンを消去する		**Step Out** Step Intoで入ったサブ関数の残りを高速実行して関数を出る	
Pause 実行を一時中断する		**Run to Cursor** マウスで指定した位置まで実行する	
Reset リセットし初期化する		**Set PC at Cursor** マウスで指定した位置を次の実行開始位置とする	
Continue 現在位置から実行を再開する		**Focus Cursor at PC** 現在位置をカーソル位置とする	

それぞれのアイコンは次のような機能を持っていて、これらを使ってデバッ
グを進めます。

❶ **Resetアイコン**

クリックすれば、初期化され、最初の実行文で実行待ちとなります。

❷ **Continueアイコン**

クリックすると実行待ちの行から実行を開始し永久に実行を繰り返します。
停止させるには再度［Pause］アイコンをクリックします。

❸ **Step Overアイコン**

実行する行でサブ関数を呼んでいる場合でも、サブ関数にはステップでは
入らず、サブ関数を高速で実行してすぐ次の行に進みます。これで、サブ関
数で多くの繰り返しループがあってもステップ実行は必要ないので、効率良
くステップによるデバッグができます。

❹ **Step Intoアイコン**

delay文などの組み込
み関数はできない。

クリックすると実行待ちの行を1行だけ実行します。この場合サブ関数*内
部も含めて1行ずつ実行します。したがって何らかの関数を呼ぶとそこにジャ
ンプして順番に実行します。

❺ **Step Outアイコン**

Step Intoでサブ関数の中に入ったが、サブ関数の中はステップ実行する必
要がない場合、このStep Outをクリックすればサブ関数の残りの部分を高速
に実行してサブ関数を呼び出した文の次の実行文に進みます。

5

MHCを使ったプログラム開発方法

⑥ Run to Cursor

マウスで任意の実行文をクリックすると、その行に「カーソル」を置いたことになります。そして [Run to Cursor] アイコンをクリックすると、現在実行待ちの行からそのカーソルを設定した行まで連続的に実行していったん停止します。

⑦ Set PC at Cursorアイコン

マウスで指定した行を実行待ちの行とするので、次の実行では、その行から実行を開始することになります。つまり任意の位置から実行を開始できることになります。

⑧ Focus Cursor at PCアイコン

クリックすると、現在の実行待ちの行をカーソル行として設定します。

5-6-2 デバッグオプション機能

MPLAB X IDEには、デバッグを効率良く進めるため非常に多くの機能が用意されています。ここではデバッグ用の代表的なものについて説明します。

メインメニューから図5-6-3のように [Window] → [Debugging] として表示されるドロップダウンリストに、デバッグ用オプション機能がたくさん用意されています。この中のよく使うオプションについて説明します。

●図5-6-3　デバッグ用オプションメニュー

■1 ブレークポイント

デバッグをする場合には、希望する位置でいったん停止させることが必要です。このための機能がブレークポイントです。ブレークポイントを設定するためには、[Pause] アイコンでいったん停止させ、さらに [Reset] アイコンをクリックするとプログラムは、mainの中の最初の実行文に移動して停止します。これで緑の背景も1行目に移動します。

このあと、任意の実行文*の行の行番号をクリックすると、図5-6-4のように行の背景が赤くなりブレークポイントを設定したことになります。図では次の行に進めていますが、緑色の背景の行が次に実行する行となります。設定したブレークポイントは、もう一度同じ行番号をクリックすれば設定が解除されます。

コメント行などの実行文でないものはブレークポイントにはできない。

●図5-6-4　ブレークポイントの設定

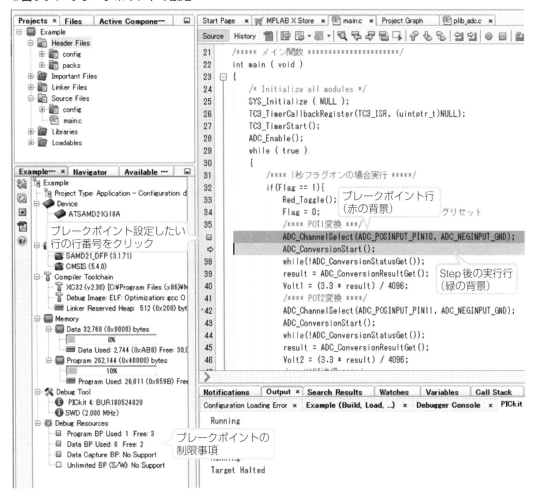

5

MHCを使ったプログラム開発方法

ブレークポイントを設定したあと、[Continue]アイコンをクリックすれば実行を再開し、赤色の背景色の行で実行をいったん停止します。続いて[Step Into]か[Step Over]で1行ずつ進めて実行の流れを確認すれば、if文などの条件文の判定や流れの確認ができることになります。

Dashboardの表示は[Window]→[Dashboard]で開ける。

ハードウェアブレークポイント
SAMマイコン内部で持つブレークポイント用レジスタ。

図5-6-4の左下のダッシュボード*の窓に記述されているように、実機デバッグではSAMD21ファミリはハードウェアブレークポイント*設定が有効になるのは3か所のみとなっています。

2 Watch窓

図5-6-3のDebuggingメニューで[Watches]を選択するとMPLAB X IDEの下部に図5-6-5のような窓が追加表示されます。このダイアログの<Enter new watch>と書かれた行に、変数名やレジスタ名をプログラムからドラッグドロップするか、行をダブルクリックすると開く変数一覧ダイアログから選択するか、キーボードで変数名などの名称を入力すると、その変数あるいはレジスタの現在値を表示*します。

デバッグが停止したときSAMマイコンから読み出して表示する。

表示は前回停止時と同じ値であれば黒字で、前回と異なった値の場合は赤字で表示されます。さらに配列データのような場合には、先頭の＋マークをクリックすると要素ごとに分けて表示されます。表示形式欄は、項目欄を右クリックすれば図5-6-5の下側のようなポップアップリストで追加削除ができます。

●図5-6-5　Watch窓の表示内容

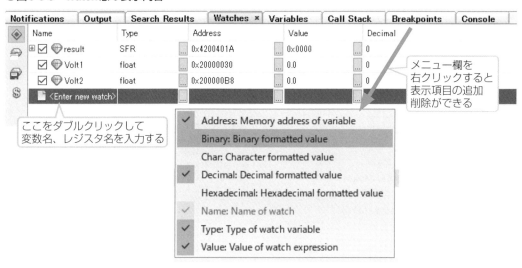

5-6-3 デバッグ時のナビゲーション機能

MPLAB X IDEではデバッグ時のナビゲーション機能が便利になっていて、変数や関数の定義場所や関数の記述場所などに、すぐにジャンプできるようになっています。

1 Ctrl キーによる Navigation

図5-6-6のように Ctrl キーを押しながら変数名または関数名にマウスオーバーすると、その変数名や関数名が青色になりアンダーラインが表示され、さらに関数書式などが黄色のポップで表示されます。さらにマウスで左クリックすると、その変数や関数の宣言部へジャンプします。これが別ファイルになっていても、そのファイルを自動的に開いて表示します。#includeのファイルの場合はそのファイルを開いて表示します。

●図5-6-6　Ctrl キーによる Navigation

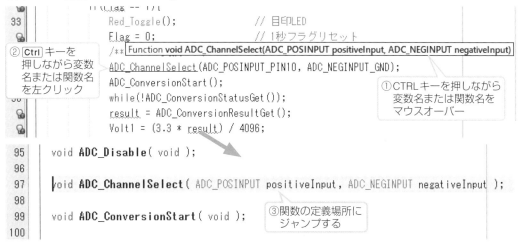

2 Navigation メニュー

変数名または関数名を選択してから右クリックすると図5-6-7のようにプルダウンリストが表示されるので、この中の[Navigate]を選択し、さらに開くプルダウンリストで次のいずれかを選択します。これでそれぞれの記述場所にジャンプします。ファイルが異なるものでもプロジェクトに登録されていれば問題なくジャンプします。

- Go to Declaration：変数や関数の宣言部へジャンプ
- Go to Implementation：変数の宣言部あるいは関数の記述場所へジャンプ
- Go to Header：変数の宣言あるいは関数のプロトタイピング記述がある
  ヘッダファイルへジャンプ

●図5-6-7 Navigation機能

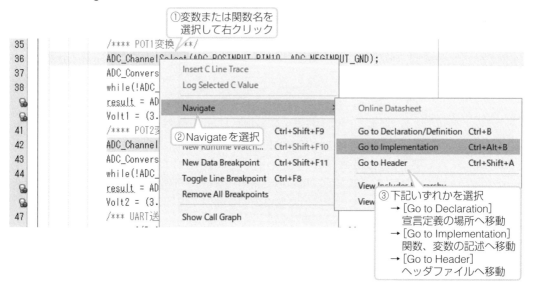

3 Call Graph

　関数を選択してから右クリックして表示される図5-6-8のプルダウンリストで[Show Call Graph]を選択すると、図5-6-8右下のような関数の呼び出し元と呼び出し先の関連グラフが表示されます。これにより関数同士の関連が一目でわかりますし、修正する場合などの影響範囲を確実に把握できます。このグラフで関数名をダブルクリックすれば、関数の記述場所にジャンプします。

　さらに、関数名で右クリックして[Expand Callers]とすると、その関数を呼んでいる関数があれば表示追加します。また[Expand Callees]を選択すれば、その関数から呼んでいる関数がさらにあれば表示追加します。このように関数の階層構造の関連をより広げて表示させることができます。

● 図5-6-8　CALL Graphの表示

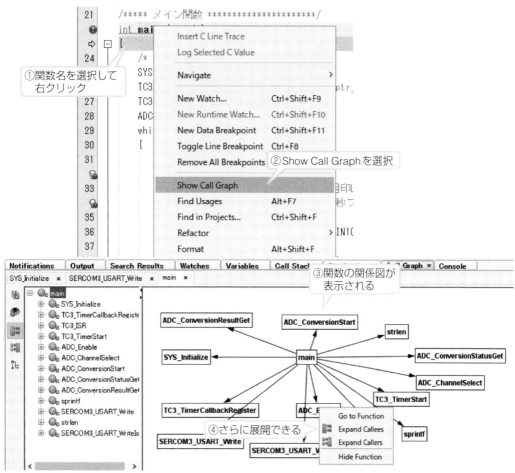

以上PICkit 4とMPLAB X IDEを使った実機デバッグの基本的な操作方法を
説明しましたが、このほかにもMPLAB X IDEには多くのデバッグ支援機能が
あり、デバッグをより簡単に確実にできるようになっています。

第6章
周辺モジュールの
使い方

　SAMD21ファミリに内蔵されている周辺モジュールライブラリであるPLIB（Peripheral Library）をMHCで設定する方法と、MHCで生成される関数の使い方について解説します。

　この生成されるPLIBの詳細な使い方は、Harmonyをインストールした中の次のディレクトリにあるヘルプファイルに記述されています。

　　D:¥Harmony¥csp¥doc

6-1 入出力ピン（GPIO）と 外部割り込み（EIC）の使い方

6-1-1 MHCによる入出力ピンの使い方

　MHCで入出力ピン（**GPIO**：General Purpose I/O）の設定をするためには、プロジェクトを開いてMHCを起動した状態で、図6-1-1①のようにメインメニューから、［MHC］→［Tools］→［Pin Configuration］とします。これでエディタ窓に次の3つのタブと画面が追加されます。

- ［Pin Diagram］
  図6-1-1②のようなパッケージ図にピンの色で設定状態を示します。
- ［Pin Table］
  図6-1-1③のように周辺モジュールごとの使用ピンの一覧表でピン配置を確認する際に便利に使えます。
- ［Pin Settings*］
  図6-1-1④のようなピンごとに設定をするための一覧表です。

設定はこの画面だけで
すべて可能。

●図6-1-1　Pin Configurationの設定窓

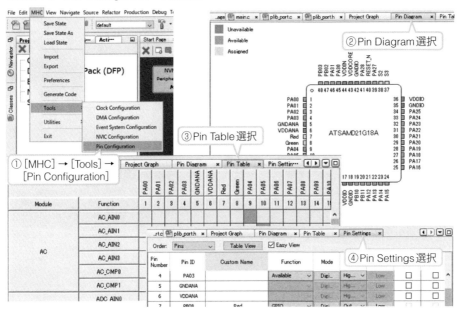

　この3つのダイアログの中で、Pin Settingsで基本的な設定がすべてできます。

6-1-2 例題による入出力ピンの使い方

ここで実際に例題により試してみます。次のような例題を作成します。

> **【例題】プロジェクト名　GPIO**
>
> トレーニングボードで2個のスイッチS2、S3を押している間、それぞれに対応させて赤と緑のLEDを点灯させる。スイッチがオフのときは消灯させる。CPUのクロックは48MHzとする。

正確にはレジスタ設定などでクロックを使うがGPIOとしてのクロック指定は不要。

名称を入力すると、この名称で関数が自動生成される。

回路でプルアップ抵抗を省略しているため。なおプルアップとは抵抗を使って回路を電源に接続することで、スイッチがオンのときにLow、オフのときにHighになる。

■MHCによる設定

最初はクロックの設定ですが、GPIOはクロック不要*ですので、CPUのみデフォルトの48MHz設定とします。

次にGPIOは図6-1-2のように設定します。まず①でトレーニングボードの回路図からPB08とPB09にLEDが接続されているので、これをGPIOのOutに設定し、②でLEDの名称*を入力します。次に③でPB22とPB23のスイッチのピンをGPIOでInとし、④でプルアップを有効化*します。さらに⑤で名称を入力します。

● 図6-1-2　例題のPin Settingsの設定

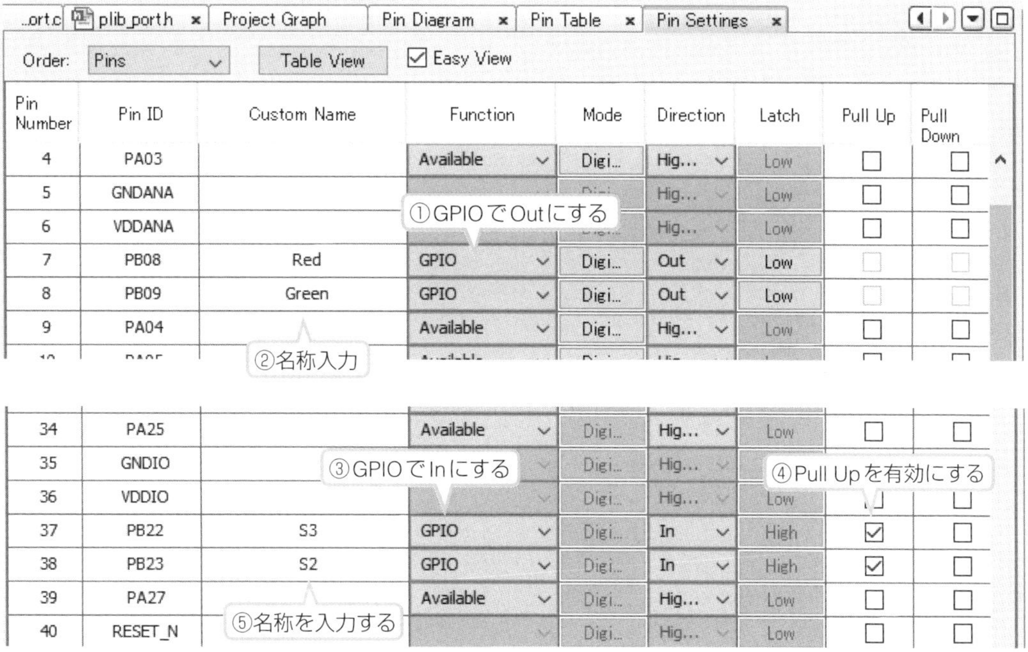

■コードの生成とマクロ関数

以上の設定後［Generate Code］のアイコンからGenerateすると、リスト6-1-1のようなマクロ関数*がplib_port.hファイル内に自動生成されます。MPLAB X IDEでは、［Projects］→［Header Files］→［config］→［default］→［peripheral］→［port］で確認できます。

入出力ピンごとにセット、クリア、トグルの出力と入力ができます。またこのとき関数の名称には、図6-1-2で設定した名称が使われているので、プログラム記述もわかりやすくなります。

リスト 6-1-1 自動生成されたGPIO制御用マクロ関数

```
/*** Macros for Green pin ***/
#define Green_Set()         (PORT_REGS->GROUP[1].PORT_OUTSET = 1 << 9)
#define Green_Clear()       (PORT_REGS->GROUP[1].PORT_OUTCLR = 1 << 9)
#define Green_Toggle()      (PORT_REGS->GROUP[1].PORT_OUTTGL = 1 << 9)
#define Green_Get()         (((PORT_REGS->GROUP[1].PORT_IN >> 9)) & 0x01)
#define Green_OutputEnable()(PORT_REGS->GROUP[1].PORT_DIRSET = 1 << 9)
#define Green_InputEnable() (PORT_REGS->GROUP[1].PORT_DIRCLR = 1 << 9)
#define Green_PIN           PORT_PIN_PB09


/*** Macros for S3 pin ***/
#define S3_Set()            (PORT_REGS->GROUP[1].PORT_OUTSET = 1 << 22)
#define S3_Clear()          (PORT_REGS->GROUP[1].PORT_OUTCLR = 1 << 22)
#define S3_Toggle()         (PORT_REGS->GROUP[1].PORT_OUTTGL = 1 << 22)
#define S3_Get()            (((PORT_REGS->GROUP[1].PORT_IN >> 22)) & 0x01)
#define S3_OutputEnable()   (PORT_REGS->GROUP[1].PORT_DIRSET = 1 << 22)
#define S3_InputEnable()    (PORT_REGS->GROUP[1].PORT_DIRCLR = 1 << 22)
#define S3_PIN              PORT_PIN_PB22
```

（注釈）GreenのLED制御関数
（注釈）S3のスイッチ制御関数

■プログラムリスト

これらの関数を使って作成した例題のプログラムがリスト6-1-2となります。

リスト 6-1-2 例題のプログラムリスト

```
/*******************************************************
*   GPIOの例題         GPIO
*    2個のスイッチでそれぞれ赤と緑のLEDをオンオフ
*******************************************************/
#include <stddef.h>             // Defines NULL
#include <stdbool.h>            // Defines true
#include <stdlib.h>             // Defines EXIT_FAILURE
#include "definitions.h"        // SYS function prototypes

/**** メイン関数 *****/
int main ( void )
{
    /* Initialize all modules */
    SYS_Initialize ( NULL );

    while ( true )
    {
```

```
                    if(S2_Get() == 0)        // S2がオンの場合
                        Red_Set();           // 赤点灯
                    else                     // S2がオフの場合
                        Red_Clear();         // 赤消灯
                    if(S3_Get() == 0)        // S3がオンの場合
                        Green_Set();         // 緑点灯
                    else                     // S3がオフの場合
                        Green_Clear();       // 緑消灯
                }
            }
```

マクロ関数のみで記述

6-1-3 グループ制御の使い方

32ビット単位でピンをまとめたレジスタで一括の入出力ができる。

　　　入出力ピンのplib_port.cファイルには、マクロ関数だけでなく、表6-1-1に示す関数が自動生成されています。これらの関数はすべてグループ単位[*]での制御関数となっています。

▼表6-1-1　自動生成されるGPIOの制御関数

関数名	機能と書式
PORT_GroupInputEnable	指定したグループを入力モードにする 《書式》void PORT_GroupInputEnable(PORT_GROUP group, uint32_t mask) 　　　　group ：グループ指定（PORT_GROUP_0、PORT_GROUP_1） 　　　　mask ：ビットマスク（0：出力無効　1：出力有効）
PORT_GroupRead	指定したグループの一括読み込み 《書式》uint32_t PORT_GroupRead(PORT_GROUP group) 　　　　group ：グループ指定（PORT_GROUP_0、PORT_GROUP_1） 　　　　戻り値：32ビットバイナリ
PORT_GroupOutputEnable	指定したグループを出力モードにする 《書式》void PORT_GroupOutputEnable(PORT_GROUP group, uint32_t mask) 　　　　group ：グループ指定（PORT_GROUP_0、PORT_GROUP_1） 　　　　mask ：ビットマスク（0：出力無効　1：出力有効）
PORT_GroupWrite	指定したグループにデータ出力 《書式》void PORT_GroupWrite(PORT_GROUP group, uint32_t mask, uint32_t value) 　　　　group ：グループ指定（PORT_GROUP_0、PORT_GROUP_1） 　　　　mask ：ビットマスク（0：出力無効　1：出力有効） 　　　　value ：出力値
PORT_GroupLatchRead	指定したグループの出力レジスタの現在値を読み出す 《書式》uint32_t PORT_GroupLatchRead(PORT_GROUP group) 　　　　group ：グループ指定（PORT_GROUP_0、PORT_GROUP_1） 　　　　戻り値：32ビットバイナリ
PORT_GroupSet	指定したグループに1を出力する 《書式》void PORT_GroupSet(PORT_GROUP group, uint32_t mask) 　　　　group ：グループ指定（PORT_GROUP_0、PORT_GROUP_1） 　　　　mask ：ビットマスク（0：出力無効　1：出力有効）

6 周辺モジュールの使い方

関数名	機能と書式
PORT_GroupClear	指定したグループに0を出力する 《書式》void PORT_GroupClear(PORT_GROUP group, uint32_t mask) 　　　　group：グループ指定（PORT_GROUP_0、PORT_GROUP_1） 　　　　mask：ビットマスク（0：出力無効　1：出力有効）
PORT_GroupToggle	指定したグループの出力を反転させる 《書式》void PORT_GroupToggle(PORT_GROUP group, uint32_t mask) 　　　　group：グループ指定（PORT_GROUP_0、PORT_GROUP_1） 　　　　mask：ビットマスク（0：出力無効　1：出力有効）

　実際にグループ制御関数を使ったほうが簡潔に記述できるプログラム例がリスト6-1-3となります。

　この例はPA16からPA23の8ビットに、2桁のセグメントLEDが接続されているものとし、ダイナミック点灯制御をグループ制御で実現した例の一部分です。この例の詳細は8-4節を参照してください。

　グループ制御では入出力のデータを常に32ビットのデータとして扱う必要があります。したがって最初の配列で0から9の数値に対応するセグメント出力データを32ビットで定義しています。

　switch文内は0桁目と1桁目に出力する例で、マスクビットでPA16からPA23だけが出力対象になるように指定してセグメントデータを出力しています。

　Q1とQ2は桁制御のビットです。最初に全桁をグループ制御でクリアしてから1桁だけを点灯させています。

リスト 6-1-3　グループ制御のプログラム例

```
uint32_t Seg[11] = {0xFC0000,0x600000,0xDA0000,0xF20000,0x660000,
    0xB60000,0xBE0000,0xE00000,0xFE0000,0xE60000,0x000000};

/** いったん全桁クリア ****/
PORT_GroupWrite(PORT_GROUP_0, 0x0000FC00, 0);
/*** 各桁のセグメント表示 *****/
switch(Digit){
    case 0:
    PORT_GroupWrite(PORT_GROUP_0, 0x00FF0000, Seg[SEC % 10]);
    Q1_Set();
    Digit++;
    break;
    case 1:
    PORT_GroupWrite(PORT_GROUP_0, 0x00FF0000, Seg[SEC / 10]);
    Q2_Set();
    Digit++;
    break;
```

6-1-4 外部割り込み（EIC）の構成と設定項目

入力ピンの変化による割り込みを生成する外部割り込みは、EIC（External Interrupt Controller）が全体の制御をしています。

EICの内部構成は図6-1-3のようになっていて、最大16本の通常割り込みの入力ピン（EXTINTx）と、1本の割り込み禁止できないNMI（Non-Maskable Interrupt）ピンとに対応しています。

通常の割り込み入力ピンには個別にマスクを設定して割り込み禁止とできまずが、NMIはマスクできません。

図のEdge Selectionに示したように、いずれも割り込み生成条件には立ち上がり、立ち下がり、両方のエッジかHigh/Lowのレベルかを設定できます。

各信号ラインにはノイズによる誤動作*を避けるため、設定によりノイズフィルタを挿入できます。

さらに、通常のEICの場合には、スリープからウェイクアップ動作を可能とするためクロックと非同期で割り込みを生成させたり、イベント生成*を設定したりできます。

> EICの回路は非常に敏感なのでノイズで誤動作しやすいので注意。

> 外部ピンのオンオフを何らかのトリガとする場合に使う。

●図6-1-3　外部割り込み入力ピンの内部構成

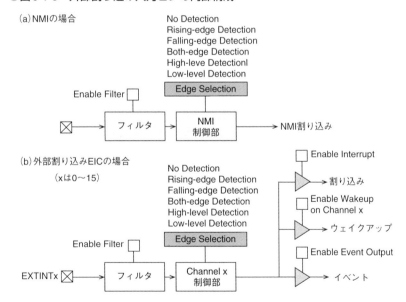

EICの設定は、周辺モジュールと同じ扱いで、「Available Component」の欄でEICを選択すれば、図6-1-4のようなMHCの設定画面が表示されます。NMI、EICそれぞれ図6-1-3の設定項目となっています。EICについては16本あるので、それぞれをChannel0からChannel15で区別*しています。

> ピン番号とは独立のEIC専用の番号なので注意。

6　周辺モジュールの使い方

●図6-1-4　EICのMHC設定画面

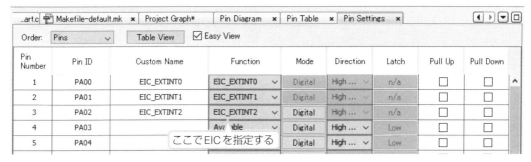

Configuration Options*　Help

□ EIC
　□ Non Maskable Interrupt Control ☑
　　□ NMI Configuration
　　　Enable filter □
　　　NMI Interrupt Edge Selection Falling-edge detecti... ▽
　□ Enable EIC Channel0 ☑
　　□ EIC Channel0 Configuration
　　　Enable Interrupt ☑
　　　Enable Event Output □
　　　Enable Wakeup on Channel0 □
　　　External Interrupt0 Edge Selection Rising-edge detection ▽
　　　Enable filter □
　　Enable EIC Channel1 □
　　Enable EIC Channel2 □
　　Enable EIC Channel3 □

　このあと、実際にEICとして使う入力ピンを指定します。指定方法は［Pin Settings］のダイアログで図6-1-5のようにして行います。Functionの欄でEICを選択するだけです。これでチャネル番号*がわかるので、それに合わせて図6-1-4のChannel #を指定して設定します。

ピンごとに番号が固定されていてEICとして使うピンが限定されるので注意。

●図6-1-5　EICのピン指定

...art.c｜Makefile-default.mk ✕｜Project Graph*｜Pin Diagram ✕｜Pin Table ✕｜Pin Settings ✕

Order: Pins ▽　Table View　☑ Easy View

Pin Number	Pin ID	Custom Name	Function	Mode	Direction	Latch	Pull Up	Pull Down
1	PA00	EIC_EXTINT0	EIC_EXTINT0 ▽	Digital	High ... ▽	n/a	□	□
2	PA01	EIC_EXTINT1	EIC_EXTINT1 ▽	Digital	High ... ▽	n/a	□	□
3	PA02	EIC_EXTINT2	EIC_EXTINT2 ▽	Digital	High ... ▽	n/a	□	□
4	PA03		Available ▽	Digital	High ... ▽	Low	□	□
5	PA04			Digital	High ... ▽	Low	□	□

ここでEICを指定する

　自動生成されるEIC関連の関数は表6-1-2となります。初期化と割り込み許可は自動生成で呼ばれているので、ユーザーが使うのはCallback関数の定義関数だけです。Callback関数を用意してその関数名を指定します。

150

▼表6-1-2　自動生成されるEIC制御関数

関数名	機能と書式
EIC_InterruptEnable	指定チャネルのEICの割り込み許可 《書式》void EIC_InterruptEnable (EIC_PIN pin); 　　　　pin：チャネル番号　EIC_PIN_6なら6
EIC_InterruptDisable	指定チャネルのEICの割り込みを禁止する 《書式》void EIC_InterruptDisable (EIC_PIN pin); 　　　　pin：チャネル番号　EIC_PIN_6なら6
EIC_CallbackRegister	指定チャネルの割り込みCallback関数の定義 《書式》void EIC_CallbackRegister(EIC_PIN pin, EIC_CALLBACK 　　　　callback, uintptr_t context); 　　　　pin：チャネル番号 　　　　callback：割り込み処理関数の名称 　　　　context：通常は0
割り込み処理関数	割り込み処理関数の書式（関数名は任意） 《書式》void EIC6_ISR(uintptr_t context) 　　　　context：パラメータ　通常は0かNULL

6-1-5　例題による外部割り込み（EIC）の使い方

　自動生成されたEICの関数を実際の例題で試してみます。次のような例題を作成します。

【例題】プロジェクト名　GPIO_EIC

　トレーニングボードでS3を押したとき赤と緑のLEDを点灯させる。S2を押したとき両方とも消灯させる。クロックはデフォルトの48MHzとする。

■MHCによる設定

　この例題のPin_Settingsは図6-1-6のようになります。S2（PB23）とS3（PB22）をEICのピンとして指定し、プルアップもセットします。赤（PB08）と緑（PB09）のLEDをGPIOのOutとして指定しています。

●図6-1-6　例題のPin Settingsの設定

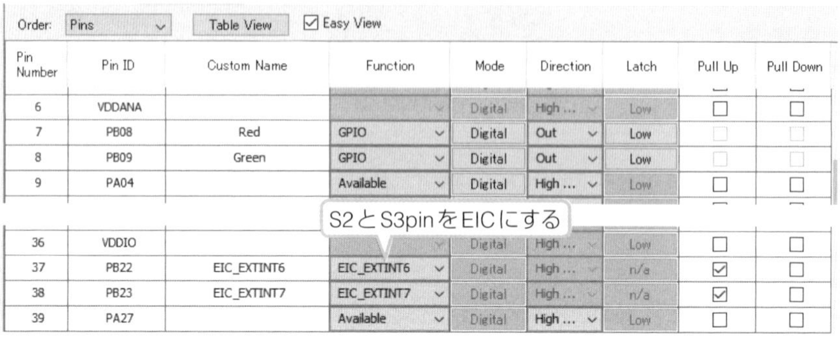

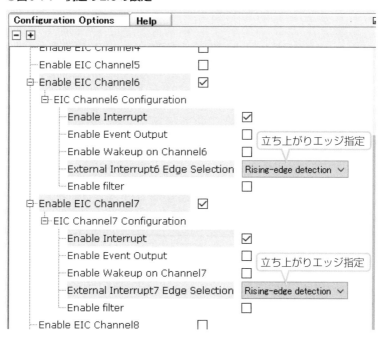

Pin Number	Pin ID	Custom Name	Function	Mode	Direction	Latch	Pull Up	Pull Down
6	VDDANA			Digital	High ...	Low		
7	PB08	Red	GPIO	Digital	Out	Low		
8	PB09	Green	GPIO	Digital	Out	Low		
9	PA04		Available	Digital	High ...	Low	☐	☐

S2とS3pinをEICにする

36	VDDIO			Digital	High ...	Low	☐	☐
37	PB22	EIC_EXTINT6	EIC_EXTINT6	Digital	High ...	n/a	☑	☐
38	PB23	EIC_EXTINT7	EIC_EXTINT7	Digital	High ...	n/a	☑	☐
39	PA27		Available	Digital	High ...	Low	☐	☐

> スイッチを押して離したときにEIC割り込みが生成される。

またEICの設定は図6-1-7のように立ち上がりエッジ*の指定としています。

●図6-1-7　例題のEICの設定

次に割り込みの優先順位を確認してみます。メインメニューから[MHC]→[Tools]→[NVIC Configuration]としてから、[NVIC Settings]のタブをクリックすると図6-1-8の表が表示されます。ここでEIC割り込みを確認すると、レベルはデフォルトで最低優先レベルの3となっています。通常はこのままで問題ありません。

● 図6-1-8 割り込み優先順位

Vector Number	Vector	Enable	Priority (0 = Highest)	Handler Name
-15	Reset (Reset Vector)	☑	-3	Reset_Handler
-14	NonMaskableInt (Non-maskable Interrupt)	☑	-2	NonMaskableInt_Handler
-13	HardFault (Hard Fault)	☑	-1	HardFault_Handler
-5	SVCall (SuperVisor Call)	☑	0	SVCall_Handler
-2	PendSV (Pendable SerVice)	☑	0	PendSV_Handler
-1	SysTick (System Tick Timer)	☐	0	SysTick_Handler
0	PM (Power Manager)	☐	3	PM_Handler
1	SYSCTRL (System Controller)	☐	3	SYSCTRL_Handler
2	WDT (Watchdog Timer)	☐	3	WDT_Handler
3	RTC (Real Time Counter)	☐		
4	EIC (External Interrupt Controller)	☑	3	EIC_InterruptHandler
5	NVMCTRL (Non-Volatile Memory Controller)	☐	3	NVMCTRL_Handler
6	DMAC (Direct Memory Controller)	☐	3	DMAC_Handler
7	USB (Universal Serial Bus)	☐	3	USB_Handler
8	EVSYS (Event Systems)	☐	3	EVSYS_Handler
9	SERCOM0 (Serial Communication Interface 0)	☐	3	SERCOM0_Handler
10	SERCOM1 (Serial Communication Interface 1)	☐	3	SERCOM1_Handler
11	SERCOM2 (Serial Communication Interface 2)	☐	3	SERCOM2_Handler
12	SERCOM3 (Serial Communication Interface 3)	☐	3	SERCOM3_Handler
13	SERCOM4 (Serial Communication Interface 4)	☐	3	SERCOM4_Handler
14	SERCOM5 (Serial Communication Interface 5)	☐	3	SERCOM5_Handler
15	TCC0 (Timer/Counter for Control Applications 0)	☐	3	TCC0_Handler
16	TCC1 (Timer/Counter for Control Applications 1)	☐	3	TCC1_Handler
17	TCC2 (Timer/Counter for Control Applications 2)	☐	3	TCC2_Handler
18	TC3 (Timer/Counter 3)	☐	3	TC3_Handler
19	TC4 (Timer/Counter 4)	☐	3	TC4_Handler
20	TC5 (Timer/Counter 5)	☐	3	TC5_Handler
23	ADC (Analog-to-Digital Converter)	☐	3	ADC_Handler
24	AC (Analog Comparators)	☐	3	AC_Handler
25	DAC (Digital-to-Analog Converter)	☐	3	DAC_Handler
26	PTC (Peripheral Touch Controller)	☐	3	PTC_Handler
27	I2S (Inter-IC Sound Controller)	☐	3	I2S_Handler

優先順位変更不可の範囲

EICはレベル3となっている

周辺モジュールはすべてデフォルトで3になっている

6 周辺モジュールの使い方

153

■コード生成と修正

　以上の設定でGenerateします。生成したコードでmain.cのみ追加記述します。作成したmain.cがリスト6-1-4となります。最初の2つの関数がEICのCallback関数と呼ばれる割り込み処理関数です。

　割り込み処理関数内では2個のLEDのオンとオフを実行しているだけです。メイン関数の最初でこの割り込み処理関数を定義しています。この定義によりMHCで自動生成されたEICのPLIB内の割り込みハンドラからCallback関数として呼び出されるようになります。

リスト　6-1-4　例題のmain.cの詳細

```
/***************************************************************
 *    外部割り込み(EIC)の例題
 *       プロジェクト名   : GPIO_EIC
 ***************************************************************/
#include <stddef.h>          // Defines NULL
#include <stdbool.h>         // Defines true
#include <stdlib.h>          // Defines EXIT_FAILURE
#include "definitions.h"     // SYS function prototypes

/********** EIC割り込み処理関数 ***************/
void EIC6_ISR(uintptr_t context){
    Red_Set();
    Green_Set();
}
void EIC7_ISR(uintptr_t context){
    Red_Clear();
    Green_Clear();
}
/***** メイン関数 *******/
int main ( void )
{
    SYS_Initialize ( NULL );
    EIC_CallbackRegister(6, EIC6_ISR, 0);    // 割り込み処理関数の定義
    EIC_CallbackRegister(7, EIC7_ISR, 0);
    /*** メインループ ****/
    while ( true )
    {
        SYS_Tasks ( );
    }
    return ( EXIT_FAILURE );
}
```

6-2 タイマ（TCx）の使い方

　本節では基本のタイマ **TCx**（Timer/Counters）タイマをMHCで設定して使う方法と、生成される関数の使い方を説明します。

　SAMD21E/Gファミリには TC3、TC4、TC5 の3組の基本タイマモジュールが実装されています。いずれも全く同じ構成ですので同じ使い方ができます。

　TCxの使い方としては次の3種類の使い方ができます。

- タイマ／カウンタモード：一定周期の割り込みの生成
- コンペアモード：一定周期で外部へ出力する　ワンショット／ PWM動作
- キャプチャモード：外部トリガでタイマ値をレジスタにキャプチャする

6-2-1　TCxタイマの特徴

　TCxタイマは次のような特徴を持っています。

- 8ビットと16ビットの動作が可能
- 2つのTCxをつなげて32ビット動作が可能
- パルス出力　周波数変調モードとPWMモードが可能
- 入力キャプチャ動作では周期とパルス幅を同時にキャプチャ可能
- イベントの入出力が可能
- DMAの転送トリガが可能

6-2-2　タイマ/カウンタモードの構成と設定項目

クロック設定で指定する。

プリスケーラ
タイマのカウント値の上限を引き上げるために前段に入れるカウンタ。

　TxCをタイマまたはカウンタとして使う場合の内部構成と設定項目は、図6-2-1のようになります。図中のカウンタがGCLK_TCのクロック*（Generic Clock）でカウントアップ動作をします。クロックはプリスケーラ*で設定された分周比で分周されてからカウンタの入力となります。カウンタは常時周期レジスタ（**PER**：Period Register）と比較されていて、一致すると周期割り込みを生成します。同時にカウンタは0クリアされ、再度カウントアップを開始します。これで一定周期の一致割り込みが生成されます。

　図にある□が、チェックする設定項目となっています。

●図6-2-1 TCxのタイマモード時の構成と設定項目

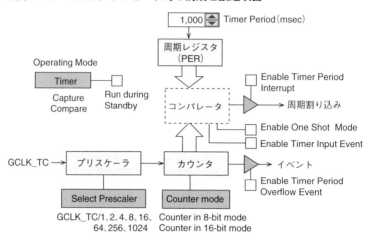

■MHCによる設定

　例えばTC3のタイマモード時のMHCの設定画面は図6-2-2のようになって
いて、それぞれが図6-2-1の設定部の設定になります。

●図6-2-2 TC3のタイマモードのMHCの設定画面

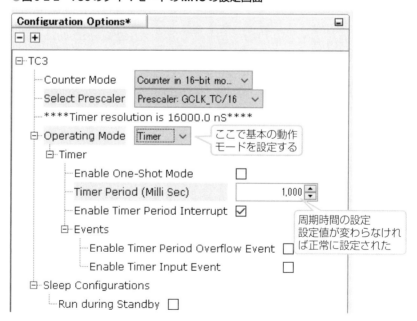

　まずOperating Modeの欄でTimerを選択すればタイマモードとなります。
次に周期の時間をTimer Period欄に入力したとき、その値がそのまま表示さ

> カウンタがカウントできる範囲を超えているということ。

れればその時間は正常に設定可能ということになり、値が65535などの値に変わってしまう場合は、その時間が設定できない*ことを表しています。この場合にはSelect Prescalerの欄でプリスケーラの値を変更するか、GCLK_TCの周波数をクロック設定に戻って低い周波数に変更するかする必要があります。

割り込みはデフォルトでEnableになっているので、そのままとします。

以上で一定間隔により割り込みを生成するインターバルタイマとして動作します。

■タイマモードのTCxの関数

タイマモードのとき自動生成されるTCxの関数は表6-2-1のようになります。初期化の関数はMHCが自動的に設定をしてくれているので、省略しています。

▼表6-2-1　TCxのタイマモード制御関数一覧（xは3、4、5のいずれか）

関数名	機能と書式
TCx_TimerStart	TCxの動作を開始する 《書式》void TCx_TimerStart(void);
TCx_TimerStop	TCxの動作を停止する 《書式》void TCx_TimerStop(void);
TCx_TimerCallbackRegister	TCxのユーザー割り込み処理関数を定義する 《書式》void TCx_TimerCallbackRegister(　　　TC_TIMER_CALLBACK　callback, uintptr_t context); 　　　callback：関数名 　　　context：パラメータで通常はNULLか0
割り込み処理関数	割り込み処理関数の書式（関数名は任意） 《書式》void TC3_ISR(TC_TIMER_STATUS status, uintptr_t context); 　　status：下記のいずれかが代入される 　　　TC_TIMER_STATUS_NONE 　　　TC_TIMER_STATUS_OVERFLOW 　　　TC_TIMER_STATUS_MATCH1 　　　TC_TIMER_STATUS_MSK 　　　TC_TIMER_STATUS_INVALID = 0xFFFFFFFF 　　context: パラメータ　通常は0かNULL

6-2-3　例題によるタイマモードの使い方

TCxタイマのタイマモードの使い方を実際の例題で試してみます。

【例題】プロジェクト名　TC_Timer

タイマ（TC3）の1秒周期の割り込みで赤LEDを点滅させる。CPUクロックは48MHz、TC3のクロックは1MHzとする。

■MHCによる設定

まずAvailable Components欄でTC3を選択して追加し、Project Graphが図6-2-3となるようにします。

●図6-2-3　例題のプロジェクトのグラフ

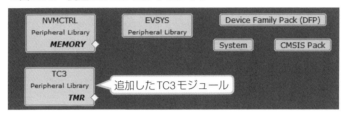

次にクロックの設定で、メインメニューから［MHC］→［Tools］→［Clock Configuration］と選択してから、［Clock Easy View］タブをクリックして開く図6-2-4の画面で設定します。

●図6-2-4　例題のクロックの設定

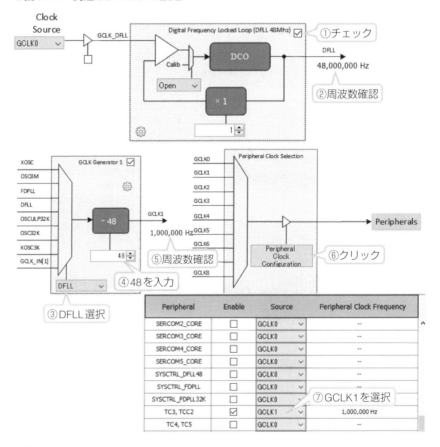

CPUはデフォルトで①のようにDFLLが有効になっていて②で48MHzとなっているので、そのままとし、次にGCLK1の設定で③のようにDFLLを選択し④で48分周にして⑤のように1MHzを生成します。

次に周辺用のクロック設定を⑥のように［Peripheral Clock Configuration］のボタンをクリックして開く表で、⑦のようにTC3のクロックをGCLK1の1MHzとします。

このあとは周辺モジュールの設定で、TC3の設定画面で図6-2-2と同じ設定にして、タイマモードで1秒間隔の割り込みありという設定にします。

続いて入出力ピンの設定でメインメニューから［MHC］→［Tools］→［Pin Configuration］と選択してから、［Pin Settings］のタブをクリックして開く画面で図6-2-5のように設定します。LEDのみの設定で赤と緑の2個のLEDを①GPIOの②Outとして設定し、③名称を入力します。

● 図6-2-5　入出力ピンの設定

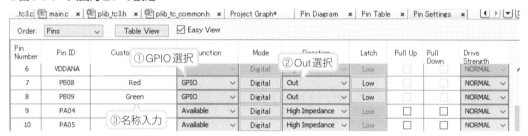

■ コードの生成と関数の使い方

PLIB
Peripheral Library

以上の設定でGenerateすれば、TC3用のPLIB* として表6-2-1の関数が生成されます。これらの関数の基本的な使い方はリスト6-2-1のようにします。

メイン関数の最初で初期化が必要ですが、`SYS_Initialize`関数でTC3の初期化関数も呼ばれるのでTC3の初期化関数を記述する必要はありません。

このあとTC3のユーザー割り込み処理関数（`Callback`関数）の定義をします。この関数の名称は自由です。その後TC3をスタートさせて動作を開始します。

TC3のユーザー割り込み処理関数では、割り込み処理* としてすべきことだけを記述すれば良いようになっています。ここでは赤LEDの出力を反転させています。この割り込み処理関数をメイン関数の後に記述する場合には、関数プロトタイピングを宣言部に追加する必要があります。

statusには表6-2-1のいずれかの値が代入されていますが、この割り込み処理関数では要因としては1つだけなので、あえて確認する必要はありません。

本来はレジスタ退避と復旧の処理があるが、コンパイラが自動生成する。

159

```
/*************************************************
* タイマの例題       TC_Timer
*   TC3の1秒間隔の割り込みでLEDを点滅させる
 *************************************************/
#include <stddef.h>            // Defines NULL
#include <stdbool.h>           // Defines true
#include <stdlib.h>            // Defines EXIT_FAILURE
#include "definitions.h"       // SYS function prototypes
/*** TC3割り込み処理関数 ****/
void TC3_ISR(TC_TIMER_STATUS status, uintptr_t context){
    Red_Toggle();
}
/** メイン関数 ***/
int main ( void )
{
    /* Initialize all modules */
    SYS_Initialize ( NULL );
    TC3_TimerCallbackRegister(TC3_ISR,(uintptr_t) NULL);
    TC3_TimerStart();
    while ( true )
    {   }
    return ( EXIT_FAILURE );
}
```

割り込み処理関数

割り込み処理関数の
定義

タイマスタート

6-2-4 コンペアモードの構成と設定項目

　TCxをコンペアモードで動作させた場合には次の4つのモードで動作します。いずれもパルス出力をする動作となりますが、MHCでサポートされているのは一致モードの2つのみとなっています。通常モードと一致モードの違いは、周期を決めるレジスタの違いだけで、通常モードでは周期レジスタ（PER：Period Register）で決定され、一致モードでは比較レジスタ（CC0：Compare/Capture 0）で周期が決定されます。

- ・ 通常周波数変調モード（NFRQ：Normal Frequency）
- ・ 通常PWMモード　　（NPWM：Normal pulse-width modulation）
- ・ 一致周波数変調モード（MFRQ：Match Frequency）
- ・ 一致PWMモード　　（MPWM：Match pulse-width modulation）

　コンペアモードにしたときのTCxの内部構成は図6-2-6のようになります。カウンタがGCLK_TCのクロック※でカウントアップまたはカウントダウンします。カウンタは常時CC0とCC1レジスタと比較されていて、動作モードによりいずれかと一致した条件で、パルスジェネレータ部でパルス生成されてWO[0]ピンかWO[1]ピンに出力されます（WO：Waveform Generation Output）。出力は反転させることも可能で、一致ごとにイベントか割り込みを生成させることも可能です。

※ クロック設定の周辺モジュールの設定で指定する。

● 図6-2-6　タイマのコンペアモード時の構成と設定項目

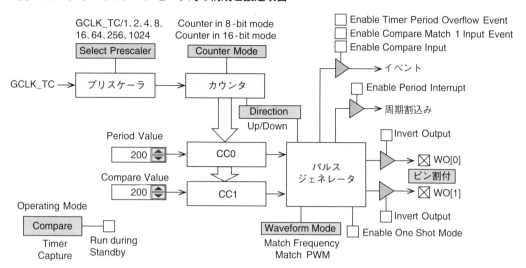

　　TCxの出力ピンはある程度決まっています。したがってTCxをパルス出力で使う場合には、あらかじめどのピンを使うかを検討しておく必要があります。TCxが出力できるピンは表6-2-2のようになっています。

▼表6-2-2　TCxの出力ピン

PAD	TC3	TC4	TC5
WO[0]	PA14, PA18	PB08, PB12, PA22	PB10, PB14, PA24
WO[1]	PA15, PA19	PB09, PB13, PA23	PB11, PB15, PA25

■周波数変調モードのパルス

　　例として一致周波数変調モード（MFRQ）のときのパルスの出力波形は図6-2-7のようになります。カウンタはZEROとCC0の値の間でカウントアップまたはカウントダウンを繰り返します。そしてカウントアップの場合はカウンタがCC0と一致したとき出力が反転し、同時にカウンタがゼロになります。カウントダウンの場合は、カウンタがZEROと一致したとき出力が反転し、同時にカウンタがCC0にリロードされます。こうして一定周波数でデューティが50%のパルスがWO[0]ピンから出力されることになり、周波数変調のパルスとなります。

●図6-2-7　MFRQモードのときのパルス出力

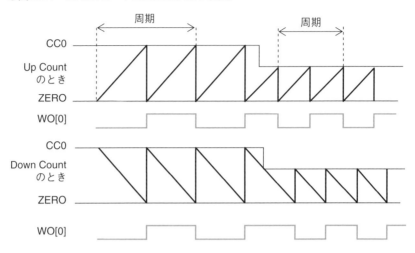

■一致PWMモードのパルス

　一致PWMモード（MPWM）のときのパルス出力は図6-2-8のようになります。周期はCC0の設定値で決まり、カウンタとCC0とが一致した都度カウンタがZEROにされるとともにWO[1]の出力がHighとなります。さらにカウンタがCC1と一致したとき、WO[1]の出力がLowとなります。これでデューティ比が決まることになります。

　こうして周期がCC0で決まり、デューティ比がCC1で決まるPWMパルスがWO[1]ピンから出力されます。またWO[0]には一致時に1TCクロック幅[*]のパルスが出力されます。

本来は不要な出力。

●図6-2-8　MPWMモード時のパルス出力

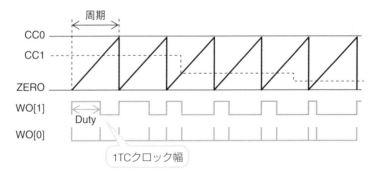

■MHCによる設定

次にMHCでTCxをコンペアモードで動作させるときの設定方法です。例えばTC4のコンペアモード時のMHCの設定画面は図6-2-9のようになっていて、それぞれの設定部が図6-2-3の構成図での設定部となっています。

Operating Modeの欄で基本の動作の選択をします。ここではCompare Modeにしています。これでコンペアモードの設定画面になります。

次にWaveform ModeでMatch FrequencyかMatch PWMを選択します。そしてモードに応じてPeriod ValueとCompare Value[*]を設定すればパルスが出力されます。

Match Frequencyモードでは Period のみ。

この例ではあらかじめクロック設定でGCLK_TCを48MHzにしていて、TC4ではMatch PWMモードで、周期を4095[*]、デューティの初期値を2000としています。したがって出力されるPWMパルスの周期は48MHz÷4096≒11.7kHzとなります。

12ビットADコンバータでデューティを可変させるときに0%から100%にできるように4095を最高値とした。

●図6-2-9　TC4のコンペアモード時のMHC設定画面

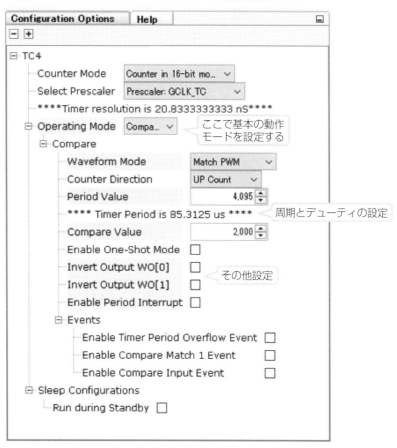

■コンペアモードの**TCx**の関数

　これでGenerateしたとき自動生成されるTCの関数は表6-2-3のようになります。

▼表6-2-3　TCのコンペアモード制御関数一覧（xは3、4、5のいずれか）

関数名	機能と書式
TCx_CompareStart	TCxのコンペア動作を開始する 《書式》void TCx_CompareStart(void);
TCx_CompareStop	TCxのコンペア動作を停止する 《書式》void TCx_CompareStop(void);
TCx_ComparerFrequencyGet	TCxのGCLK_TCの値を返す 《書式》uint32_t TCx_CompareFrequencyGet(void); 戻り値：周波数（Hz）
TCx_Compare16bitPeriodSet	CC0レジスタに周期値を設定する 《書式》void TCx_Compare16bitPeriodSet(uint16_t period); Period：周期設定値（（0 ～ 65535）
TCx_Compare16bitPeriodGet	CC0レジスタの周期値を読み出す 《書式》uint16_t TCx_Compare16bitPeriodGet(void); 戻り値：設定値
TCx_Compare16bitCounterGet	カウンタの現在値を読み出す 《書式》uint16_t TCx_Compare16bitCounterGet(void); 戻り値：カウント値
TCx_Compare16bitCounterSet	カウンタに値を書き込む 《書式》void TCx_Compare16bitCounterSet(uint16_t count); Count：書き込む値（0 ～ 65535）
TCx_Compare16bitSet	CC1レジスタにCompare値を書き込む 《書式》void TCx_Compare16bitSet(uint16_t compareValue); compareValue：比較値
TCx_CompareStatusGet	割り込みフラグの値を返す 《書式》TC_COMPARE_STATUS TCx_CompareStatusGet(void); 戻り値：割り込みフラグの状態値
TCx_CompareCallbackRegister	TCxのユーザー割り込み処理関数を定義する （割り込みありの場合のみ生成される） 《書式》void TCx_CompareCallbackRegister(TC_TIMER_CALLBACK callback, uintptr_t context); callback：関数名　context：通常はNULL
割り込み処理関数	割り込み処理関数の書式（関数名は任意） 《書式》void TCx_ISR(TC_COMPARE_STATUS status, uintptr_t context); status：下記のいずれかが代入される 　　TC_COMPARE_STATUS_NONE 　　TC_COMPARE_STATUS_OVERFLOW 　　TC_COMPARE_STATUS_MATCH0 　　TC_COMPARE_STATUS_MATCH1 　　TC_COMPARE_STATUS_MSK 　　TC_COMPARE_STATUS_INVALID = 0xFFFFFFFF context：パラメータ　通常は0かNULL

6-2-5 例題によるコンペアモードの使い方

実際の例題でTCxのコンペアモードの関数の使い方を説明します。

【例題】プロジェクト名　TC_Compare

　TC4をコンペアモードのMPWMモードで動作させ、緑LEDの調光制御をする。可変抵抗とADコンバータによりデューティを0%から100%まで可変する。CPUクロック、TC4、ADCのクロックはいずれも48MHzとし、ADコンバータは12ビット分解能とする。

■MHCによる設定

　まず周辺モジュールの選択をします。必要なのはTC4、ADCなので、それらを選択します。これでProject Graphは図6-2-10のようになります。

●図6-2-10　例題のProject Graph

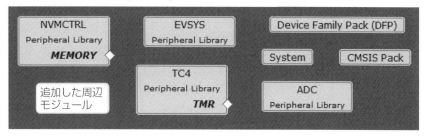

　次にクロックの設定で、メインメニューから［MHC］→［Tools］→［Clock Configuration］と選択してから、［Clock Easy View］タブをクリックして開く画面で設定します。CPUはデフォルトの48MHzとし、TC4、ADコンバータのクロックも同じGCLK0とします。

　TC4の設定は図6-2-9と同じにします。これでPWMモードになります。

　さらにADコンバータの設定は図6-2-11のようにします。この詳細は6-9節を参照してください。

●図6-2-11　例題のADコンバータの設定

ADC
Select Prescaler
Peripheral clock divided by 32
Select Sample Length (cycles)
3
**** Conversion Time is 10.0 uS ****
1/32でサンプルを3にして10μsecとする
Select Gain
1x
Select Reference
1/2 VDDANA (only for VDDANA > 2.0...
Select Conversion Trigger
SW Trigger
ソフトウェアによるトリガとする
Channel Configuration
Select Positive Input
ADC AIN10 Pin
Select Negative Input
Internal Grou...
チャネルの指定
Number of inputs to scan
0
Result Configuration
Select Result Resolution
12-bit result
Left Aligned Result
Enable Result Ready Interrupt
12ビット分解能
Enable Result Ready Event Out
Window Mode Configuration
Select Window Monitor Mode
No window mode (default)
Sleep Mode Configuration
Run During Standby

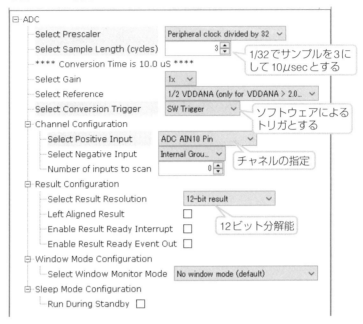

さらに入出力ピンの設定は、メインメニューから[MHC]→[Tools]→[Pin Configuration]と選択してから、[Pin Settings]のタブをクリックして開く画面で図6-2-12のようにします。ADコンバータの入力は可変抵抗が接続されているPB02（AIN10）を使います。さらにPB09ピンをTC4のWO[1]ピンに設定すれば、PWMの出力がPB09ピン、つまり緑LEDに接続されることになります。

●図6-2-12　例題のPin Settingsの設定

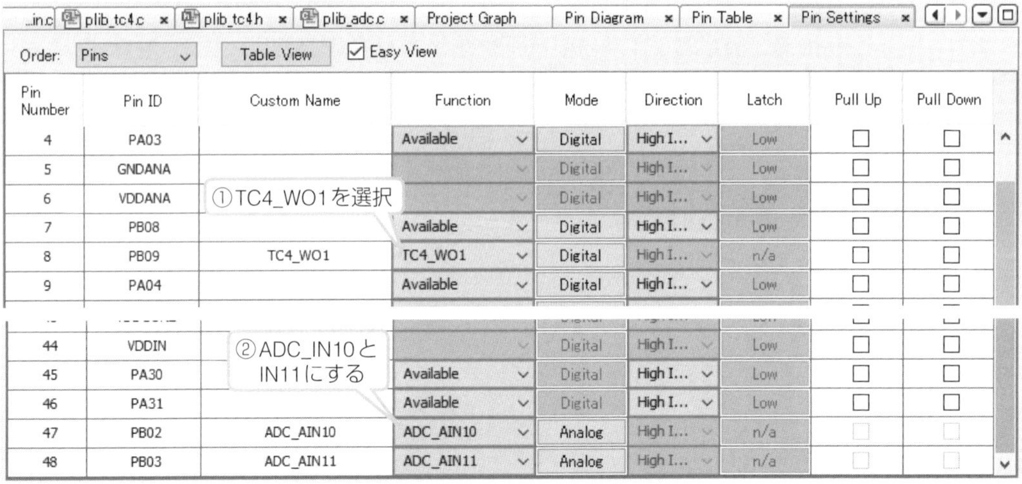

...in.c
plib_tc4.c
plib_tc4.h
plib_adc.c
Project Graph
Pin Diagram
Pin Table
Pin Settings
Order: Pins
Table View
Easy View
Pin Number
Pin ID
Custom Name
Function
Mode
Direction
Latch
Pull Up
Pull Down
4 PA03 Available Digital High I... Low
5 GNDANA Digital High I... Low
6 VDDANA Digital High I... Low
①TC4_WO1を選択
7 PB08 Available Digital High I... Low
8 PB09 TC4_WO1 TC4_WO1 Digital High I... n/a
9 PA04 Available Digital High I... Low
44 VDDIN Digital High I... Low
②ADC_IN10とIN11にする
45 PA30 Available Digital High I... Low
46 PA31 Available Digital High I... Low
47 PB02 ADC_AIN10 ADC_AIN10 Analog High I... n/a
48 PB03 ADC_AIN11 ADC_AIN11 Analog High I... n/a

■コードの生成と関数の使い方

　以上の設定でGenerateすれば表6-2-3の関数が生成されます。これらの関数の基本的な使い方はリスト6-2-2のようにします。この例題では、可変抵抗の値でPWMパルスのデューティ比を可変させるため、AD変換結果をそのままTC4のデューティ値[*]として設定しています。これでLEDの明るさを連続的に変化させることができます。

　メイン関数の最初で周辺モジュールの初期化が必要ですが、SYS_Initialize()関数からすべての初期化関数が呼ばれるので、個々の周辺モジュールの初期化関数を記述する必要はありません。

　PWMモードでは、多くの場合割り込みは使わないのでCallback関数は不要です。あとはメイン関数の最初でスタートさせればPWMパルスが出力されます。さらに可変抵抗からの入力をAD変換した結果をTC4_Compare16bitSet関数でCC1に代入することでデューティ比を可変しています。0%から100%可変できるようにTC4のPeriod（CC0）の値をAD変換の最大値と同じ4095にしています。

PWM周期を4095としているので12ビットの最大値となる。

リスト　6-2-2　TCのコンペアモードの例題

```
/*****************************************************
 *  t タイマのCompareモードの例題     TC_Compare
 *     TC4のPWMで2個のLEDのPWM制御
 *     可変抵抗でシューティを可変して調光制御
 *****************************************************/
#include <stddef.h>              // Defines NULL
#include <stdbool.h>             // Defines true
#include <stdlib.h>              // Defines EXIT_FAILURE
#include "definitions.h"         // SYS function prototypes
uint16_t result;
/*** メイン関数 ****/
int main ( void )
{
    /* Initialize all modules */
    SYS_Initialize ( NULL );
    TC4_CompareStart();         // TC4スタート
    ADC_Enable();               // ADC有効化
    while ( true )
    {
        /**** POT1変換 ***/
        ADC_ChannelSelect(ADC_POSINPUT_PIN10, ADC_NEGINPUT_GND);
        ADC_ConversionStart();
        while(!ADC_ConversionStatusGet());
        result = ADC_ConversionResultGet();
        /** デューティセット ***/
        TC4_Compare16bitSet(result);
    }
}
```

TC4動作開始

TC4デューティ変更

6-2-6 キャプチャモードの構成と設定項目

　タイマTCxをキャプチャモードで使う場合の内部構成と設定内容は図6-2-13のようになります。

　入力信号のイベントの立ち上がりか立ち下がりでカウンタの値をCC0とCC1レジスタにキャプチャします。PWP（Pulse-Width、Period）かPPW（Period and Pulse-Width）かにより、周期とパルス幅がCC0レジスタとCC1レジスタのいずれかにキャプチャされます。これでGCLK-TCの分解能でパルスの周期と幅が計測できます。

●図6-2-13　TCのキャプチャモード時の構成と設定項目

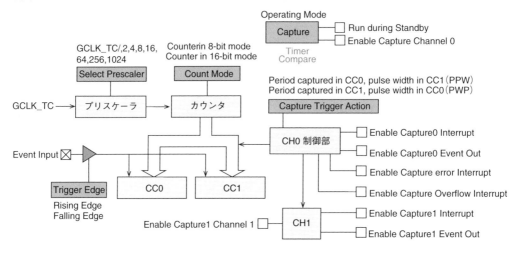

■キャプチャモードのパルス

　例えばPWPモードのときの動作は図6-2-14のようになります。最初の入力パルスの立ち上がりイベントでカウントが開始されます。次の立ち下がりイベントでパルス幅がCC0にキャプチャされ、さらに次の立ち上がりイベントで周期がCC1にキャプチャされます。同時にカウンタがZEROにリセットされてカウントが再開されます。

●図6-2-14 **TCxのキャプチャモード時の動作（PWPモード）**

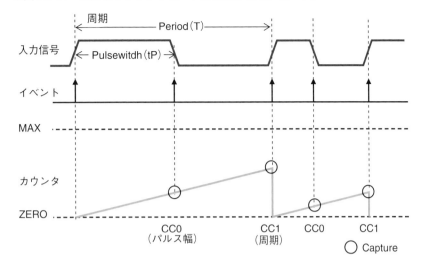

■ MHCによる設定

キャプチャモード時のMHCの設定画面は図6-2-15のようになります。

●図6-2-15 **TCのキャプチャモード時のMHC設定画面**

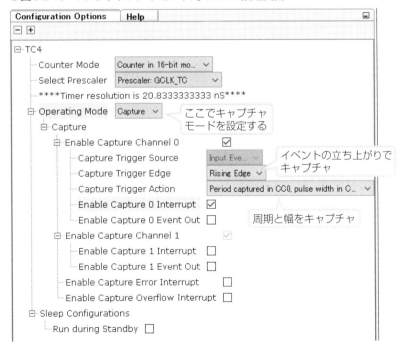

■キャプチャモードのTCxの関数

これで自動生成されるTCx制御用関数は表6-2-4となります。

▼表6-2-4　TCxのキャプチャモード制御関数一覧

関数名	機能と書式
TCx_CaptureStart	TCxのキャプチャ動作を開始する 《書式》void TCx_CaptureStart(void);
TCx_CaptureStop	TCxのキャプチャ動作を停止する 《書式》void TCx_CaptureStop(void);
TCx_CapturerFrequencyGet	TCxのGCLK_TCの値を返す 《書式》uint32_t TCx_CaptureFrequencyGet(void); 　　　　戻り値：周波数（Hz）
TCx_Capture16bitChannel0Get	CC0レジスタの値を取得する 《書式》uint16_t TC4_Capture16bitChannel0Get(void); 　　　　戻り値：CC0（周期）の値
TCx_Capture16bitChannel1Get	CC1レジスタの値を読み出す 《書式》uint16_t TC4_Capture16bitChannel1Get(void); 　　　　戻り値：CC1（幅）の値
TCx_CaptureCallbackRegister	TCxのユーザー割り込み処理関数を定義する （割り込みありの場合のみ生成される） 《書式》void TC4_CaptureCallbackRegister(TC_ 　　　　CAPTURE_CALLBACK callback, uintptr_t context); 　　　　　callback：関数名 　　　　　context：通常は0かNULL
割り込み処理関数	割り込み処理関数の書式（関数名は任意） 《書式》void TCx_ISR (TC_CAPTURE_STATUS status, 　　　　uintptr_t context) 　　　　status：下記のいずれかが代入される 　　　　　TC_CAPTURE_STATUS_NONE 　　　　　TC_CAPTURE_STATUS_OVERFLOW 　　　　　TC_CAPTURE_STAUTS_CAPTURE0_READY 　　　　　TC_CAPTURE_STATUS_CAPTURE1_READY 　　　　　TC_CAPTURE_STATUS_MSK 　　　　　TC_CAPTURE_STATUS_INVALID = 0xFFFFFFFF 　　　　context：パラメータ　通常は0かNULL

6-3 　制御用タイマ（TCCx）の使い方

フルブリッジ
4つの出力でMOSFETを制御することでモータやスイッチング電源などの制御ができる回路。

デッドタイム
貫通電流を避けるため切り替え時に設ける全オフの時間のこと。

フォルト信号
モータや電源を構成した場合の緊急停止信号。

6 周辺モジュールの使い方

　本節では、制御用タイマ**TCCx**（Timer/Counters for Control）の使い方とMHCでの設定方法、生成される関数の使い方を説明します。

　SAMD21E/GファミリにはTCC0、TCC1、TCC2の3組の制御用タイマが実装されています。制御用となっているのは、このタイマが主に**PWMパルスの生成用**となっているためです。TCxタイマでもPWMパルスを生成できますが、TCCxではフルブリッジ[*]構成用の出力ができ、デッドタイム[*]の挿入や、フォルト信号[*]による緊急操作もできるようになっています。

6-3-1 制御用タイマ（TCCx）の特徴

TCCxは次のような特徴を持っています。

- 4チャネルのコンペア / キャプチャ機能を内蔵
- PWM関連のレジスタはダブルバッファ構成
  - 周期やデューティの設定をPWMの境界で更新できる
- パルス生成では次のような機能を持つ
  - 周波数変調パルス、単一PWM、デュアルスロープPWMの出力が可能
  - 相補構成のパルスでデッドタイム挿入可能
  - クロックのディザリング[*]が可能
  - フォルト信号で出力停止可能、自動復帰と復帰なしが選択可能
- キャプチャモードでは周期とパルス幅を同時にキャプチャ可能
- イベントの入出力が可能
- DMAが使用可能で、DAM転送のトリガも可能

ディザリング
ノイズが特定周波数で発生するのを抑制するため周波数をわずかに変動させること。

6-3-2 TCCxの内部構成と設定項目

　MHCではTCCxのパルス出力モードのみのサポートとなっているので、本節でもパルス出力モードのみ説明し、キャプチャモードは省略します。

　パルス出力モード時のTCCxの内部構成と設定項目は図6-3-1のようになっています。この図はTCC1とTCC2の場合で、比較レジスタがCC0とCC1の2個で出力ピンも4本となっています。これに対し、TCC0[*]の場合は、比較レジスタがCC0からCC3まで4組あり、さらに出力ピンがWO[0]からWO[7]の8ピンとなっています。

TCC0のみ8本の出力でパルスモータなどの制御が可能。

171

ベースとなるカウンタは16ビット幅で動作し、入力クロックにはGCLK_TCC*がプリスケーラで分周されて供給されます（GCLK：Generic Clocks）。このカウンタはアップカウントとダウンカウントのいずれかを設定できます。

カウンタは常時周期レジスタPERと比較レジスタCC0、CC1レジスタ（TCC0の場合はCC0からCC3レジスタ）と比較されています。それぞれのレジスタとカウンタ値が一致するとパルス出力のトリガとなり、HighかLowへの遷移条件となります。

周期一致で割り込みとイベントを生成することもできます。さらにフォルト入力のイベントを設定することで、出力ピンを指定した状態に強制的にセットできます。

さらにパターンを設定することで、PWMパルスではなくHighかLowのままとすることもできます。これによりフルブリッジを構成できるようになります。

●図6-3-1　TCCxの内部構成と設定項目

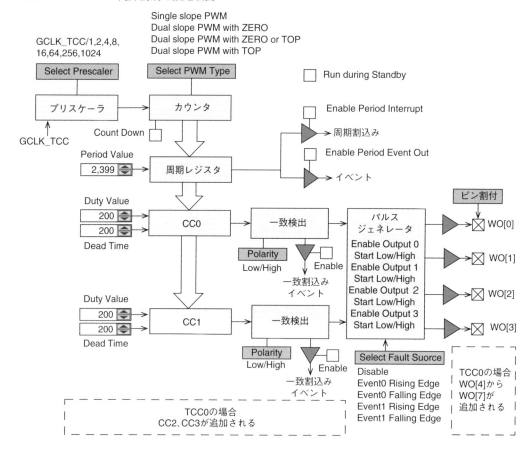

172

TCCxが出力できるピンはある程度決まっています。したがって使う場合には、どのピンを使うかをあらかじめ検討しておく必要があります。

SAMD21ファミリでTCCxが使えるピンは表6-3-2のようになっています。チャネルごとに使用できるピンが決まっていて、表の1つの枠内では同時に複数のピンには出力できません。

▼表6-3-2　TCCxの出力ピン一覧表

PAD	TCC0				TCC1		TCC2	
	CH0	CH1	CH2	CH3	CH0	CH1	CH0	CH1
WO[0]	PA04, PA08, (PB30)				PA06, PA10, PA30		PA00, PA12, PA16	
WO[1]		PA05, PA09, (PB31)				PA07, PA11, PA31		PA01, PA13, PA17
WO[2]			PA10, PA18		PA08, PA24, (PB30)			
WO[3]				PA11, PA19		PA09, PA25, (PB31)		
WO[4]	PB10, PA14, (PB16), PA22							
WO[5]		PB11, PA15, (PB17), PA23						
WO[6]			(PB12), PA12, PA16, PA20					
WO[7]				PA13, (PB13), PA17, PA21				

（注）　　　　　部分は相補の反転波形出力、（　　　）内のピンはSAMD21Jファミリのみ

6-3-3　パルス出力モードの詳細

TCCのパルス出力モードには次のような7種類があります。

①NFRQ　　　：Normal Frequency
②MFRQ　　　：Match Frequency
③NPWM　　　：Normal PWM（Single slope PWM）
④DSTOP　　　：Dual slope interrupt/event at TOP
⑤DSBOTTOM：Dual slope interrupt/event at ZERO
⑥DSBOTH　　：Dual slope interrupt/event at TOP and ZERO
⑦DSCRITICA　：Dual slope critical interrupt/event at ZERO

それぞれの出力パルスを説明します。まず①、②の周波数変調パルス出力*はTCxの場合と同じですので省略します。

・・・・・・・・・・
デューティが常に
50%で周波数のみ変
化するパルス。

③のNPWMはSingle slope PWMと呼ばれ、図6-3-2のような動作となります。カウンタはZEROから開始し周期レジスタ（PER）と同じになるとZEROに戻り、同時に出力をHighとします。途中でCCxレジスタと一致したら出力WO[x]をLowとします。CCxレジスタがZEROかPERと同じ場合は何もしません。これで単純なPWMパルスが出力されることになります。

TCC0の場合は、CCxはCC0からCC3の最大4組あるので、周期が同じでデューティを独立に制御できる4系統のPWM出力が出せることになります。

●図6-3-2　Sigle slope PWM（NPWM）

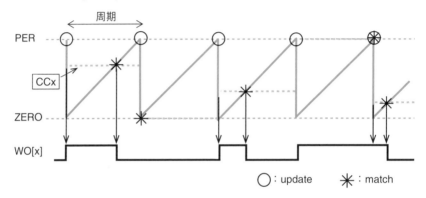

○ : update　　＊ : match

④、⑤、⑥, ⑦の場合パルス形状は図6-3-3のようになりすべて同じで、割り込みとイベントが生成されるタイミングが異なるだけです。

カウンタはZEROと周期レジスタ（PER）の間でアップとダウンを繰り返します。途中でCCxレジスタの値と一致した場合、カウントアップのときは出力がHighとなり、カウントダウンのときは出力がLowとなります。CCxがZEROかPERと同じ場合、出力は変化しません。このようにDual slopeではSingle slopeの場合に比べ2倍遅い周期でパルスが出力されることになります。

●図6-3-3　Dual Slopeの動作

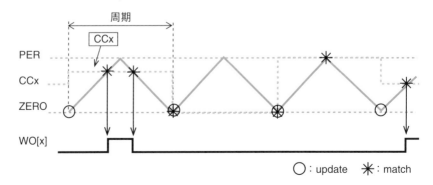

○ : update　　＊ : match

6-3-4 設定項目と生成される関数

■MHCによる設定

　実際のMHCの設定画面例はTCC1の場合には図6-3-4のように2チャネルのみとなっています。設定項目は図6-3-1に対応しています。

　ここでの設定例は2チャネルともSingle slope PWMモードの例で、単純なPWM出力となります。

　PWM Type欄でDual slope PWMを選択した場合は、カウントダウン指定が必要ないので、この部分がないだけで残りは全く同じ設定項目となります。

　Pattern Generationの設定は、出力をHighかLowに固定する場合に設定します。これは例えばTCCxでフルブリッジを構成するような場合、ハイサイドとローサイドいずれかをHighかLowに固定する必要があるので、このような場合に使います。

　両チャネルともPWM出力にするときには、パターン設定は特に必要ありません。またFault Configurationも使わなければ設定の必要はありません。

● 図6-3-4　TCC1のMHC設定画面例

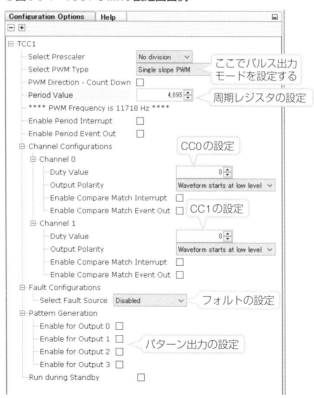

■生成される関数

これで自動生成されるTCC1用の関数は表6-3-1のようになります。

▼表6-3-1　TCC1用の関数

関数名	機能と書式
TCCx_PWMStart	TCCxのPWM動作を開始する 《書式》void TCC1_PWMStart(void);
TCCx_PWMStop	TCCxのPWM動作を停止する 《書式》void TCC1_PWMStop(void);
TCCx_PWM24bitPeriodSet	TCCxの周期を設定する 《書式》void TCC1_PWM24bitPeriodSet(uint32_t period); 　　　period：周期値　バイナリ数値
TCCx_PWM24bitPeriodGet	TCCxの現状の周期の値を取得する 《書式》uint32_t TCC1_PWM24bitPeriodGet (void); 　　　戻り値：周期値　バイナリ数値
TCCx_PWMPatternSet	TCCxのパターンを設定する 《書式》void TCC1_PWMPatternSet(uint8_t pattern_enable,uint8_t pattern_output) 　　　pattern_enable：0＝無効　1＝有効の8ビット 　　　pattern_output：0/1の8ビット
TCCx_PWM24bitCounterSet	TCCxのカウンタに値を書き込む 《書式》void TCC1_PWM24bitCounterSet(uint32_t count_value); 　　　value：書き込む値
TCCx_PWMForceUpdate	TCCxのレジスタ設定を強制的に実行する、一時レジスタから書きこむ 《書式》void TCC1_PWMForceUpdate(void); 　　　パラメータ無し
TCCx_PWMPeriod InterruptEnable	TCCxの周期割り込みを許可する 《書式》void TCC1_PWMPeriodInterruptEnable(void);
TCCx_PWMPeriod InterruptDisable	TCCxの周期割り込みを禁止する 《書式》void TCC1_PWMPeriodInterruptDisable(void);
TCCx_PWMInterruptStatusGet	TCCxの割り込み状態を取得する 《書式》uint32_t TCC1_PWMInterruptStatusGet(void); 　　　戻り値：True/False
TCCx_PWMCallbackRegister	割り込み処理関数の定義 《書式》void TCC1_PWMCallbackRegister(TCC_CALLBACK callback, uintptr_t context) 　　　callback：割り込み処理関数名 　　　context：パラメータ　通常は0かNULL
割り込み処理関数	割り込み処理関数の書式（関数名は任意） 《書式》void TCC1_ISR(uint32_t status, uintptr_t context); 　　　status：割り込みフラグ　下記のいずれかが代入される 　　　　　TCC1_PWM_STATUS_OVF 　　　　　TCC1_PWM_STATUS_FAULT_0 　　　　　TCC1_PWM_STATUS_FAULT_1 　　　　　TCC1_PWM_STATUS_MC_0 　　　　　TCC1_PWM_STATUS_MC_1 　　　context：通常は0かNULL

6-3-5 例題によるTCCxの使い方

トレーニングボードを使ってTCCxの関数の使い方を実際の例題で確認してみます。

【例題】プロジェクト名　TCC_PWM

TCC1を2チャネルのSingle slope PWMで動作させ、2個のLED赤（PA10）と緑（PA11）の調光制御を行う。デューティを可変抵抗で0%から100%の範囲で可変する。デューティ変化は赤と緑で逆の動作とする。クロックは48MHzとする。

■MHCによる設定

まずMHCで周辺モジュールを選択します。TCC1、ADCが必要ですから、選択後のProject Graphは図6-3-5となります。

●図6-3-5　例題のProject Graph

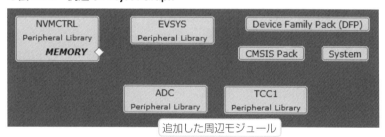

このあとクロックの設定は、メインメニューから［MHC］→［Tools］→［Clock Configuration］と選択してから、［Clock Easy View］タブをクリックして開く画面で設定します。CPUはデフォルトのDFLLの48MHzとし、TCC1、ADCのクロックも同じGCLK0とします。

続いて周辺モジュールの設定です。TCC1の設定は図6-3-4と同じように設定します。これでSingle slope PWMモードになります。ここで周期を4095にしているのは、ADコンバータの値をデューティにしたいので12ビット分解能の最大値4095と同じにするためです。こうすることでデューティを0%から100%まで可変抵抗で可変できるようになります。

ADコンバータの設定は6-2節と同じ図6-2-11のようにします。

6

周辺モジュールの使い方

入出力ピンの設定は、メインメニューから [MHC] → [Tools] → [Pin Configuration] と選択してから、[Pin Settings] のタブをクリックして開く画面で図6-3-6のようにします。ADコンバータの入力は可変抵抗が接続されているPB02 (AIN10) を使います。

TCC1の出力のWO[0]をPA10ピンに、WO[1]をPA11ピンに設定すれば、PWMの出力が赤LEDと緑LEDに接続されることになります。

●図6-3-6　例題の入出力ピンの設定

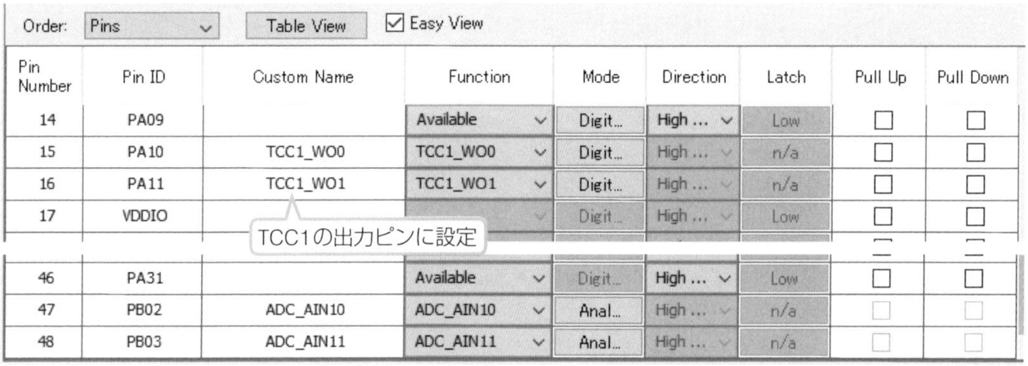

Pin Number	Pin ID	Custom Name	Function		Mode	Direction		Latch	Pull Up	Pull Down
14	PA09		Available	∨	Digit...	High ...	∨	Low	☐	☐
15	PA10	TCC1_WO0	TCC1_WO0	∨	Digit...	High ...		n/a	☐	☐
16	PA11	TCC1_WO1	TCC1_WO1	∨	Digit...	High ...		n/a	☐	☐
17	VDDIO			∨	Digit...	High ...		Low	☐	☐
46	PA31		Available	∨	Digit...	High ...	∨	Low	☐	☐
47	PB02	ADC_AIN10	ADC_AIN10	∨	Anal...	High ...		n/a	☐	☐
48	PB03	ADC_AIN11	ADC_AIN11	∨	Anal...	High ...		n/a	☐	☐

TCC1の出力ピンに設定

■コード生成と修正

設定はこれだけですから、Generateします。コード追加はメイン関数のみで、リスト6-3-1のようになります。

初期化の後、ADコンバータを有効化し、TCC1をスタートします。これだけでTCC1のPWMが出力されます。

メインループでは、可変抵抗の電圧をAD変換し、結果のresultをそのままチャネル0のデューティに設定し、4095 − resultをチャネル1のデューティに設定しています。これで赤と緑のLEDの明るさが反対方向に変化することになります。

このデューティ設定では、関数が用意されていないので、TCC1_Initialize()[*] 関数の内容を参考にして、CC0とCC1レジスタに直接書き込んでいます。

自動生成される初期化
関数。レジスタの初期
設定が実行される。

リスト 6-3-1 **TCCの例題リスト**

```
/**************************************************
* TCC1によるSingle Slope PWMの例題
*    プロジェクト名   : TCC?PWM
  **************************************************/
#include <stddef.h>                      // Defines NULL
#include <stdbool.h>                     // Defines true
#include <stdlib.h>                      // Defines EXIT_FAILURE
#include "definitions.h"                 // SYS function prototypes
/**** グローバル変数 ******/
uint16_t result;
/******* メイン関数 *********/
int main ( void )
{
    SYS_Initialize ( NULL );
    ADC_Enable();                        // ADC有効化
    TCC1_PWMStart();                     // TCC1スタート
    while ( true )
    {
        /**** POTのAD変換******/
        ADC_ChannelSelect(ADC_POSINPUT_PIN10, ADC_NEGINPUT_GND);
        ADC_ConversionStart();
        while(!ADC_ConversionStatusGet());
        result = ADC_ConversionResultGet();   // 変換値取得
        /**** TCC1のデューティ変更 ****/
        TCC1_REGS -> TCC_CC[0] = result;        // CC0セット
        TCC1_REGS -> TCC_CC[1] = 4095 - result; // CC1逆にセット
    }
    return ( EXIT_FAILURE );
}
```

TCC1のPWM出力開始

TCC1のデューティ
設定は逆にする

6-4 RTCの使い方

6-4-1 RTCの概要

RTC（Real Time Clock Calendar）は32ビットのカウンタで、単純なインターバルタイマだけでなく、**実時間を刻むことができるタイマ**となっています。10ビットのプリスケーラも付属しているので、かなりの長時間タイマとしても使うことができ、このインターバルでウェイクアップさせることもできます。

RTCは次の3通りの使い方があります。

- ・1組の32ビットカウンタモード
- ・2組の16ビットカウンタモード
- ・リアルタイムクロックカレンダ*モード

年月日時分秒のカウントが可能。

6-4-2 32ビットタイマモードの構成と設定項目

RTCを32ビットタイマとして使う場合の内部構成と設定内容は図6-4-1のようになります。

●図6-4-1　RTCの内部構成と設定項目（32ビットカウンタモード）

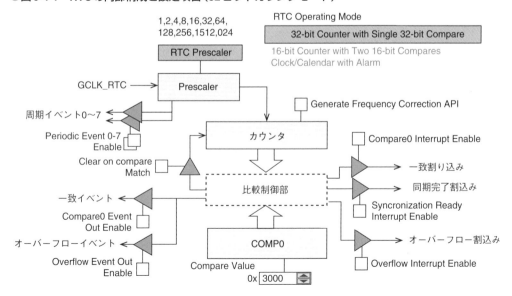

クロック設定で選択、分周設定して生成する。

GCLK_RTC* が入力クロックとなりプリスケーラを経由したあと、カウンタをカウントアップします。カウンタは常時COMP0（Comparator 0）レジスタと比較されていて、一致すると割り込みとイベントを生成し、同時にカウンタを0クリアできます。こうすれば周期的に割り込みを生成します。

このCOMP0レジスタの値をCompare Valueとして設定すれば、任意のインターバルのタイマとして動作します。32ビット長ですから、非常に長時間のタイマが作成できます。

RTCの入力クロックには、通常は内蔵の高精度32.768kHzのクロック（OSC32K）から1.024kHzのクロックを生成して使うことで1msec単位のタイマとして使います。これより短時間の分解能が必要な場合は、32.768kHzを直接入力すれば$30.5\mu sec$の分解能となり、最長36時間のタイマとして使うことができます。

32ビットモードのときのMHCの設定画面は図6-4-2となります。Operation Modeで32-bit Counterを選択すればこのモードになり、割り込みとイベントの有効化を設定し、プリスケーラと比較値を入力すればインターバルが決まります。さらに一致時クリアを指定すれば周期タイマとなります。

●図6-4-2　RTCのMHC設定画面（32ビットカウンタモード）

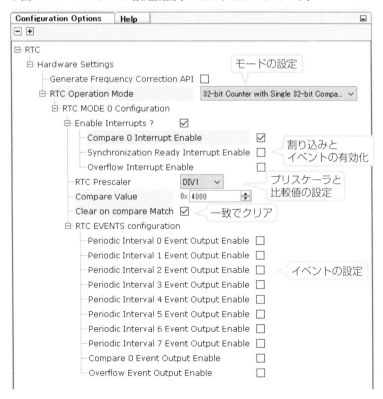

この例では32.768kHzのクロックで周期を0x4000 = 16384にしているので0.5
秒周期という設定になります。

イベント生成では8+2通りのイベントが設定でき、多くの周辺モジュール
をトリガできます。

6-4-3 16ビットタイマモードの構成と設定項目

RTCを2組の16ビットタイマ/カウンタとしても使うことができ、このと
きの内部構成と設定内容は図6-4-3のようになります。

GCLK_RTCクロックの入力で、16ビットのカウンタがカウントアップしま
す。このカウンタは常時2つの16ビットレジスタCOMP0とCOMP1と比較さ
れていて、いずれかが一致すると割り込みとイベントを生成します。

16ビットモードの場合は一致でカウンタをクリアする機能はなく、代わり
にカウンタの周期を設定する周期レジスタ（PER）があります。周期レジスタ
と一致で0からカウントを再開し、オーバーフロー割り込みとオーバーフロー
イベントを生成します。

● 図6-4-3 RTCの内部構成と設定項目（16ビットカウンタ）

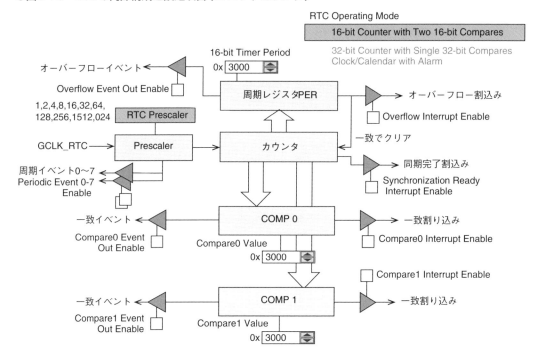

　16ビットモード時のMHCの設定画面は図6-4-4のようになります。

　Operation Modeで16-bit Counterを選択すれば16ビットカウンタモードとなります。割り込みは一致割り込みが2つになります。あとは周期と2つの比較値を設定すればインターバルタイマとして動作させることができます。

●図6-4-4　RTCのMHC設定画面（16ビットカウンタモード）

　32ビットまたは16ビットカウンタモードの場合、MHCで設定後自動生成されるRTC用制御関数には表6-4-1のようなものがあります。16ビット用と32ビット用で同じ関数がそれぞれ生成されます。これ以外の関数もありますが、通常使う関数のみとしています。

▼ 表6-4-1　RTCのタイマモード制御関数一覧

関数名	機能と書式
RTC_Timer16Start RTC_Timer32Start	RTC 16/32ビットタイマの動作を開始する 《書式》void RTC_Timer16Start (void);
RTC_Timer16Stop RTC_Timer32Stop	RTC 16/32ビットタイマの動作を停止する 《書式》void RTC_Timer16Stop (void);
RTC_Timer16CounterSet RTC_Timer32CounterSet	RTCのカウンタに値をセットする 《書式》void RTC_Timer16CounterSet (uint16_t count); 　　　count：セットする値
RTC_Timer16PeriodSet	RTCの周期レジスタに周期値を設定する 《書式》void RTC_Timer16PeriodSet (uint16_t period); 　　　period：周期設定値（0 〜 65535）
RTC_Timer16CounterGet RTC_Timer32CounterGet	RTCのカウンタ現在値を読み出す 《書式》uint16_t RTC_Timer16CounterGet (void); 　　　戻り値：カウント値
RTC_Timer16PeriodGet RTC_Timer32PeriodGet	周期レジスタの現在値を読み出す 《書式》uint16_t RTC_Timer16PeriodGet (void); 　　　戻り値：周期値
RTC_Timer16Compare0Set RTC_Timer32CompareSet	比較レジスタ0に値を書き込む 《書式》void RTC_Timer16Compare0Set(uint16_t comparisionValue); 　　　comparisonValue：書き込む（0 〜 65535）
RTC_Timer16Compare1Set	比較レジスタ1に値を書き込む 《書式》void RTC_Timer16Compare1Set(uint16_t comparisionValue); 　　　comparisonValue：書き込む値（0 〜 65535）
RTC_Timer16CallbackRegister RTC_Timer32CallbackRegister	RTCの割り込み処理関数を定義する 《書式》void RTC_Timer16CallbackRegister (RTC_TIMER16_CALLBACK callback, 　　　uintptr_t context); 　　　callback：割り込み処理関数名 　　　context：NULLか0
Callback関数	ユーザー割り込み処理関数 《書式》void RTC_ISR(RTC_TIMER32_INT_MASK intCause, uintptr_t context); 　　　intCause：下記のいずれかが代入される 　　　　　RTC_TIMER32_INT_MASK_COMPARE_MATCH = 0x0001 　　　　　RTC_TIMER32_INT_MASK_COUNTER_OVERFLOW = 0x0080

6-4-4　例題によるRTCカウンタモードの使い方

実際の例題でRTCのカウンタモードの関数の使い方を説明します。

【例題】プロジェクト名　RTC_Timer

トレーニングボードを使用して、RTCを32ビットカウンタモードで、0.5秒周期の割り込みを生成し、緑LEDを点滅させる。CPUクロックは48MHzとし、RTCのクロックは32.768kHzとする。

■MHCによる設定

まずMHCでRTCモジュールを選択します。これでProject Graphは図6-4-5となります。

●図6-4-5　例題のProject Graph

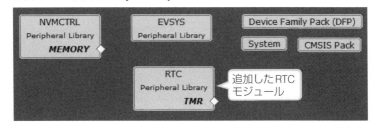

次にクロック設定で、CPUはデフォルトでDFLLの48MHzとなります。RTCのクロック源は常時発振しているOSCULP32Kの32.768kHzとします。

次にRTCは図6-4-2の32ビットカウンタとして設定します。比較値に0x4000＝16384を設定しているので、32768Hz÷16384＝2Hz　つまり0.5秒周期の設定となります。

最後に入出力ピンの設定ですが、これまでの例題と同じRedとGreenのLEDの設定だけです。

■コード生成と修正

作成したテストプログラムのメイン関数部がリスト6-4-1となります。

最初に割り込み処理関数がありますが、ここでは割り込みの種類を判定してから緑LEDを反転させています。割り込みの種類は一致かカウントオーバーフローかの2種類です。

メイン関数部では、RTCの割り込み処理関数を定義してから、RTCを32ビットカウンタモードでスタートさせているだけです。

6

周辺モジュールの使い方

リスト 6-4-1 **RTCの32ビットカウンタモードの例題プログラム**

```
/****************************************************
*  RTCの32ビットカウンタモードのテスト
*     プロジェクト名  RTC_Timer
    ****************************************************/
#include <stddef.h>        // Defines NULL
#include <stdbool.h>       // Defines true
#include <stdlib.h>        // Defines EXIT_FAILURE
#include "definitions.h"   // SYS function prototypes
/********* RTC割り込み処理関数 **********/
void RTCTimer_ISR(RTC_TIMER32_INT_MASK intCause, uintptr_t context){
    if(intCause & RTC_TIMER32_INT_MASK_COMPARE_MATCH){
        Green_Toggle();
    }
}
/******* メイン関数 **********/
int main ( void )
{
    SYS_Initialize(NULL);
    RTC_Timer32CallbackRegister(RTCTimer_ISR,(uintptr_t) NULL);
    RTC_Timer32Start();
    while ( true )
    {
    }
    return ( EXIT_FAILURE );
}
```

6-4-5 クロックカレンダモードの構成と設定項目

RTCをクロックカレンダモードとした場合の機能と特徴は次のようになります。

カレンダモードではこの値に限定される。

- クロックは内蔵高精度32.768kHz発振器から1.024kHz*を生成して供給
- 年月日、時分秒をカウント、うるう年自動判定
  - 年のカウント開始年を4の倍数年に設定する必要がある
  - デフォルトカウント開始年は1900年1月1日
  - 月は1月を1としてカウントアップ、日も1日を1としてカウント
- 年月日、時分秒を読み書き可能
- 32ビットのALARM設定レジスタでアラーム時刻を設定
  - マスクで指定範囲を限定、その範囲で比較して一致で割り込み生成

RTCのクロックカレンダモード時の内部構成と設定項目は図6-4-6となります。GCLK_RTCには1.024kHzクロックを入力しプリスケーラで1/1024分周して1Hz*とします。カウンタ部で年月日時分秒をカウントし、ALARM0とMASKレジスタ*で設定されたアラーム時刻と常時比較されていて、一致すると割り込みとイベントを生成します。

カレンダモードでは限定される。

32ビットで年月日時分秒をすべて指定する。

RTCにはクロックパルスの周波数自動補正機能があり、パルス数が多い場

合や少ない場合には、パルスをスキップしたり補充したりすることでデジタル的に補正しています。

●図6-4-6　RTCの内部構成と設定項目（クロックカレンダモード）

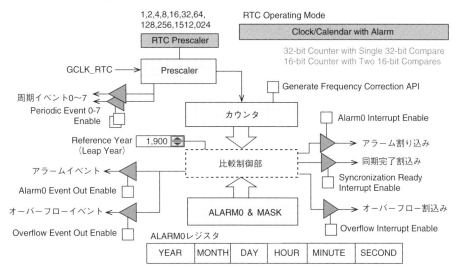

RTCのクロックカレンダモードのMHCの設定画面は図6-4-7のようになります。Operation ModeでClock/Calendarを指定すればクロックカレンダモードになります。

●図6-4-7　RTCのMHC設定画面（クロックカレンダモード）

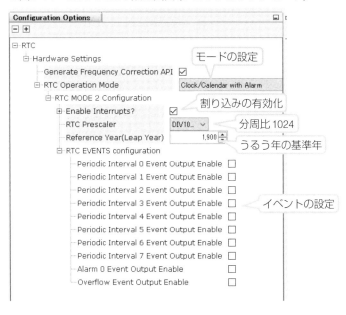

6

周辺モジュールの使い方

187

最初のCorrection APIにチェックを入れると自動補正用の関数を生成します。Reference Yearには年のカウントの基準年を設定します。年はここからカウントアップし、4年ごとにうるう年と判定するので、基準年には2000年などの4の倍数年を設定する必要があります。

クロック分周比はクロック入力を1.024kHzとするので、1024分周とします。

構造体
型の異なるデータをひとまとめにして扱う方法。

MHC設定後生成されるRTC用関数は表6-4-2のようになります。

時刻データは構造体*で定義されているので、ここに値をセットする必要があります。

▼表6-4-2　RTC制御用関数一覧（クロックカレンダモード）

関数名	機能と書式
RTC_FrequencyCorrect	RTCの自動クロック補正機能 《書式》void RTC_FrequencyCorrect(int8_t correction);

RTC_RTCCTimeSet	RTCに時刻を設定する
	《書式》bool RTC_RTCCTimeSet(struct tm * initialTime);
	　　　　 tm構造体は下記となっている
	　　　　 struct tm{
	　　　　　　 int　　 tm_sec;
	　　　　　　 int　　 tm_min;
	　　　　　　 int　　 tm_hour;
	　　　　　　 int　　 tm_mday;
	　　　　　　 int　　 tm_mon;
	　　　　　　 int　　 tm_year;
	　　　　　　 int　　 tm_wday;
	　　　　　　 int　　 tm_yday;
	　　　　　　 int　　 tm_isdst;
	　　　　　 #ifdef_TM_GMTOFF
	　　　　　　　 long_TM_GMTOFF;
	　　　　　 #endif
	　　　　　 #ifdef_TM_ZONE
	　　　　　　　 const char*_TM_ZONE;
	　　　　　 #endif
	　　　　 };

RTC_RTCCTimeGet	RTCの時刻を読み出す、結果はtm構造体にセットされる 《書式》void RTC_RTCCTimeGet(struct tm * currentTime); 　　　　 currentTime：読み出す時刻を格納する構造体
RTC_RTCCAlarmSet	RTCのアラーム時刻を設定する 《書式》bool RTC_RTCCAlarmSet(struct tm * alarmTime, RTC_ALARM_MASK mask); 　　　　 alarmTime：アラーム時刻の構造体のポインタ 　　　　 mask：一致検出用マスク 　　　　　 マスクは下記のいずれかの値 　　　　　 RTC_ALARM_MASK_SS　　　　　　　 //Alarm every minute 　　　　　 RTC_ALARM_MASK_MMSS　　　　　　 //Alarm every Hour 　　　　　 RTC_ALARM_MASK_HHMMSS　　　　　 //Alarm Every Day 　　　　　 RTC_ALARM_MASK_DDHHMMSS　　　　 //Alarm Every Month 　　　　　 RTC_ALARM_MASK_MMDDHHMMSS　　　 //Alarm Every year 　　　　　 RTC_ALARM_MASK_YYMMDDHHMMSS　　 //Alarm Once

関数名	機能と書式
RTC_RTCCCallbackRegister	RTCの割り込み処理関数を定義する 《書式》void RTC_RTCCCallbackRegister(RTC_CALLBACK callback, uintptr_t context); 　　　callback：割り込み処理関数名 context：NULLか0
Callback関数	ユーザー割り込み処理関数 《書式》void RTC_ISR(RTC_CLOCK_INT_MASK intCause, uintptr_t context); 　　　intCause：下記のいずれかが代入される 　　　　RTC_CLOCK_INT_MASK_ALARM = 0x0001, 　　　　RTC_CLOCK_INT_MASK_YEAR_OVERFLOW = 0x0080

6-4-6　例題によるRTCクロックカレンダモードの使い方

実際の例題でRTCのクロックカレンダモードの使い方を説明します。

> **【例題】プロジェクト名　RTC_Clock**
>
> 　トレーニングボードを使用して、RTCをクロックカレンダモードとして動作させ、TC3の5秒周期でRTCから現在時刻を読み出しUARTで送信する。
> 　CPUクロックは48MHzとし、通信速度は115.2kbpsとする。送信フォーマットは　yyyy/mm/dd　hh:mm:ss　とする。

■MHCによる設定

　まずMHCで必要な周辺モジュールを追加します。ここではTC3、RTC、SERCOM3*となります。追加後のProject Graphが図6-4-8となります。

トレーニングボードではUARTとして使うのはSERCOM3。

●図6-4-8　例題のProject Graph

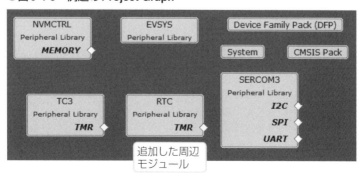

6

周辺モジュールの使い方

クロック設定の詳細は
5-4-1項を参照

クロック[*]はメインメニューから[MHC]→[Tools]→[Clock Configuration]
と選択してから、[Clock Easy View]タブをクリックして開く画面でCPUと
SERCOM3にはDFLLの48MHzを供給し、RTCにはGCLK1で内蔵32.768kHz
（OSC32K）を32分周して1.024kHzを生成して供給します。またTC3用には
GCLK2で48MHzを24分周して2MHzを供給します。

次に周辺モジュールの設定です。RTCの設定は図6-4-7と同じとします。

SERCOM3の設定は単純な115.2kbpsでの通信ですので、図6-4-9のようにし
ます。この詳細は6-6節を参照してください。

●図6-4-9　SERCOM3の設定

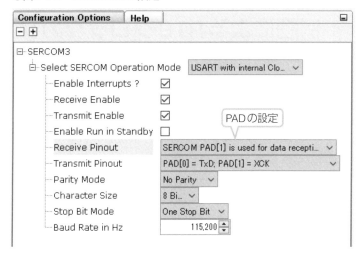

TC3は5秒周期なので図6-4-10のようにします。

●図6-4-10　TC3の設定

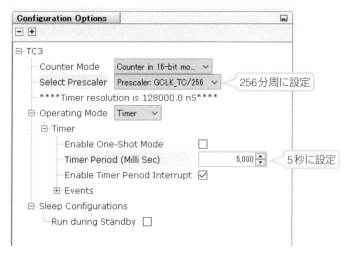

　入出力ピンの設定は、メインメニューから[MHC]→[Tools]→[Pin Configuration]と選択してから、[Pin Settings]のタブをクリックして開く画面で図6-4-11のように設定します。LEDとSERCOM3関連のみとなります。

●図6-4-11　入出力ピンの設定

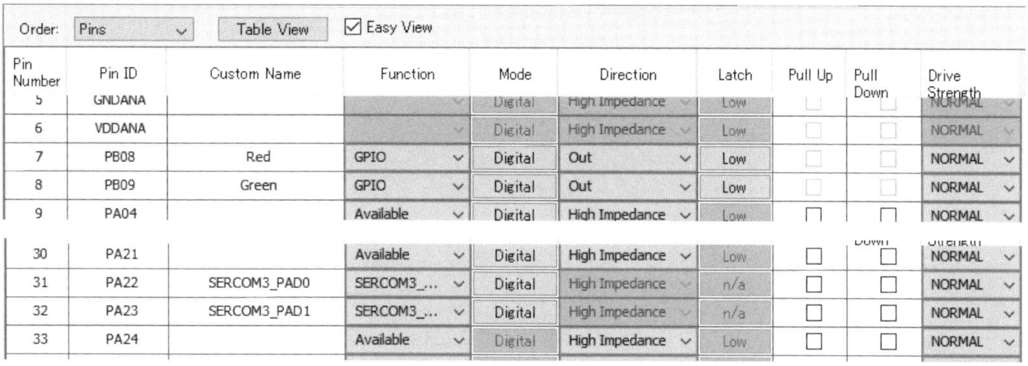

Pin Number	Pin ID	Custom Name	Function	Mode	Direction	Latch	Pull Up	Pull Down	Drive Strength
5	GNDANA			Digital	High Impedance	Low			NORMAL
6	VDDANA			Digital	High Impedance	Low			NORMAL
7	PB08	Red	GPIO	Digital	Out	Low			NORMAL
8	PB09	Green	GPIO	Digital	Out	Low			NORMAL
9	PA04		Available	Digital	High Impedance	Low			NORMAL
30	PA21		Available	Digital	High Impedance	Low	☐	☐	NORMAL
31	PA22	SERCOM3_PAD0	SERCOM3_…	Digital	High Impedance	n/a	☐	☐	NORMAL
32	PA23	SERCOM3_PAD1	SERCOM3_…	Digital	High Impedance	n/a	☐	☐	NORMAL
33	PA24		Available	Digital	High Impedance	Low	☐	☐	NORMAL

（Order: Pins　Table View　☑ Easy View）

6
周辺モジュールの使い方

■コード生成と修正

　これでGenerate後に作成したメイン関数がリスト6-4-2となります。

設定は自由。

　最初に変数として時刻の初期値とアラーム設定用の時刻を定義していますが、ここは任意の時刻*で構いません。アラームは時分秒のみで比較するようにしています。

アラーム動作の確認用メッセージ。

　続いてRTCとTC3の割り込み処理関数で、RTCではアラームメッセージ*を出力しているだけで、TC3の方はFlagをセットしているだけです。

　メイン関数ではRTCとTC3の割り込み処理関数を定義し、時刻初期値とアラーム時刻を設定してからTC3をスタートしています。

時間の設定は自由。

　メインループでは5秒*ごとにRTCの現在時刻を読み出し、文字列に編集してからUARTでパソコンに送信しています。

リスト　6-4-2　メイン関数のリスト

```
/************************************************************************
 *  RTCのクロックカレンダモードのテストプログラム
 *      時刻を USART で送信する        RTC_Clock
 ************************************************************************/
#include <stddef.h>                      // Defines NULL
#include <stdbool.h>                     // Defines true
#include <stdlib.h>                      // Defines EXIT_FAILURE
#include "definitions.h"                 // SYS function prototypes
#include <string.h>
#include <stdio.h>
volatile uint8_t Flag;
/** 時刻設定用構造体データ ***/
struct tm DateTime = {0,55,15,26,11,0,0,0,0};
struct tm AlarmTime = {10,59,15,0,0,0,0};
```

Sprintf用

時刻の初期値

アラーム時刻

191

```
                            /** 送信メッセージ **/
                            char Mesg[32];
                            char Alarm[] = "¥r¥n.....Alarm!!!!......";
                            /****** RTC割り込み処理関数 *******/
アラーム割り込み処理 ▷       void RTC_ISR(RTC_CLOCK_INT_MASK intCause, uintptr_t context ){
                                if(intCause & RTC_CLOCK_INT_MASK_ALARM){
                                    Red_Set();                      // アラーム目印点灯
                                    SERCOM3_USART_Write(Alarm, strlen(Alarm));
                                }
                            }
                            /*** TC3割り込み処理関数 ****/
5秒周期割り込み処理 ▷        void TC3_ISR(TC_TIMER_STATUS status, uintptr_t context){
                                Flag = 1;                           // 5秒フラグセット
                            }
                            /********** メイン関数 ***************/
                            int main ( void )
                            {
                                SYS_Initialize ( NULL );            // システム初期化
                                Red_Clear();                        // アラーム目印消灯
                                /** 割り込み処理関数登録 **/
割り込み処理関数定義 ▷       RTC_RTCCCallbackRegister(RTC_ISR, (uintptr_t) NULL);
                                TC3_TimerCallbackRegister(TC3_ISR, (uintptr_t) NULL);
                                /** RTC時刻設定 **/
初期値とアラーム時刻          RTC_RTCCTimeSet(&DateTime);         // 初期時刻
の設定                       RTC_RTCCAlarmSet(&AlarmTime,  RTC_ALARM_MASK_HHMMSS);
                                TC3_TimerStart();                   // TC3スタート
                                Flag = 1;                           // フラグセット
                                /***** メインループ ******/
                                while ( true )
                                {
                                    if(Flag == 1){                  // 5秒フラグ待ち
                                        Flag = 0;                   // フラグリセット
5秒ごとに現在時刻              Green_Toggle();                 // 目印反転
読み出し                         RTC_RTCCTimeGet(&DateTime); // 現在時刻取得
                                        /** 時刻送信 ****/
文字列に編集 ▷                sprintf(Mesg, "¥r¥nCurrent Time = %04d/%02d/%02d %02d:%02d:%02d",
                                            DateTime.tm_year+2019, DateTime.tm_mon, DateTime.tm_mday,
                                            DateTime.tm_hour, DateTime.tm_min, DateTime.tm_sec);
PCに送信 ▷                    SERCOM3_USART_Write(Mesg, strlen(Mesg)); // 送信実行
                                    }
                                }
                                return ( EXIT_FAILURE );
                            }
```

　このテストプログラムの実行結果が図6-4-12となります。5秒ごとに時刻を
出力し、15:59:10でアラームが発生していることが確認できます。

●図6-4-12　テストプログラムの実行結果

6-5 SERCOMの機能と特徴

6-5-1 SERCOMの機能と特徴

SERCOM（Serial Communication Interface）はSAMファミリのシリアル通信用のモジュールで、次のような特徴を持っています。SAMD21シリーズには最大6組のSERCOMが実装されています。

- ・ どのSERCOMも設定により次のように構成可能
  - $-\text{I}^2\text{C}$ ……… 2線式シリアル通信　マスタ/スレーブ
  - $-\text{SMBus}^*$ … System Management Busに対応
  - $-\text{SPI}$ ……… 3/4線式シリアル通信　マスタ/スレーブ
  - $-\text{USART}$ … 同期/非同期シリアル通信
- ・ 受信バッファは2段　送信バッファは1段
- ・ ボーレートジェネレータ内蔵　クロックは内蔵、外部いずれも可能
- ・ マスク付きアドレス一致検出*機能（SPIとI^2C）
- ・ DMAを使用可能
- ・ 16バイトのFIFO*内蔵

ただしHarmony v3でサポートされているのは、下記の3つでマスタ動作のみとなっています。

- ・ UART
- ・ I^2Cマスタ
- ・ SPIマスタ

SMBus
I^2Cの派生で主に電源管理用に使われる。

アドレス一致検出機能
スレーブの場合に必要な機能。

FIFO
First In First Out
先入れ先出しのバッファ。

6-5-2　SERCOMのピン割り付け

MHCの入出力ピン設定で行う。

　　SERCOMの入出力ピンはそれぞれPAD[0]からPAD[3]ですが、実際の入出力ピンへの割り付け*にはある程度制限があり、完全に自由にはなっていません。

　　割り付けできるピンは、SAMD21G18Aでは表6-5-1のようになっています。表の中の横方向に連続で並んでいる4ピンが使えるものと、2ピンしか使えないものがあるため、USART、I²C、SPIでうまくピンを配分する必要があります。

▼表6-5-1　SERCOMのピン割り付け一覧表（SAMD21G18Aの場合）

項目	PAD[0]	PAD[1]	PAD[2]	PAD[3]
SERCOM0	PA04 PA08	PA05 PA09	PA06 PA10	PA07 PA11
SERCOM1	PA00 PA16 PA30	PA01 PA17 PA31	PA18	PA19
SERCOM2	PA08 PA12	PA09 PA13	PA10 PA14	PA11 PA15
SERCOM3	PA16 PA22	PA17 PA23	PA18 PA20 PA24	PA19 PA21 PA25
SERCOM4	PB08 PB12 PA12	PB09 PB13 PA13	PB10 PB14 PA14	PB11 PB15 PA15
SERCOM5	PA22 PB02	PA23 PB03	PA20 PA24 PB22	PA21 PA25 PB23

6

周辺モジュールの使い方

195

SERCOM USARTの使い方

SERCOM を USART* (Universal Synchronous Asynchronous Receiver Transmitter)用に使った場合の機能と特徴は次のようになっています。

- 全二重動作*可能
- 同期式*と非同期式(調歩同期方式)のいずれも可能
   (ただしHarmony v3では非同期のみのサポートとなっている)
- 内蔵クロックと外部クロックいずれも可能なボーレート生成器内蔵
- データビットは5から9ビット、ストップビットは1か2ビット
- 奇偶数パリティ*生成とチェック可能
- データ送受をLSBからかMSBからかの指定が可能
- バッファオーバーフローとフレーミングエラーチェック
- デジタルローパスフィルタによるノイズ対策あり
- 衝突検出あり
- 外部クロックの場合はスリープ中も動作
- RTS*とCTS*によるハードウェアフロー制御可能
- IrDA*対応　115.2kbpsまで
- DMA動作可能

6-6-1 内部構成と設定

　SERCOM を USART モードで使う場合の内部構成と設定項目は、図6-6-1のようになります。送信制御部と受信制御部でそれぞれ送受信動作を実行します。それぞれがEnable/Disableできるようになっています。また通信速度はBaud Generatorに設定されたBaud Rate値で決まります。あとはデータ長、ストップビット長、パリティの設定をします。割り込みのEnable/Disableもできます。
　Baud Generatorのクロック源には内蔵クロック(GCLK)か外部クロック(XCK)を選択できます。
　実際の通信の方法には、割り込みを使ったバイト単位の方法と、割り込みを使わないでデータをバッファ単位で扱う方法があります。さらにこのバッファ方式のときには、終了まで待つブロッキング方式と、待たないノンブロッキング方式の両方の方法があります。

●図6-6-1　SERCOM USARTモード時の構成と設定項目

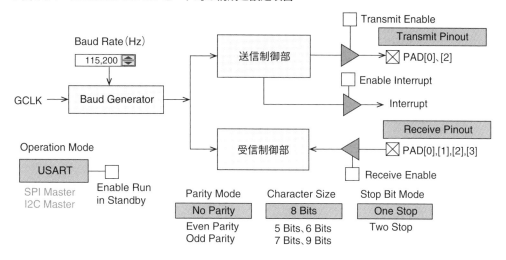

MHCの設定では、SERCOM1をUARTモードにした場合の設定画面は図6-6-2のようになります。

図6-6-1の設定項目がすべて含まれていますが、内蔵クロックによる非同期式のみとなっていて、外部クロックや同期式は設定できません。

実際に使うピンの設定はPAD[0]からPAD[3]の範囲で設定できますが、あらかじめある程度選択できるピンが決められているので、その範囲内で選択する必要があります。この詳細は表6-5-1を参照してください。

●図6-6-2　SERCOMのUARTモード時の設定画面

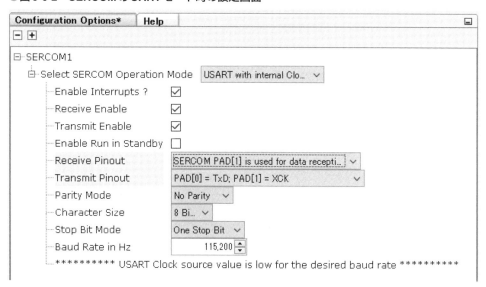

6-6-2 自動生成される関数の使い方

MHCでSERCOMをUSARTモードで設定後自動生成される関数は、表6-6-1のようになっています。初期化に関連する関数はMHCがプログラムとして自動生成するので、表には実際の送受信で使う関数のみとなっています。

▼表6-6-1　USART用関数（xは0から5のいずれか）

関数名	機能と書式
SERCOMx_USART_Read	割り込み使用ではノンブロッキングで指定サイズ受信完了でCallbackを呼ぶ。割り込みを使わないときはブロッキングで指定サイズ受信完了後に戻る 《書式》bool SERCOMx_USART_Read(void * buffer, const size_t size); 　　　buffer：受信データ格納バッファのポインタ 　　　size：受信データバイト数
SERCOMx_USART_Write	割り込み使用ではノンブロッキングで指定サイズ送信完了後にCallbackが定義されていればCallbackを呼び、未定義であれば戻るのみ。割り込みを使わないときはブロッキングで指定サイズ送信完了後に戻る 《書式》bool SERCOMx_USART_Write(void * buffer, const size_t size); 　　　buffer：送信データ格納バッファのポインタ 　　　size：送信データバイト数
SERCOMx_USART_ReadByte	割り込みを使わないとき1バイト受信データ取り出し 先に受信レディーをチェックする必要がある 《書式》int SERCOMx_USART_ReadByte(); 　　　戻り値：受信データ
SERCOMx_USART_WriteByte	割り込みを使わないとき1バイト送信 先に送信レディーをチェックする必要がある 《書式》void SERCOMx_USART_WriteByte(int data);data：送信データ
SERCOMx_USART_ReadIsBusy	受信完了のチェック 《書式》bool SERCOMx_USART_ReadIsBusy(); 　　　戻り値：True/False
SERICOMx_USART_WriteIsBusy	送信完了のチェック 《書式》bool SERCOMx_USART_WriteIsBusy(); 　　　戻り値：True/False
SERCOMx_USART_ErrorGet	受信中のエラー有無のチェック 《書式》USARTx_ERROR ERCOMx_USART_ErrorGet(); 　　　戻り値：下記のいずれか 　　　　　USART_ERROR_NONE　正常 　　　　　USART_ERROR_PARITY 　　　　　USART_ERROR_FRAMING 　　　　　USART_ERROR_OVERRUN
SERCOMx_USART_ReceiverIsReady	割り込みを使わないときの受信レディーのチェック 《書式》bool SERCOMx_USART_ReadIsBusy(); 　　　戻り値：True/False

関数名	機能と書式
SERCOMx_USART_TransmitterIsReady	割り込みを使わないときの送信レディーのチェック 《書式》bool SERCOMx_USART_TransmitterIsReady(); 　　　戻り値：True/False
SERCOMx_USART_WriteCallbackRegister	送信割り込みのCallback関数の定義 《書式》void SERCOM3_USART_WriteCallbackRegister(SERCOM_USART_ 　　　CALLBACK callback, uintptr_t context) 　　　callback：割り込み処理関数名 　　　context：パラメータ　通常は0かNULL
SERCOMx_USART_ReadCallbackRegister	受信割り込みのCallback関数の定義 《書式》void SERCOM3_USART_ReadCallbackRegister(SERCOM_USART_ 　　　CALLBACK callback, uintptr_t context) 　　　callback：割り込み処理関数名 　　　context：パラメータ　通常は0かNULL
割り込み処理関数	割り込み処理関数の書式（関数名は任意） 《書式》void UART_ISR(uintptr_t context) 　　　context：パラメータ　通常は0かNULL

　これらの関数の使い方には、割り込みを使う場合と、割り込みを使わない場合があり、さらに割り込みを使わない場合にはブロッキング方式かノンブロッキング方式かに分かれています。実際には次のように使います。

1 割り込みを使わないバイト単位の送受信の場合

　この場合には、送受信ともに事前にレディーチェックをする必要があります。USARTのテストをするような場合に使います。

```
char rxData;            // バッファの確保
char txData = 'A';

int main(void)
{
    if(SERCOM0_USART_ReceiverIsReady() == true) {
        rxData = SERCOM0_USART_ReadByte();
    }
        ----
    if(SERCOM0_USART_TransmitterIsReady() == true) {
        SERCOM0_USART_WriteByte(txData);
    }
}
```

2 割り込みを使わないブロック送信の場合

　ブロッキング方式では、すべて送信完了するまで送信を繰り返し、送信終了で戻ります。

```
char myData[6] = {"hello"};

int main(void)
```

周辺モジュールの使い方

```
{
    /* 6バイト送信実行 */
    SERCOM0_USART_Write(&myData, 6);
}
```

3 割り込みを使わないブロック受信の場合

指定バイト数まで受信を繰り返し、完了で戻ります。戻ったあと途中でエラーが発生したかどうかをチェックする必要があります。

```
char readBuffer[10];

int main(void)
{

    SERCOM0_USART_Read(&readBuffer, 10);

    /* 受信完了まで待つ */
    while(SERCOM0_USART_ReadIsBusy());
    if(SERCOM0_USART_ErrorGet() != USART_ERROR_NONE) { // エラーチェック
        // 受信エラー処理
    }
    else {
        // 正常受信完了 受信データ数をチェックして完了チェック
    }
}
```

4 割り込みを使うノンブロッキング受信の場合

1バイト受信ごとに割り込みが生成され、指定バイト数受信完了でcallback関数が呼ばれます。

```
char readBuffer[10];     // バッファの確保

void SERCOM0_USART_Callback(uintptr_t context)   // Calback関数
{
    if(SERCOM0_USART_ErrorGet() != USART_ERROR_NONE) {
        // エラー処理
    }
    else {
        // 指定バイト数正常受信完了
    }
}

int main (void){
    /* Read用Callback関数の定義*/
    SERCOM0_USART_ReadCallbackRegister(SERCOM0_USART_Callback, (uintptr_t)NULL);
    -----
    /* 10バイトのデータ受信要求 */
    SERCOM0_USART_Read(&readBuffer, 10);
}
```

6-6-3 例題によるSERCOM USARTの使い方

実際にUSARTを使う際には、多くの場合割り込みを使います。特に受信はいつ送られてくるかわからないので、割り込みで待つことになります。この実際の使い方を例題で説明します。

【例題】プロジェクト名　USART

トレーニングボードでSERCOM3をUARTモードで使い、受信に割り込みを使って3文字受信する。受信文字がABCかabcならAからZまでを返送し、123だったら文字1から0までを返送する。それ以外のときは??を返送する。通信速度は115.2kbpsとする。

■MHCによる設定

まず、MHCで必要な周辺モジュールを追加します。この例題ではSERCOM3だけとなります。

次にクロック設定は、メインメニューから［MHC］→［Tools］→［Clock Configuration］と選択してから、［Clock Easy View］タブをクリックして開く画面で設定します。CPUはデフォルトのDFLLの48MHzとし、SERCOM3も同じGCLK0とします。

次にSERCOM3の設定は図6-6-2と全く同じ設定とします。これで割り込みを使って115.2kbpsの通信速度で動作します。

入出力ピンの設定は、メインメニューから［MHC］→［Tools］→［Pin Configuration］と選択してから、［Pin Settings］のタブをクリックして開く画面で、図6-6-3のように設定します。SERCOM3の送受信の2ピン*のみの設定となります。

トレーニングボードの
回路図に合わせる。

●図6-6-3　入出力ピンの設定

Pin Number	Pin ID	Custom Name	Function	Mode	Direction	Latch	Pull Up	Pull Down
29	PA20		Available	Digit...	High ...	Low	☐	☐
30	PA21		Available	Digit...	High ...	Low	☐	☐
31	PA22	SERCOM3_PAD0	SERCOM3_P...	Digit...	High ...	n/a	☐	☐
32	PA23	SERCOM3_PAD1	SERCOM3_P...	Digit...	High ...	n/a	☐	☐
33	PA24		Available	Digit...	High ...	Low	☐	☐
34	PA25		Available	Digit...	High ...	Low	☐	☐
35	GNDIO			Digit...	High ...	Low	☐	☐

（Order: Pins　Table View　☑ Easy View）

.age｜Project Graph｜Clock Easy View｜Pin Diagram｜Pin Table｜Pin Settings｜main.c

6

周辺モジュールの使い方

■コード生成と追加

これでMHCの設定は完了ですからGenerateします。

コード追加はメイン関数のみとなり、リスト6-6-1のようになります。

最初に変数を定義しています。**Flag**変数は割り込み処理関数とメイン関数で共有するので**volatile**修飾を追加しています。これを追加しないとコンパイルエラーとなってしまうので要注意です。

このあと受信の割り込み**Callback**関数を記述しています。ここでは3文字受信完了で**Flag**をセットしているのみです。1文字ごとに割り込みは入りますが、3文字完了までは**callback**は呼ばれません。したがって常に3文字を組み*で入力する必要があります。

送信の方は、**Callback**関数は未定義としておきます。次の処理に移る前に送信終了チェックで待つ必要があります。

次に、メイン関数の最初でこの受信**Callback**関数を定義してから最初の3文字受信処理に入ります。開始メッセージを送信してから3文字受信を実行しています。これで受信が開始されます。

メインループでは、3文字受信終了の**Flag**がセットされるのを待ちます。セットされていないときは他の処理が実行できます。**Flag**がセットされていたら、受信バッファの中身をチェックして**ABC**か**abc**か**123**かその他かで、それぞれのメッセージを送信します。送信完了で、受信バッファをクリアしてから次の3文字受信に入ります。クリアしないと前に4文字以上受信した場合に残ってしまい、次から一致判定ができなくなってしまいます。

3文字以下の途中でも記憶しているので、間を開けた場合でも、そのまま続きの処理として扱われる。

リスト 6-6-1 SERCOMのUSARTモード時の例題リスト

```
/*******************************************************
*   SERCOM USARTモードの例題      USART
*    3文字受信し折り返し   折り返し
*    ABCならAからZまで、123なら1から0までを返送する
*******************************************************/
#include <stddef.h>                         // Defines NULL
#include <stdbool.h>                        // Defines true
#include <stdlib.h>                         // Defines EXIT_FAILURE
#include "definitions.h"                    // SYS function prototypes
#include <string.h>
/** グローバル変数 **/
char readBuffer[10];
volatile int Flag;
char StMsg[] = "\r\nInput = ";
char Alpha[] = "ABCDEGHIJKLMNOPQRSTUVWXYZ";
char Number[] = "1234567890";
char ErrMsg[] = "??";
/**** 受信割り込みCallback関数 *****/
void SERCOM3_USART_Callback(uintptr_t context){
    if(SERCOM3_USART_ErrorGet() != USART_ERROR_NONE){
        SERCOM3_USART_Initialize();           // エラーなら再初期化
    }
```

```
        else
            Flag = 1;        // 正常に3文字受信した場合　フラグセット
}
/******* メイン関数 *********/
int main ( void ){
    /* 初期化s */
    SYS_Initialize ( NULL );
    SERCOM3_USART_ReadCallbackRegister(SERCOM3_USART_Callback, (intptr_t) NULL);
    /*** 最初の受信実行 ****/
    SERCOM3_USART_Write(StMsg, 10);                        // 開始メッセージ送信
    while(SERCOM3_USART_WriteIsBusy() == true);            // 送信完了待ち
    SERCOM3_USART_Read(readBuffer, 3);                     // 3文字受信
    /**** メインループ *******/
    while ( true ) {
        if(Flag == 1){                                     // 3文字受信完了待ち
            Flag = 0;                                      // フラグクリア
            if((strncmp(readBuffer, "ABC", 3)== 0) ||
                    (strncmp(readBuffer, "abc", 3)==0))    // ABC受信の場合
                SERCOM3_USART_Write(Alpha, 26);            // 英文字送信
            else if(strncmp(readBuffer, "123", 3)==0)      // 123受信の場合
                SERCOM3_USART_Write(Number, 10);           // 数字送信
            else                                           // その他受信の場合
                SERCOM3_USART_Write(ErrMsg, 2);            // エラーメッセージ送信
            while(SERCOM3_USART_WriteIsBusy() == true);    // 送信完了待ち
            /** 次の受信繰り返し ***/
            readBuffer[0] = 0;                             // 受信バッファクリア
            SERCOM3_USART_Write(StMsg, 10);                // 開始メッセージ送信
            while(SERCOM3_USART_WriteIsBusy() == true);    // 送信完了待ち
            SERCOM3_USART_Read(readBuffer, 3);             // 3文字受信
        }
        else{
            // 他にすべきこと実行
        }
    }
    return ( EXIT_FAILURE );
}
```

6

周辺モジュールの使い方

6-7 SERCOM I²C の使い方

6-7-1 SERCOM の I²C モードの機能と特徴

I²C
Inter-Integrated Circuit
フィリップス社が提唱した周辺デバイスとのシリアル通信方式。1つのマスタで複数のスレーブデバイスと通信できる。

SMBus
System Management Bus

PMBus
Power Management Bus
デジタル電源制御管理用の通信インターフェース。I²Cの派生形。

スルーレート制限
パルスの立ち上がりの傾きを指定して、反射を抑制する機能。

SERCOM を I²C* モードで使った場合の機能と特徴は次のようになっています。マスタとスレーブいずれも構成可能なのですが、MHCではマスタのみのサポートとなっています。

- フィリップス社の I²C 仕様互換、SMBus、PMBus* もサポート
- マスタとスレーブいずれも構成可能
- DMAを使用可能
- 通信速度：100kHz、400kHz、1MHz、3.4MHz
- 4線式動作可能
- 16バイトのFIFO内蔵
- 物理インターフェース内蔵
  スルーレート制限*、入力フィルタ内蔵
- スレーブモード
  ―スリープ中も動作可能
  ―アドレス一致でウェイクアップ
  ―7ビット/10ビットアドレスをサポート
    同報アドレスサポート　2アドレスまでDMAが可能

6-7-2 I²C マスタモード時の内部構成と設定項目

I²C標準速度
標準モード：
　100kbit/sec
高速モード：
　400kbit/sec、
　1Mbit/sec
超高速モード：
　3.4Mbit/sec

Clock Stretchと呼ばれる。

SERCOM を I²C モードでマスタとして使う場合の内部構成と設定項目は、図6-7-1のようになります。

通信速度はBaud Generatorで設定します。kHz単位で任意の値が入力できますが、通常は標準速度* に合わせます。マスタとして受信する場合、受信データ処理に時間がかかる場合にはSCLピンをLowに維持する* ことでスレーブ側からの送信を待たせることができます。送受信ピンはSCLとSDAの2本でPAD[0] とPAD[1] となります。これらのPADを実際のピンに割り付けるときには表6-5-1から選択し、これにハードウェアを合わせる必要があります。

●図6-7-1　SERCOM I²Cマスタモード時の内部構成と設定項目

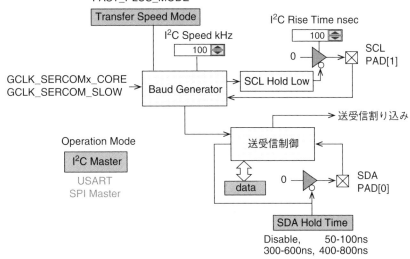

SERCOMをI²Cモードにしたときの通信フォーマットは図6-7-2のようになります。

●図6-7-2　I²C通信のフォーマット

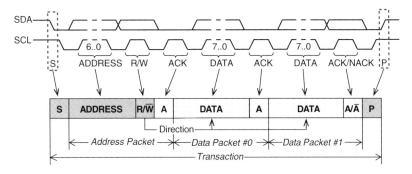

　マスタが、SCLがHighのときSDAをLowにすると通信開始のスタートシーケンスとなり、その後マスタから7ビットのアドレスとRead/Writeビットを合わせた8ビットのデータを送信します。アドレス指定されたスレーブがこれを受信すると、ACK信号*を9ビット目に送信します。このあとはReadかWriteかにより送信側と受信側が入れ替わりますが、送信の場合はマスタから8ビットのデータを送信し、受信したスレーブがACKを返送するという手順で進みます。マスタが受信の場合は、スレーブからデータが送信され、受信したマスタがACKを返送します。最後のデータを受信したマスタは、NACK

ACK
Acknowledgement

NAK
Negative
Acknowledgement

6
周辺モジュールの使い方

205

を返送して終了を通知します。このあとマスタが、SCKがHighの間にSDAをHighにすることでストップシーケンスとなって、通信の終了となります。

　SERCOMをI²CのマスタモードとしたときのMHCの設定画面は図6-7-3のようになります。MHCでのサポートはマスタモードのみとなっています。最初に通信速度モードを設定します。ここは2種類のみで、通常はSTANDARDを指定します。次にSDAのパルスを保持する時間を設定しますが、通常はデフォルトのままで大丈夫です。次に通信速度をkHz単位*で入力します。最後はスルーレート*の指定で、ここもデフォルト値のままで問題ありません。この**数値をあまり大きくすると、波形が三角波のようになって通信エラーを起こす**ことがあるので、注意してください。

I²Cの標準速度があるが、実際には任意の周波数で動作する。

スルーレート
立ち上がり速度の設定で、信号の反射による誤動作を抑制するために使う。

●**図6-7-3　I²Cモード時のMHCの設定画面**

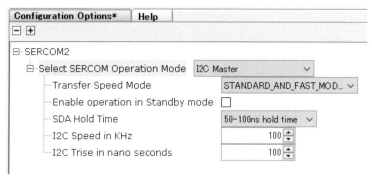

　こうして設定したあと自動生成されるI²Cの制御関数は表6-7-1のようになっています。このほかの関数もありますが、通常は使いません。

▼**表6-7-1　I²C用制御関数一覧**

関数名	機能と書式
SERCOMx_I2C_Read	I²Cでデータ読み込み 《書式》bool SERCOM1_I2C_Read(uint16_t address, uint8_t *pdata, uint32_t length); 　　　address：I²Cデバイスアドレス　7ビットで指定 　　　*pdata：受信データ格納バッファのポインタ 　　　length：読み込みバイト数
SERCOMx_I2C_Write	I²Cでデータ送信 《書式》bool SERCOM2_I2C_Write(uint16_t address, uint8_t *pdata, uint32_t length); 　　　address：I²Cデバイスアドレス　7ビットで指定 　　　*pdata：送信データバッファのポインタ 　　　length：送信バイト数

関数名	機能と書式
SERCOMx_I2C_WriteRead	I²Cでコマンド送信とデータ入力を一括で実行 《書式》bool SERCOM2_I2C_WriteRead(uint16_t address, uint8_t *wdata, uint32_t wlength, uint8_t *rdata, uint32_t rlength); address：I²Cデバイスアドレス　7ビットで指定 *wdata：送信コマンドデータバッファのポインタ wlength：送信コマンドデータ数 *rdata：受信データ格納バッファのポインタ rlength：受信バイト数
SERCOMx_I2C_IsBusy	I²Cの通信状態の読み込み 《書式》bool SERCOM2_I2C_IsBusy(void); 戻り値：True＝ビジー　False＝レディー
SERCOMx_I2C_ErrorGet	I²C通信のエラー情報取得 《書式》SERCOM_I2C_ERROR SERCOM2_I2C_ErrorGet(void); 戻り値は下記のいずれか 　　SERCOM_I2C_ERROR_NONE 　　SERCOM_I2C_ERROR_NAK 　　SERCOM_I2C_ERROR_BUS
SERCOMx_I2C_CallbackRegister	I²Cの割り込み処理関数の定義 《書式》void SERCOM2_I2C_CallbackRegister(SERCOM_I2C_CALLBACK callback, uintptr_t contextHandle) callback：割り込み処理関数名 contextHandler：パラメータ　通常は0かNULL
割り込み処理関数	割り込み処理関数の書式（関数名は任意） 《書式》void I2C_ISR(uintptr_t context); context：パラメータ　通常は0かNULL

6

周辺モジュールの使い方

6-7-3　例題によるI²Cの使い方

SERCOMのI²Cモードの使い方を実際の例題で説明します。

【例題】プロジェクト名　BME_LCD

　トレーニングボードを使い、TC3の3秒周期でSERCOM2のI²Cモードにより複合センサ（BME280）の温湿度と気圧を読み取り、同じSERCON2に接続されているキャラクタ液晶表示器にデータとして表示させる。

　クロックは48MHzとし、表示フォーマットは2行で下記とする。

```
T=xx.x   H=xx.x
P=xxxx.x
```

■MHCによる設定

まずMHCで周辺モジュールを追加します。この例題ではTC3とSERCOM2だけとなります。

クロック設定の詳細は5-4-1項を参照。

次にクロック*の設定で、メインメニューから[MHC]→[Tools]→[Clock Configuration]と選択してから、[Clock Easy View]タブをクリックして開く画面で設定します。CPUはDFLLの48MHzとし、SERCOM2も同じGCLK0とします。TC3はGCLK1で48分周して1MHzのクロックを生成して供給します。

SERCOM2の設定は、図6-7-3と同じとします。これで100kHzのI^2Cマスタとして動作します。TC3の設定は図6-7-4のようにして3秒周期の割り込みを生成するようにします。

●図6-7-4　TC3の設定

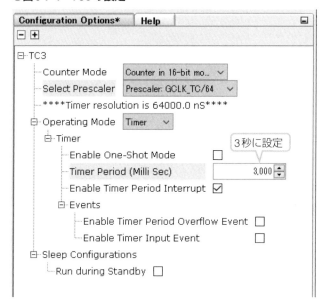

次に入出力ピンの設定は、メインメニューから[MHC]→[Tools]→[Pin Configuration]と選択してから、[Pin Settings]のタブをクリックして開く画面で図6-7-5のようにします。SERCOM2のI^2C用の2ピン*と、デバッグと目印用のLEDだけです。

トレーニングボードの回路図に合わせる。

●図6-7-5 入出力ピンの設定

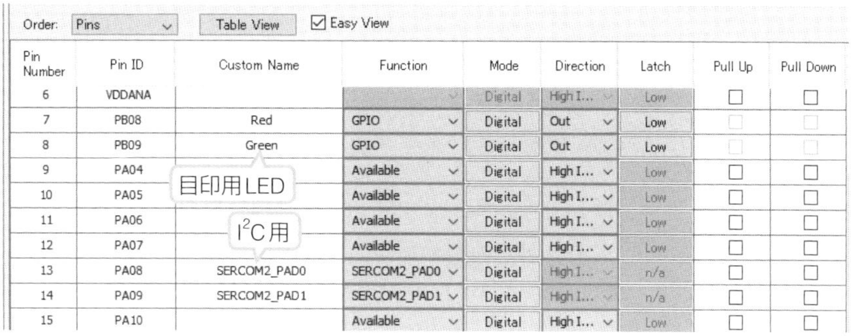

Pin Number	Pin ID	Custom Name	Function	Mode	Direction	Latch	Pull Up	Pull Down
6	VDDANA			Digital	High I…	Low	☐	☐
7	PB08	Red	GPIO	Digital	Out	Low	☐	☐
8	PB09	Green	GPIO	Digital	Out	Low	☐	☐
9	PA04		Available	Digital	High I…	Low	☐	☐
10	PA05		Available	Digital	High I…	Low	☐	☐
11	PA06		Available	Digital	High I…	Low	☐	☐
12	PA07		Available	Digital	High I…	Low	☐	☐
13	PA08	SERCOM2_PAD0	SERCOM2_PAD0	Digital	High I…	n/a	☐	☐
14	PA09	SERCOM2_PAD1	SERCOM2_PAD1	Digital	High I…	n/a	☐	☐
15	PA10		Available	Digital	High I…	Low	☐	☐

目印用LED

I²C用

■コードの生成とライブラリの登録

以上ですべての設定が完了したので、Generateしてコードを生成します。

本書では、別途センサと液晶表示器用のライブラリ*を用意しているので、これらをコピーしてプロジェクトに登録します。

ライブラリをダウンロード後、次の4つのファイルをプロジェクトのフォルダにコピーしたあと、プロジェクトに登録します。各ライブラリが提供する関数の詳細については第3章を参照してください。

> ライブラリの入手は巻末に記載の技術評論社のサポートサイトから。

BME_lib.h　　BME_lib.c
LCD_lib.h　　LCD_lib.c

登録後のプロジェクト窓は図6-7-6のようになります。ヘッダとソースのそれぞれに2つずつ登録します。

●図6-7-6 プロジェクトにライブラリの登録

■コードの追加

この例題のメイン関数はリスト6-7-1のようになります。I^2Cを使うのはセンサと液晶表示器のライブラリの中だけなので、メイン関数では使っていません。

最初のインクルードでは、センサと液晶表示器用ライブラリのヘッダファイルを追加しています。

グローバル変数を定義したあと、TC3の割り込み処理関数を記述しています。ここではFlagをセットしているだけです。

メイン関数の最初で、TC3の割り込み処理関数を定義したあと、液晶表示器の初期化とセンサの初期化を実行しています。さらにセンサについては、あらかじめセンサ本体に内蔵されている較正用のデータを一括で読み出して、変数として保存しています。

メインループでは、フラグがセットされたら、センサから温度、湿度、気圧のデータを読み出し、較正処理と変換処理をしたあと、文字列に変換してバッファに格納します。その後液晶表示器に出力しています。

リスト 6-7-1 メイン関数の詳細

```
/*******************************************************************
 *   SERCOM2のI2Cで温湿度気圧センサと液晶表示器のテスト
 *   TC3の3秒間隔でセンサの計測値を液晶表示器に表示する
 *******************************************************************/
#include <stddef.h>                          // Defines NULL
#include <stdbool.h>                         // Defines true
#include <stdlib.h>                          // Defines EXIT_FAILURE
#include "definitions.h"                     // SYS function prototypes
#include <string.h>
#include <stdio.h>
#include "bme_lib.h"
#include "LCD_lib.h"
/* グローバル変数、定数定義 */
float temp_act, pres_act, hum_act;
uint32_t temp_cal, pres_cal, hum_cal;
volatile uint8_t Flag;
char Data1[16], Data2[16];
/** TC3割り込みCallback関数 ***/
void TC3_ISR(TC_TIMER_STATUS status, uintptr_t context){
    Flag = 1;
    Green_Toggle();
}
/****** メイン関数********/
int main ( void )
{
    SYS_Initialize ( NULL );                 // システム初期化
    TC3_TimerCallbackRegister(TC3_ISR, 0);   // TC3 Callback関数定義
    lcd_init();                              // LCD初期化
    TC3_TimerStart();                        // TC3スタート
    Flag = 0;                                // 開始フラグオフ
    bme_init();                              // センサ初期化
    bme_gettrim();                           // センサ較正値一括読み出し
```

（左側欄外注記）
- センサ用とLCD用のライブラリ用ヘッダの追加
- TC3の割り込み処理関数

```
/***** メインループ ******/
while ( true )
{
    if(Flag == 1){                              // 3秒ごと
        Flag = 0;                               // フラグリセット
        /** センサデータ読み出しと較正 **/
        bme_getdata();                          // センサ読み出し
        temp_cal = calib_temp(temp_raw);        // 温度較正実行
        pres_cal = calib_pres(pres_raw);        // 気圧較正実行
        hum_cal = calib_hum(hum_raw);           // 湿度較正実行
        /** 計測値実際の値にスケール変換 ****/
        temp_act = (float)temp_cal / 100.0;     // 温度変換
        pres_act = (float)pres_cal / 100.0;     // 気圧変換
        hum_act = (float)hum_cal / 1024.0;      // 湿度変換
        /*** 文字列に変換 ***/
        sprintf(Data1, "T= %2.1f  H= %2.1f", temp_act, hum_act);
        sprintf(Data2, "P= %4.1f   ", pres_act);
        /*** LCDに表示 ***/
        lcd_cmd(0x80);                          // 1行目選択
        lcd_str(Data1);                         // 表示
        lcd_cmd(0xC0);                          // 2行目選択
        lcd_str(Data2);                         // 表示
    }
}
return ( EXIT_FAILURE );
}
```

■液晶表示器用ライブラリ

　次に液晶表示器のライブラリの I^{2}C 通信部がリスト 6-7-2 となります。この中のデータ出力とコマンド出力の関数で、I^{2}C を使って表示データやコマンドデータを送信出力しています。送信データをバッファに入れてポインタで指定する必要があるので、コマンドかデータの区別データと表示またはコマンドデータの2バイトをバッファに入れて送信しています。

リスト　6-7-2　液晶表示器用ライブラリ

```
/****************************************
 * 液晶表示器ライブラリ
 * I2C インターフェース
 * lcd_init()  ----- 初期化
 * lcd_cmd(cmd)  ----- コマンド出力
 * lcd_data(data) ----- 1文字表示出力
 * lcd_str(ptr)  ----- 文字列表示出力
 * lcd_clear()  ----- 全消去
 ****************************************/
#include "LCD_Lib.h"
#include "definitions.h"

(省略)
/*******************************
 * 液晶へ1文字表示データ出力
 *******************************/
```

```
void lcd_data(char data){
    tbuf[0] = 0x40;
    tbuf[1] = data;
    SERCOM2_I2C_Write(0x3E, tbuf, 2);
    while(SERCOM2_I2C_IsBusy());
    Delay_us(30);              // 遅延
}
/********************************
* 液晶へ1コマンド出力
********************************/
void lcd_cmd(char cmd){
    tbuf[0] = 0x00;
    tbuf[1] = cmd;
    SERCOM2_I2C_Write(0x3E, tbuf, 2);
    while(SERCOM2_I2C_IsBusy());
    /* Clear か Home か */
    if((cmd == 0x01)||(cmd == 0x02))
        Delay_ms(2);           // 2msec待ち
    else
        Delay_us(30);          // 30μsec待ち
}
(以下省略)
```

I²Cで表示データ
1文字出力

I²Cでコマンドデータ
1文字出力

■センサ用ライブラリ

続いてセンサ用のライブラリのI²C通信部の詳細がリスト6-7-3となります。データ送信と受信の関数でI²Cを使っています。このセンサではコマンドの送信とデータの送受信がペアで必要になるので、自動生成された関数SERCON2_I2C_WriteReadをそのまま使って実現しています。センサのライブラリが提供する関数については3-2節を参照してください。

リスト 6-7-3 センサ用ライブラリの詳細

```
/******************************************
 *  温度・湿度・気圧センサ  BME280  ライブラリ
 *    I2C で通信
 ******************************************/
#include "BME_lib.h"
#include "definitions.h"

(その他関数省略)
/**********************************
* 1バイトデータ送信
**********************************/
void SendI2C(uint32_t Adrs, uint8_t Data){
    tbuf[0] = Data;                         // 送信データ
    SERCOM2_I2C_Write(Adrs, tbuf, 1);       // 送信実行
    while(SERCOM2_I2C_IsBusy());            // 完了待ち
}
/**********************************
* コマンド送信
**********************************/
void CmdI2C(uint32_t Adrs, uint8_t Reg, uint8_t Data){
```

1バイトだけ送信

```
                      tbuf[0] = Reg;                      // レジスタアドレス
                      tbuf[1] = Data;                     // コマンドデータ
コマンド+データの      SERCOM2_I2C_Write(Adrs, tbuf, 2);    // 送信実行
2バイトだけ送信        while(SERCOM2_I2C_IsBusy());         // 完了待ち
                  }
                  /*****************************************
                  * 指定バイト数の受信
                  *****************************************/
                  void GetDataI2C(uint32_t Adrs, uint8_t *tBuf, uint32_t tCnt,
                                  uint8_t *rBuf, uint32_t rCnt){
                      int32_t i;
コマンド送信と         SERCOM2_I2C_WriteRead(Adrs, tBuf, tCnt, rBuf, rCnt); // 受信実行
指定バイト数の受信      while(SERCOM2_I2C_IsBusy());         // コマンド受信完了待ち
                      for(i=0; i<100; i++);                // 遅延
                      while(SERCOM2_I2C_IsBusy());         // データ受信完了待ち
                  }
```

■動作確認

　プログラム製作が完了したら実際にトレーニングボードに書き込んで動作確認します。トレーニングボードの液晶表示器をキャラクタ液晶表示器に変更してから作業します。実際の表示は写真6-7-1のようになります。

　温度、湿度、気圧の順に表示しています。

●写真6-7-1 例題の表示例

6

周辺モジュールの使い方

SERCOM SPIの使い方

6-8-1 SERCOMのSPIモードの機能と特徴

SPI
Serial Peripheral
Interface
周辺デバイスを接続
するための3/4線式高
速シリアルインター
フェース。片方がマス
タ、片方がスレーブと
なる。

全二重通信
送信と受信が独立で同
時動作が可能。

モード0、1、2、3の
4種類。クロックとサ
ンプリングの条件で決
まる。

送信のみ、受信のみと
すること。

SERCOMをSPI*モードで使った場合の機能と特徴は次のようになっています。SERCOMとしてはSPIのマスタとスレーブいずれも可能なのですが、MHCではマスタモードのみのサポートとなっています。

- 4線式の全二重通信*で、SPI通信の4つのモード*が可能
- 送信バッファは1レベル、受信バッファは2レベルのバッファ
- 単方向通信のみ*とすることも可能
- ビット順をLSBからかMSBからか指定可能
- DMA使用可能、内蔵バッファは16レベル
- マスタの場合
  - 最高通信速度：   12MHz
  - SSピンのハードウェア制御可能
- スレーブの場合
  - 8ビットアドレス一致動作可能
  - スリープ中も動作可能
  - SSピンでウェイクアップ可能

6-8-2 SPIマスタモードの内部構成と設定項目

SERCOMをSPIマスタモードとして使う場合の内部構成と設定項目は図6-8-1のようになります。

通信速度はBaud GeneratorによりHz単位で設定できます。SPI通信のモード0からモード3の4モードの設定はSPI Clock PhaseとSPI Clock Polarityで設定しますが、この設定は接続するスレーブ側のモードに合わせる必要があります。データ長は8ビットと9ビットが選択できますし、ビット順も指定できますが、これらは通常デフォルトの設定のままで問題ありません。

4つの入出力ピンはDOとSCKの出力用PADを指定し、次にDIの入力用PADを未使用PADに割り当てます。PADと実際に使える入出力ピンは表6-5-1のように決まっているので、これに合わせてハードウェアを設計する必要があります。SSピンは通常はCSピン*として使い、SERCOMのSPIモジュールではなく汎用GPIOのデジタル出力ピンとして設定します。

● 図6-8-1 SERCOM SPIマスタモード時の構成と設定項目

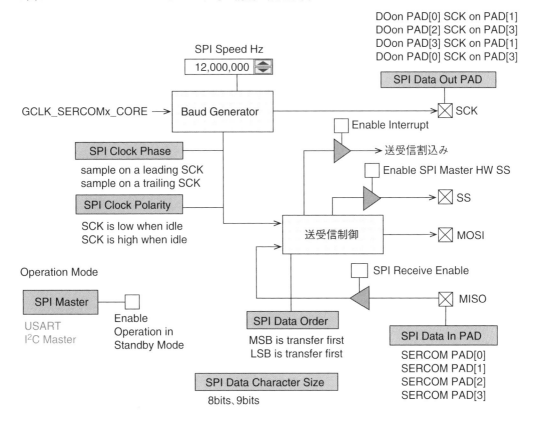

SPI通信の4モードとは、図6-8-2のようなモード0から3のことで、クロックの条件とサンプリングの条件による区別となっています。

モード0と1はSCKが常時Lowで、モード2と3は常時Highとなっています。モード0と2はSCKの先頭エッジ（Leading Edge）で受信サンプリングしSCK中央エッジで送信側SDAが変化します。モード1と3はSCKの中央エッジ（Trailing Edge）で受信サンプリングし、SCKの先頭エッジで送信SDAが変化するようになっています。

●図6-8-2　SPIの4つの通信モード

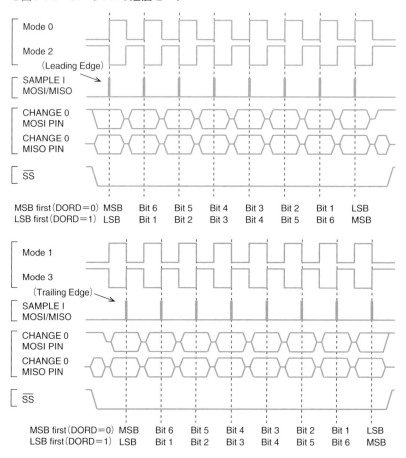

SERCOMをSPIのマスタモードとしたときのMHCの設定画面は図6-8-3のようになっていて、マスタモードのみのサポートとなっています。

SPI通信は高速ですから、割り込みは多くの場合は必要ありませんが、他の処理と並列実行するような場合は割り込みを必要とします。PADの指定は表6-5-1で決めますが、ハードウェアと合わせる必要があります。

通信速度はスレーブ側の最大速度の範囲で、Hz単位で指定できますが、通常はMHz単位とし、最大は12MHzです。SPIのモードはやはりスレーブ側に合わせて0から3のいずれかを選択します。図ではモード0としています。

SSピンは通常はハードウェア制御にしないで、プログラムで制御します。

● 図 6-8-3 SPIモードのMHCの設定画面

こうして設定したあと自動生成されるSPIの制御関数は表6-8-1のようになっています。この他にも関数はありますが、通常は使いません。

▼ 表6-8-1 SPI用制御関数一覧

関数名	機能と書式
SERCOMx_SPI_Read	SPIでデータ読み込み 《書式》bool SERCOM1_SPI_Read(void* pReceiveData, size_t rxSize); 　　　* pReceiveData：受信バッファのポインタ 　　　rxSize：読み込みバイト数
SERCOMx_SPI_Write	SPIでデータ送信 《書式》bool SERCOM1_SPI_Write(void* pTransmitData, size_t txSize) 　　　*pTransmitData：送信バッファのポインタ 　　　txSize：送信バイト数
SERCOMx_SPI_WriteRead	SPIでコマンド送信とデータ入力を一括で実行 《書式》bool SERCOM1_SPI_WriteRead(void* pTransmitData, size_t txSize, 　　　void* pReceiveData, size_t rxSize) 　　　*pTransmitData：送信バッファのポインタ 　　　txSize：送信コマンドデータ数 　　　*pReceiveData：受信バッファのポインタ 　　　rxSize：受信バイト数
SERCOMx_SPI_CallbackRegister	SPI割り込み処理関数の定義 《書式》void SERCOM4_SPI_CallbackRegister(SERCOM_SPI_CALLBACK callBack, 　　　uintptr_t context); 　　　callback：割り込み処理関数名 　　　context：パラメータ　通常は0かNULL
割り込み処理関数	割り込み処理関数の書式（関数名は任意） 《書式》void SPI_ISR(uintptr_t context); 　　　context：パラメータ　通常は0かNULL

6-8-3 例題によるSPIの使い方

SERCOMのSPIモードの使い方を実際の例題で説明します。

【例題】プロジェクト名　KANJI_LCD

トレーニングボードを使い、SERCOM4のSPIモードで接続したフルカラーグラフィック液晶表示器のいくつかの表示テストを順次実行する。また、SERCOM1のSPIモードで接続した日本語フォントIC*から読み出したフォントを使って漢字と英文字を表示させる。

表示テストの順序は次のようにするものとし、間にループ関数による3秒の待ち時間を挿入する。SPIの通信速度はいずれも最高の12MHzとする。

- ・イメージの表示
- ・漢字メッセージの表示
- ・半角英文字のメッセージの表示
- ・直線描画
- ・円描画

日本語フォントIC
JIS X 0208の第1、第2水準の漢字フォントデータを内蔵したメモリIC。

MHCによる設定

まずMHCで必要な周辺モジュールを追加します。この例題ではSERCOM1とSERCOM4のみとなります。

次にクロックの設定は、メインメニューから［MHC］→［Tools］→［Clock Configuration］と選択してから、［Clock Easy View］タブをクリックして開く画面で設定します。CPUはDFLLの48MHzとし、SERCOMは両方とも同じGCLK0とします。

次は周辺モジュールの設定で、SERCOM4はカラーグラフィック液晶表示器用のSPIで図6-8-3の通りに設定します。これで12MHzのSPIモード0での接続で送信のみのSPI通信となります。

SERCOM1は日本語フォントIC用で図6-8-4のように設定します。やはり12MHzのSPIモード0での接続となりますが、こちらは送受信とも有効です。

●図6-8-4　SERCOM1の設定

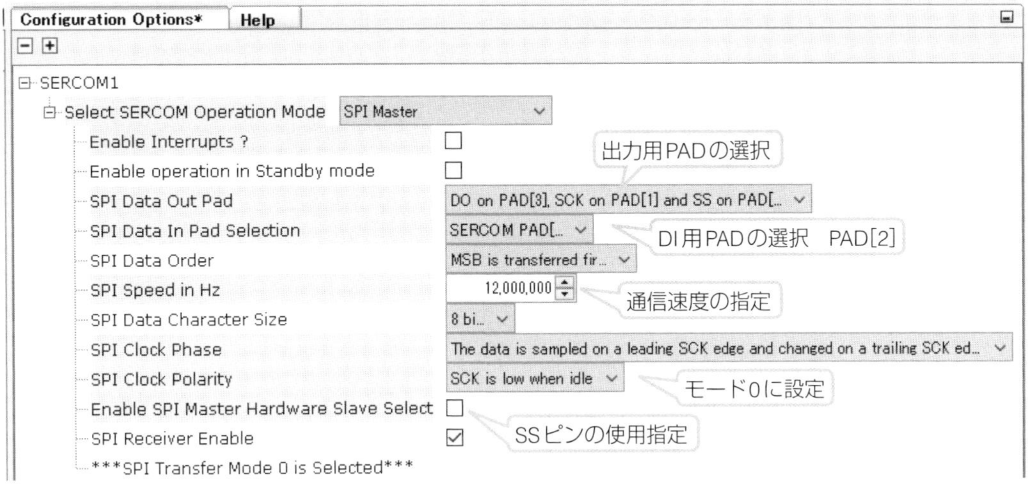

次に入出力ピンの設定で、メインメニューから[MHC]→[Tools]→[Pin Configuration]と選択してから、[Pin Settings]のタブをクリックして開く画面で図6-8-5のように設定します。

目印用のLEDと液晶表示器用のSPIピン、日本語フォントIC用のSPIピンの設定となります。SPIはいずれもCSピンは汎用出力ピンとし、初期値をHighにしておきます。液晶表示器はSPI以外にコマンドとデータ区別用のRSピンとリセット用のRSTピンを汎用出力ピンとします。

●図6-8-5　入出力ピンの設定

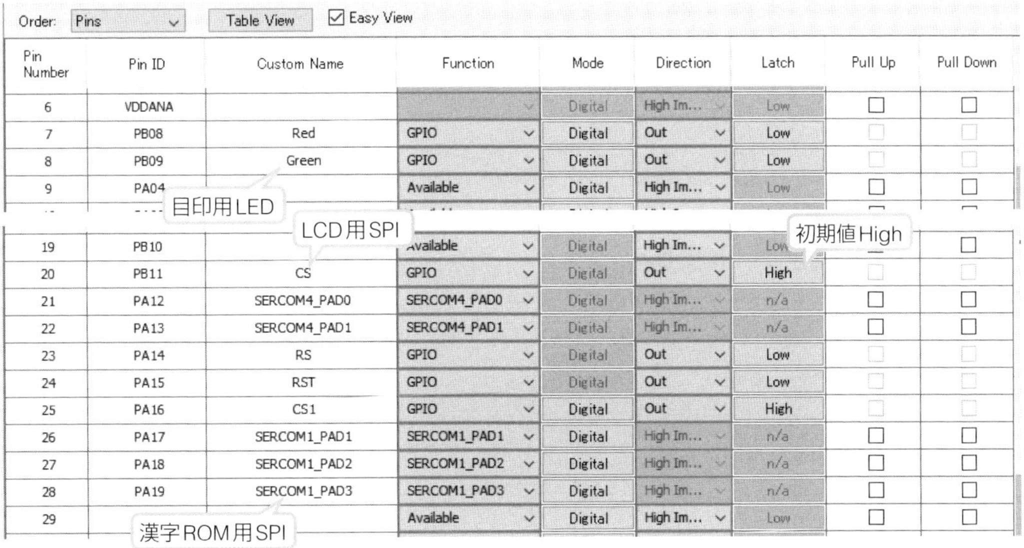

■コード生成とライブラリの登録

ライブラリの入手は巻末に記載の技術評論社のサポートサイトから。

以上ですべての設定が完了したので、Generateしてコードを生成します。

本書ではフルカラー液晶表示器用のライブラリ[*]を用意しているので、これらをダウンロードしてプロジェクトに登録します。

つまり、ダウンロード後次の2つのファイルをプロジェクトのフォルダにコピーしたあと、プロジェクトに登録します。

　　colorlcdROM._lib.h
　　colorlcdROM_lib.c

またイメージ表示テスト用の単色の画像データが次のファイルとなっているので、これもダウンロード後プロジェクトに登録します。

　　imagedata.h

登録後のプロジェクト窓は図6-8-6のようになります。ヘッダとソースに登録します。

●図6-8-6　プロジェクトにライブラリの登録

■コード追加

このあと追記作成したメイン関数部がリスト6-8-1となります。SPIの関数を使うのは液晶表示器のライブラリの中だけなので、メイン関数では使っていません。

最初に必要なファイルをインクルードしたあと、グローバル変数の定義の中で、漢字で表示させるメッセージのデータを用意しています。ここではJIS X 0208のコード[*]で記述しています。さらにステート関数用の定数を定義しています。

http://www.asahi-net.or.jp/~ax2s-kmtn/ref/jisx0208.html

　　メイン関数では、液晶表示器の初期化をしてからメインループに入ります。
メインループではテスト実行の**switch**文に進み、ステートにしたがって順
次テストを実行します。毎回のテスト後に3秒間の待ちを入れています。実
際の液晶表示器の制御はライブラリの中で実行しています。

リスト　6-8-1　SERCOMのSPIモード時の例題リスト　メイン関数

```
/**********************************************************************
 *   カラーグラフィック液晶表示器のテスト
 *     LCD は SERCOM4 で SPI接続   Mode=0
 *     漢字ROM は SERCOM1 で SPI接続   Mode=0
 **********************************************************************/
#include "definitions.h"                          // SYS function prototypes
#include "colorlcdROM_lib.h"
#include "imagedata.h"

/* 漢字データ  JIS X 0208 コード */          ← 漢字メッセージのデータ
const uint16_t Code01[] = {0x2121,0x2122,0x2123,0x2124,0x2125,0x217A,0x217B,0x217C,0x217D,0x217E,0x00};
const uint16_t Code02[] = {0x2221,0x2222,0x2223,0x2224,0x2225,0x2275,0x2276,0x2277,0x2278,0x2279,0x00};
const uint16_t Code03[] = {0x2330,0x2331,0x2332,0x2334,0x2335,0x2376,0x2377,0x2378,0x2379,0x237A,0x00};
const uint16_t Code04[] = {0x2421,0x2422,0x2423,0x2424,0x2425,0x246E,0x246F,0x2471,0x2472,0x2473,0x00};
const uint16_t Code16[] = {0x3021,0x3022,0x3023,0x3024,0x3025,0x307A,0x307B,0x307C,0x307D,0x307E,0x00};
const uint16_t Code17[] = {0x3121,0x3122,0x3123,0x3124,0x3125,0x317A,0x317B,0x317C,0x317D,0x317E,0x00};
const uint16_t Code48[] = {0x5021,0x5022,0x5023,0x5024,0x5025,0x507A,0x507B,0x507C,0x507D,0x507E,0x00};
const uint16_t Code49[] = {0x5121,0x5122,0x5123,0x5124,0x5125,0x517A,0x517B,0x517C,0x517D,0x517E,0x00};
const uint16_t Code60[] = {0x5C21,0x5C22,0x5C23,0x5C24,0x5C25,0x5C7A,0x5C7B,0x5C7C,0x5C7D,0x5C7E,0x00};
const uint16_t Code82[] = {0x7221,0x7222,0x7223,0x7224,0x7225,0x727A,0x727B,0x727C,0x727D,0x727E,0x00};
/*** グローバル変数 ***/
enum {
    TEST_IMAGE = 0,
    TEST_KANJI,        ← ステート関数用定数
    TEST_ASCII,
    TEST_LINE,
    TEST_CIRCLE
};
volatile uint8_t Flag;
uint16_t l, j, State;
uint16_t COLOR1[14] = {
    RED, GREEN, BLUE, CYAN, MAGENTA, YELLOW, BROWN,
    ORANGE, PERPLE, COBALT, WHITE, PINC, LIGHT, BLACK};
/********** メイン関数 **************************/
int main ( void )
{
    /* Initialize all modules */
    SYS_Initialize ( NULL );
    lcd_Init();                                    // GLCD初期化
    CS1_Set();          ← SPI用CSリセット          // 漢字ROM
    CS_Set();                                      // GLCD
    Flag = 0;
    State = TEST_IMAGE;
    /*** メインループ ***/
    while ( true )
    {
        /*** テスト種類で分岐 ****/
        switch(State)
```

6

周辺モジュールの使い方

221

```
    {
        case TEST_IMAGE:    /*** イメージ表示テスト ***/
            lcd_Clear(BLACK);                           // 全画面黒
            lcd_Image(Header1, RED, COBALT);            // イメージ表示
            State = TEST_KANJI;
            break;
        case TEST_KANJI:    /**** 漢字文字列表示テスト ****/
            lcd_Clear(BLACK);                           // 全消去
            lcd_kanji(l*16, 00, Code01, WHITE, BLACK);
            lcd_kanji(l*16, 16, Code02, GREEN, BLACK);
            lcd_kanji(l*16, 32, Code16, YELLOW, BLACK);
            lcd_kanji(l*16, 48, Code17, CYAN, BLACK);
            lcd_kanji(l*16, 64, Code48, MAGENTA, BLACK);
            lcd_kanji(l*16, 80, Code49, BLUE, BLACK);
            lcd_kanji(l*16, 96, Code60, COBALT, BLACK);
            lcd_kanji(l*16, 112, Code82, RED, BLACK);
            State = TEST_ASCII;
            break;
        case TEST_ASCII:/****** 半角漢字表示テスト ***********/
            lcd_Clear(BLACK);                           // 全消去
            lcd_ascii(0, 0, (const uint8_t*)"ASCII Code", WHITE, BLACK);
            lcd_ascii(0, 16, (const uint8_t *)"This is ASCII test.", YELLOW, BLACK);
            lcd_ascii(0, 48, (const uint8_t *)"ROM SPI speed=12MHz", GREEN, BLACK);
            lcd_ascii(0, 64, (const uint8_t *) "LCD SPI speed=12MHz", CYAN, BLACK);
            State = TEST_LINE;
            break;
        case TEST_LINE:    /**** 直線表示テスト ****/
            lcd_Clear(BLUE);                            // 青消去
            for(j=0; j<159; j+=10){                     // 10ドットおき
                lcd_Line(j, 0, 159, 127, COLOR1[j/16]); // 1ライン描画
            }
            State = TEST_CIRCLE;
            break;
        case TEST_CIRCLE:    /**** 円描画テスト *****/
            lcd_Clear(BROWN);                           // 黒消去
            for(j=0; j<159; j+=10){                     // 10ドットおき
                lcd_Circle(j, j, j/2+3, COLOR1[j/16]);  // 円描画
            }
            State = TEST_IMAGE;
            break;
        default:
            break;
    }
    Delay_ms(3000);      3秒間隔
    }
}
```

■液晶表示器用ライブラリ

　次に液晶表示器のライブラリの中で、SPI関数を使って液晶表示器を制御する関数と、日本語フォントICからフォントデータを読み出す関数の部分がリスト6-8-2となります。単純にReadとWriteの関数だけを使っています。

リスト　6-8-2　液晶表示器用ライブラリのSPI通信部分

```
/*********************************
* LCDコマンド、データ出力関数（SPI）
*********************************/
void lcd_cmd(uint8_t cmnd){
    uint8_t cbuf[2];
    cbuf[0] = cmnd;
    RS_Clear();                    // RS Command
    CS_Clear();                    // CS Low
    SERCOM4_SPI_Write(cbuf, 1);
    RS_Set();                      // CD High
    CS_Set();                      // CS High
}
void lcd_data(uint8_t data){
    uint8_t dbuf[2];
    dbuf[0] = data;
    RS_Set();                      // RS Data
    CS_Clear();                    // CS Low
    SERCOM4_SPI_Write(dbuf, 1);
    CS_Set();                      // CS High
}
/*********************************************
* 半角文字データ読み出し      16x8ドット
* 256文字  配列は特殊  SPI通信
*********************************************/
void GetASCII(uint8_t ASCIIcode, uint8_t *rbuf){
    Adrs = (ASCIIcode - 0x20)*16 + 255968;
    /**** アドレスセット、送信 ****/
    tbuf[0] = 0x03;
    tbuf[1] = (Adrs >> 16) & 0xFF;
    tbuf[2] = (Adrs >> 8) & 0xFF;
    tbuf[3] = Adrs & 0xFF;
    CS1_Clear();                   // 1回のCS処理で行う
    SERCOM1_SPI_Write(tbuf, 4);
    /**** 16バイトデータ受信) ****/
    SERCOM1_SPI_Read(rbuf, 16);
    CS1_Set();
}
/************************************************
* 漢字コードでROMから32+2バイトのデータを読み出す
* JIS X 0208のコード、 SPI通信
************************************************/
void GetKanji(uint16_t kanji, uint8_t *rbuf){
    /** ROMアドレス計算 ***/
    MSB = (uint32_t)((kanji >> 8)&0xFF) - 0x20;
    LSB = (uint32_t)(kanji & 0xFF) - 0x20;
    /** 英数字記号 ***/
    if((MSB >= 1)&&(MSB <= 15)&&(LSB >= 1)&&(LSB <= 94))
```

LCDにコマンドを送信

LCDに表示データを送信

フォント格納アドレスの送信

半角文字の16バイトを読み出す

```
        Adrs = ((MSB - 1)*94 + (LSB - 1))*32;
    /** 第一水準漢字 ***/
    else if((MSB >= 16)&&(MSB <= 47)&&(LSB >= 1) &&(LSB <= 94))
        Adrs = ((MSB - 16)*94 + (LSB - 1))*32 + 43584;
    /** 第二水準漢字 ***/
    else if((MSB >= 48)&&(MSB <= 84)&&(LSB >= 1)&&(LSB <= 94))
        Adrs = ((MSB - 48)*94 + (LSB - 1))*32 + 138464;
    else if((MSB == 85)&&(LSB >=1)&&(LSB <= 94))
        Adrs = ((MSB - 85)*94 + (LSB - 1))*32 + 246944;
    else if((MSB >= 88)&&(MSB <=89)&&(LSB >= 1)&&(LSB <= 94))
        Adrs = ((MSB - 88)*94 + (LSB -1))*32 + 249952;
    /**** アドレスセット、送信 ****/
    tbuf[0] = 0x03;                        // コマンド
    tbuf[1] = (Adrs >> 16) & 0xFF;         // 上位
    tbuf[2] = (Adrs >> 8) & 0xFF;          // 中位
    tbuf[3] = Adrs & 0xFF;                 // 下位
    CS1_Clear();                           // 1回のCS処理で行う
    SERCOM1_SPI_Write(tbuf, 4);            // アドレス送信
    /**** 32バイトデータ受信 ****/
    SERCOM1_SPI_Read(rbuf, 32);            // データ受信
    CS1_Set();
}
```

フォント格納アドレスの送信

全角文字の32バイトを読み出す

■動作確認

　プログラムをすべて製作し終えたら書き込んで動作を確認します。

　実際に表示させた例が写真6-8-1、写真6-8-2となります。

　この例では日本語フォントICの内容を表示させていますが、第2水準の漢字も含めているので、普段見かけない漢字もあります。

●写真6-8-1　漢字の表示例

●写真6-8-2　円を表示させた例

6-9 ADコンバータの使い方

6-9-1 ADコンバータの概要

SAM D2xファミリに実装されているADコンバータは次のような機能と特徴を持っています。

- 変換分解能：8ビット、10ビット、12ビットから選択可能
　　　　　　　正負の値の出力が可能
- 変換速度　　：最高350ksps
　　　　　　　サンプリング時間は設定可能
- 入力信号　　：差動またはシングルエンド　最高32入力
　　　　　　　内部のアナログ信号も選択可能
　　　　　　　内蔵定電圧リファレンス、温度センサ、DAコンバータ
　　　　　　　コア電源電圧、I/O電源電圧
- 可変ゲインアンプ内蔵：1/2倍から16倍まで設定可能
　　　　　　　　　　　オフセットとゲインは自動補正
- 自動スキャン機能あり：指定入力を自動スキャン

異常電圧を検知できる。

- 窓付きモニタ機能*　　：指定チャネルの電圧範囲をモニタして、大小の
　　　　　　　　　　　割り込み通知可能

オーバーサンプリング
本来必要なサンプリングレートの数倍高速にサンプリングすること。ノイズを減らす効果がある。

- 変換電圧範囲：0V ～ 1V、0V ～ VDDANA-0.6V
- リファレンス選択可能：内蔵リファレンス、外部リファレンス、
　　　　　　　　　　　VDDANAの分圧
- 変換トリガ：ソフトウェア、ハードウェアイベント
- 変換結果をDMA転送可能

デシメーション処理
平均化処理でサンプリングレートを下げて分解能を上げる処理のこと。

- 演算処理可能：平均処理、オーバーサンプリング*
　　　　　　　デシメーション処理*で16ビット出力可能

6-9-2 ADコンバータの内部構成と設定項目

差動入力
2つの信号の差の電圧を計測する。

ADコンバータの内部構成は図6-9-1のようになっています。

入力は正側と負側それぞれ独立に選択でき、差動入力*もできます。シングルエンド*の場合には負側をInternal Groundにします。リファレンスには図のような4つの選択肢がありますが、内蔵リファレンスの場合は最大でも電

シングルエンド
GNDを基準にして電圧を計測する。

源電圧の1/1.48までしかないので、**測定できる電圧も1/1.48VDDANA以下となるので注意が必要です。**また、アンプでゲインを1より大きくすると、さらに1/ゲインされた範囲の電圧測定となってしまいます。

変換開始はソフトウェアか、他の周辺モジュールからのイベントで開始されます。開始すると途中で止めることはできません。変換終了により、割り込みかイベントを生成します。ここでWindow Monitor Modeが選択されていると、変換結果が指定した範囲になったとき割り込みかイベントを生成します。この監視範囲は最大と最小の2つの値で設定できます。

●図6-9-1 ADコンバータの構成と設定項目

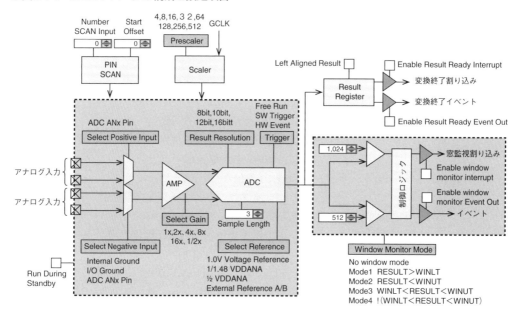

このADコンバータの数値的な仕様は次のようになっています。この範囲となるように、クロックの分周比やリファレンスを選択する必要があります。

- サンプルレート：単一変換のとき　　：5ksps 〜 300ksps
　　　　　　　　　フリーランのとき：5ksps 〜 350ksps
- AD用クロック[*]：30kHz 〜 2.1MHz
　　　　　　　　変換は、12ビット、ゲイン1倍のとき6サイクルで完了
- サンプリングタイム：クロックの0.5サイクル以上
　したがって単一変換では300ksps×6.5サイクル＝1.95MHが最高クロック周波数[*]
- 外部リファレンス：1.0V 〜 VDDANA-0.6V
- 信号源出力インピーダンス[*]：3.5kΩ以下

システムクロックから分周して生成する。

これ以上高速にすると正常なAD変換が行われない。

これ以上のインピーダンスの場合、サンプリング時間を長くする必要がある。

226

・変換精度：シングルエンドのとき
　　　　　　：Typ. 7.9 LSB　差動のとき：Typ. 2.7 LSB

このADコンバータ用のMHCの設定画面は図6-9-2のようになっています。図6-9-1と同じ設定内容です。最初にクロックの設定とサンプリングタイムの設定で、これだけで変換速度が決定します。この例での設定は10μsec周期ですから、100kspsということになります。

次がゲインとリファレンスの設定で、ここで入力電圧範囲が決まります。次に変換分解能で、12ビットがデフォルト値となっています。割り込みかイベントを使う場合にはチェックを入れます。

次は窓の設定で、使う場合にだけ設定すればよいようになっています。ここも割り込みとイベントの指定ができます。

●図6-9-2　ADコンバータのMHCの設定画面

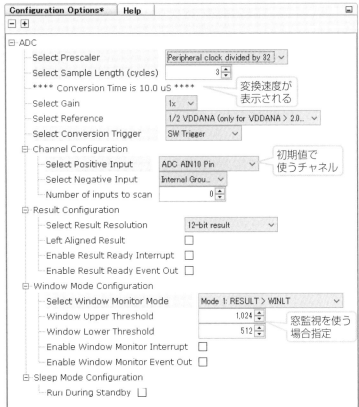

このMHCの設定により生成されるADコンバータ用の関数は表6-9-1のようになります。

▼表6-9-1　MHCで生成されるADコンバータ用の関数

関数名	機能と書式
ADC_Enable	ADコンバータを有効化して動作可能とする。必須の関数 《書式》void ADC_Enable(void);
ADC_Disable	ADコンバータを無効化して停止させる 《書式》void ADC_Disable(void);
ADC_ChannelSelect	ADコンバータの入力チャネルを指定する 《書式》void ADC_ChannelSelect(ADC_POSINPUT positiveInput, ADC_NEGINPUT 　　　　negativeInput); 　　　positiveInput：正側のチャネル指定　下記のいずれか 　　　　　ADC_POSINPUT_PINx (xは0 〜 19)、 　　　　　ADC_POSINPUT_TEMP 　　　　　ADC_POSINPUT_BANDGAP 　　　　　ADC_POSINPUT_SCALEDCOREVCC 　　　　　ADC_POSINPUT_SCALEDIOVCC 　　　　　ADC_POSINPUT_DAC 　　　negativeInput：負側のチャネル指定　下記のいずれか 　　　　　ADC_NEGINPUT_PINx (xは0 〜 7) 　　　　　ADC_NEGINPUT_GND 　　　　　ADC_NEGINPUT_IOGND
ADC_ConversionStart	AD変換を開始する 《書式》void ADC_ConversionStart(void);
ADC_ConversionResultGet	AD変換結果を取得する 《書式》uint16_t ADC_ConversionResultGet(void); 　　　戻り値：8,10,12ビットデータ
ADC_ConversionStatusGet	変換動作状態の取得、変換終了の判定用として使う 《書式》bool ADC_ConversionStatusGet(void); 　　　戻り値：True (変換終了) /False (未終了)
ADC_ComparisonWindowSet	窓監視用の上限と下限の値を設定する 《書式》void ADC_ComparisonWindowSet(uint16_t low_threshold, uint16_t high_ 　　　　threshold); 　　　low_threshold：下限値 　　　high_threshold：上限値
ADC_WindowModeSet	窓監視機能を有効化する 《書式》void ADC_WindowModeSet(ADC_WINMODE mode); 　　　mode：下記のいずれか 　　　　　ADC_WINMODE_DISABLED 　　　　　ADC_WINMODE_GREATER_THAN_WINLT 　　　　　ADC_WINMODE_LESS_THAN_WINUT 　　　　　ADC_WINMODE_BETWEEN_WINLT_AND_WINUT 　　　　　ADC_WINMODE_OUTSIDE_WINLT_AND_WINUT
ADC_CallbackRegister	割り込み処理関数の定義 《書式》void ADC_CallbackRegister(ADC_CALLBACK callback, uintptr_t context); 　　　callback：割り込み処理関数名 　　　context：パラメータ　通常は0かNULL
割り込み処理関数	割り込み処理関数の書式 (関数名は任意) 《書式》void ADC_ISR(ADC_STATUS status, uintptr_t context); 　　　status：下記のいずれかが代入される 　　　　　ADC_STATUS_RESRDY、ADC_STATUS_WINMON 　　　　　ADC_STATUS_INVALID = 0xFFFFFFFF (32ビット)

6-9-3　例題によるADコンバータの使い方

次に実際の例題でADコンバータの設定と関数の使い方を説明します。

> **【例題】プロジェクト名　ADC1**
>
> トレーニングボードの2個の可変抵抗（POT1、POT2）の電圧値をTC3の1秒間隔の割り込みで計測し、SERCOM3のUARTでパソコンに送信する。クロックは48MHz、通信速度は115.2kbpsdとUARTは割り込みを使う。電源電圧は3.3Vとする。

■ MHCによる設定

まずMHCで必要な周辺モジュールを追加します。追加したあとのProject Graphが図6-9-3となります。

ここでは新たにAvailable Components欄のToolsの中のSTDIOモジュールを追加しSERCOM3にリンクしています。これでCの標準入出力関数が使えるようになります。

● 図6-9-3　例題のProject Graph

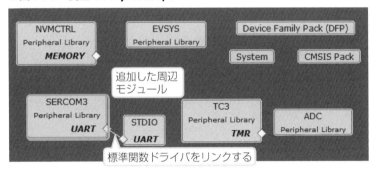

次にクロックの設定は、メインメニューから［MHC］→［Tools］→［Clock Configuration］と選択してから、［Clock Easy View］タブをクリックして開く画面で設定します。CPUがデフォルトのDFLLの48MHzとし、ADコンバータとSERCOM3も同じGCLK0とします。TC3はGCLK1で1MHzを生成して供給します。

ADコンバータの設定は図6-9-2と同じとします。ただし窓監視のところは、「No window mode」とします。

TC3の設定は図6-9-4のようにして1秒間隔の割り込みを生成するようにします。

●図6-9-4　TC3の設定

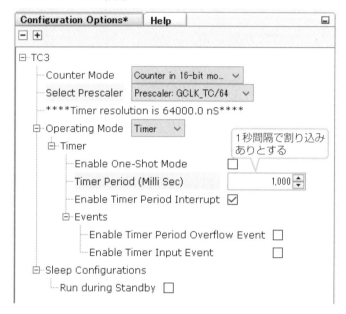

次にSERCOM3の設定は、図6-9-5のように単純なUARTで115.2kbpsの送受信可能とします。そしてPAD[0]を送信用にPAD[1]を受信用に指定します。
　あとはデフォルトの設定のままとし割り込みを使います。

●図6-9-5　SERCOM3のMHCの設定

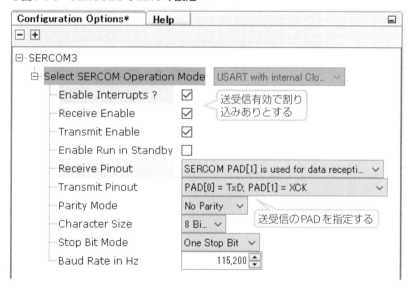

最後に入出力ピンの設定で、メインメニューから［MHC］→［Tools］→［Pin Configuration］と選択してから、［Pin Settings］のタブをクリックして開く画面で図6-9-6のように設定します。2個のLEDをデバッグや目印用として出力ピンとし名称を設定します。

トレーニングボードの回路に合わせる。

SERCOM3のTxDとRxDのピンをPA22とPA23[*]に指定します。

ADコンバータの入力チャネルとしてPB02とPB03をアナログ入力ピンとします。これでAIN10とAIN11というアナログ入力チャネルが設定されます。

●図6-9-6　入出力ピンのMHCの設定画面

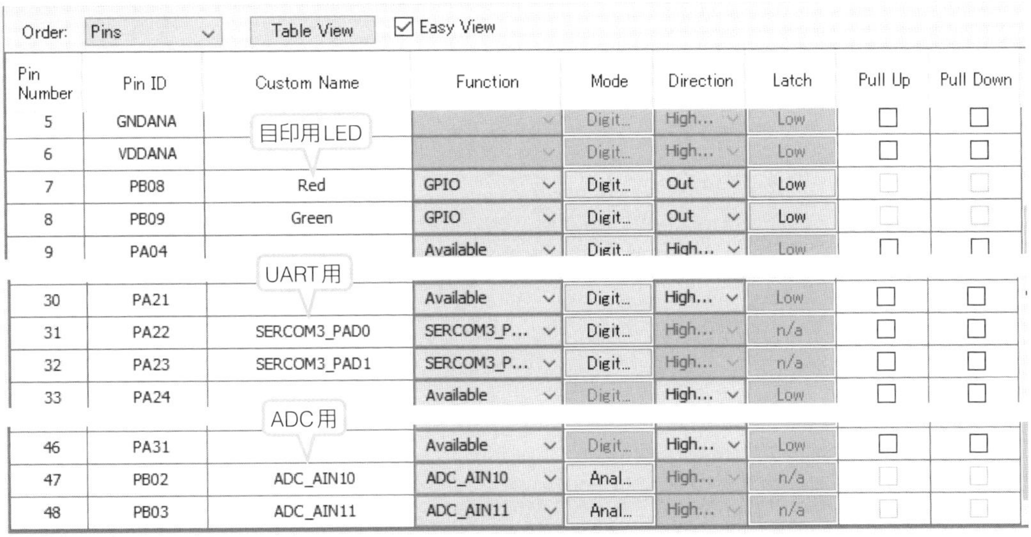

Pin Number	Pin ID	Custom Name	Function	Mode	Direction	Latch	Pull Up	Pull Down
5	GNDANA	目印用LED		Digit...	High...	Low	☐	☐
6	VDDANA			Digit...	High...	Low	☐	☐
7	PB08	Red	GPIO	Digit...	Out	Low	☐	☐
8	PB09	Green	GPIO	Digit...	Out	Low	☐	☐
9	PA04		Available	Digit...	High...	Low	☐	☐
30	PA21	UART用	Available	Digit...	High...	Low	☐	☐
31	PA22	SERCOM3_PAD0	SERCOM3_P...	Digit...	High...	n/a	☐	☐
32	PA23	SERCOM3_PAD1	SERCOM3_P...	Digit...	High...	n/a	☐	☐
33	PA24		Available	Digit...	High...	Low	☐	☐
46	PA31	ADC用	Available	Digit...	High...	Low	☐	☐
47	PB02	ADC_AIN10	ADC_AIN10	Anal...	High...	n/a	☐	☐
48	PB03	ADC_AIN11	ADC_AIN11	Anal...	High...	n/a	☐	☐

■コード生成と修正

以上ですべての設定が完了ですから、Generateしてコードを生成します。

生成後メイン関数にアプリケーション部のコードを記述して完成させます。この例題のメイン関数はリスト6-9-1となります。

グローバル変数を定義したあと、TC3の割り込み処理関数を記述していますが、ここではFlagをセットしているだけです。

mainの最初でTC3のCallback関数を定義してからTC3をスタートし、ADCを有効化しています。

mainループでは、FlagがセットされていたらAD変換を開始します。2つのチャネルを順にAD変換し電圧値に変換します。最後にprintf関数でメッセージを送信しています。

●図6-9-1　メイン関数部の詳細リスト

```
/*****************************************************************
 *   ADコンバータのテスト
 *   TC3の1秒間隔で2つの可変抵抗の電圧を計測しUARTで送信する
 *****************************************************************/
#include <stddef.h>                                // Defines NULL
#include <stdbool.h>                               // Defines true
#include <stdlib.h>                                // Defines EXIT_FAILURE
#include "definitions.h"                           // SYS function prototypes
/** 変数定義 ***/
int result1, result2;
float Volt1, Volt2;
volatile int Flag;
/** TC3タイマ割込み処理 ****/
void TC3_ISR(TC_TIMER_STATUS status, uintptr_t context)
{
    Flag = 1;                                      // フラグセット
    Green_Toggle();                                // 目印反転
}
/********** メイン関数 ****************/
int main ( void )
{
    /* Initialize all modules */
    SYS_Initialize ( NULL );                       // 初期化
    TC3_TimerCallbackRegister(TC3_ISR, 0);         // TC3 Callback関数定義
    TC3_TimerStart();                              // TC3スタート
    ADC_Enable();                                  // AD有効化
    /***** メインループ ******/
    while ( true )
    {
        if(Flag == 1){                             // 1秒フラグ待ち
            Flag = 0;                              // フラグリセット
            /** POT1のAD変換 ***/
            ADC_ChannelSelect(ADC_POSINPUT_PIN10, ADC_NEGINPUT_GND);
            ADC_ConversionStart();                 // 変換開始
            while(!ADC_ConversionStatusGet());     // 変換終了待ち
            result1 = ADC_ConversionResultGet();   // 変換結果取得
            Volt1 = (3.3 * result1) / 4095;        // 電圧値に変換
            /*** POT2のAD変換 ****/
            ADC_ChannelSelect(ADC_POSINPUT_PIN11, ADC_NEGINPUT_GND);
            ADC_ConversionStart();                 // 変換開始
            while(!ADC_ConversionStatusGet());     // 変換終了待ち
            result2 = ADC_ConversionResultGet();   // 変換結果取得
            Volt2 = (3.3 * result2) / 4095;        // 電圧値に変換
            /*** UARTで送信 *****/
            printf("\r\nPOT1= %1.2f volt  POT2= %1.2f volt", Volt1, Volt2);
        }
    }
    return ( EXIT_FAILURE );
}
```

TC3の割り込み
Callback関数でフラグ
セットのみ

TC3の割り込み
Callback関数の定義と
タイマスタート

ADCを使う標準的な
手順

ADCを使う標準的な
手順

標準出力関数

■動作確認

実際の実行結果が図6-9-7となります。2個の可変抵抗を動かしながら出力しています。

●図6-9-7　例題の実行結果例

6-10 アナログコンパレータの使い方

6-10-1 アナログコンパレータの概要

　SAM D21ファミリのアナログコンパレータは、2個がペアとなっていてそれが1組実装されています。そして次のような特徴を持っています。

デジタル出力となる。

・出力は外部ピン*へ直接出力可能
・入力は次の中から選択できる

ピンは決まっている。

　　－4ピンから選択*、プラス側とマイナス側いずれにも指定可能

ゼロクロス検出
交流信号が0Vを横切るタイミングの検出。

　　－グランドを選択するとゼロクロス検出*が可能
　　－内蔵定電圧リファレンス
　　－VDDの分圧　64レベルから選択できる
　　－DAコンバータの出力
・割り込み生成　　立ち上がり、立ち下がりエッジ、トグル、変換終了
・窓比較機能で割り込みとイベント生成可能
　　－窓より大、小、内、外の条件で割り込み生成

非常に短時間の出力で誤動作しないようにする。

・設定により出力にフィルタを付加*することが可能

6-10-2 アナログコンパレータの内部構成と設定項目

　アナログコンパレータの内部構成と設定項目は図6-10-1のようになっています。2つのコンパレータがペアになっています。それぞれのプラス側とマイナス側の入力信号を外部ピンから選択できます。マイナス側は外部ピンの他に、グランドとVDD分圧*、定電圧リファレンスが選択できます。

VDDを64分割した値を設定できる。

　比較速度を高速、低速で選択して消費電力を変えられます。出力を外部ピンに接続*することもできます。

デジタル出力となる。

　COMP0のマイナス入力を上限値、COMP1のマイナス入力を下限値として窓監視機能とすることができ、窓監視割り込みまたはイベントを生成できます。

ヒステリシス
スレッショルドに幅を持たせて動作を安定化させる。

　比較条件にヒステリシス*を加えることや、連続動作かワンショット*の比較動作かを選択することもできます。

ワンショット
一度比較検出したら比較動作を停止する。

●図6-10-1　アナログコンパレータの内部構成と設定項目

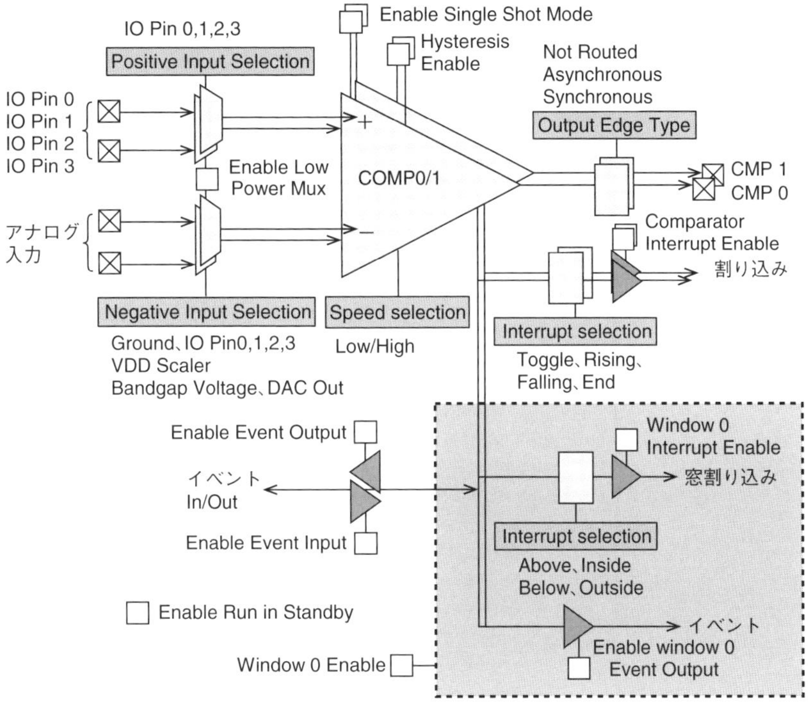

アナログコンパレータにもクロック信号が必要で、サンプリングレートを決めるのに使われます。

VDD分圧とは、VDDANAの電圧を64分割したDAコンバータと同じように使うことができる機能で、2つのコンパレータのマイナス入力それぞれに独立した電圧を供給できます。

アナログコンパレータの入出力として使える入出力ピンは表6-10-1のようにそれぞれ決まっていますので、注意が必要です。

▼表6-10-1　アナログコンパレータ用入出力ピン

ACピン名称	入出力ピン名称	用　途
AIN[0]	PA04	アナログ入力
AIN[1]	PA05	
AIN[2]	PA06	
AIN[3]	PA07	
CMP[0]	PA12、PA18	デジタル出力
CMP[1]	PA13、PA19	

このアナログコンパレータのMHCの設定画面は図6-10-2のようになっています。2つのコンパレータそれぞれに入力やヒステリシス、割り込みなどの設定ができます。さらに両方を使った窓監視機能の設定もできます。

●図6-10-2　アナログコンパレータのMHC設定画面

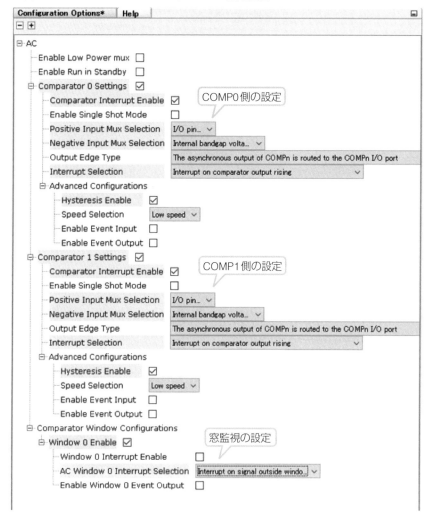

これで生成されるアナログコンパレータ制御用関数は、表6-10-1のようになっています。

▼表6-10-1　アナログコンパレータ制御用関数一覧

関数名	機能と書式
AC_Start	ACの動作を開始する 《書式》void AC_Start(AC_CHANNEL channel_id); 　　　data：10ビットのDA出力値
AC_SetVddScalar	VDD分圧の設定 《書式》void AC_SetVddScalar(AC_CHANNEL channel_id , uint8_t 　　　vdd_scalar); 　　　channel_id：ACの指定0か1 　　　　　または AC_CHANNEL0、AC_CAHHNEL1 　　　vdd_scale：分圧比　0から63
AC_SwapInputs	ACの入力の±を入れ替える 《書式》void AC_SwapInputs(AC_CHANNEL channel_id); 　　　channel_id：ACの指定0か1 　　　　　または AC_CHANNEL0、AC_CAHHNEL1
AC_StatusGet	ACの出力値を返す 《書式》bool AC_StatusGet (AC_CHANNEL channel); 　　　戻り値：True/False 　　　channel：ACの指定0か1 　　　　　または AC_CHANNEL0、AC_CAHHNEL1
AC_CallbackRegister	ACの割り込み処理関数の定義 《書式》void AC_CallbackRegister (AC_CALLBACK callback, 　　　uintptr_t context); 　　　callback：割り込み処理関数名 　　　context：パラメータ　通常は0またはNULL
割り込み処理関数	ACの割り込み処理関数の書式（関数名は任意） 《書式》void AC_ISR(uint8_t int_flags, uintptr_t context) 　　　int_flags：ACの出力状態　0か1または　True/False 　　　context：パラメータ　通常は0またはNULL

6

周辺モジュールの使い方

237

6-11 DAコンバータの使い方

6-11-1 DAコンバータの概要

　SAM D21ファミリには10ビット分解能のDAコンバータが1組搭載されています。その特徴は次のようになっています。

- ・ 分解能　　　：10ビット
- ・ 変換レート：350ksps
- ・ 多くのトリガ源
- ・ 出力駆動能力が大きく直接外部出力[*]可能
- ・ アナログコンパレータ用基準電圧として使える
- ・ DMAをサポート

アナログピンとなる。
最小負荷抵抗　5kΩ。

6-11-2 DAコンバータの内部構成と設定項目

　DAコンバータの内部構成と設定項目は図6-11-1のようになっています。

　出力電圧の基準となるリファレンス電圧には、内蔵の定電圧リファレンス、電源電圧、外部電源が選択できます。出力にはバッファアンプが付加されているので、そのまま外部ピンに出力できレールツーレール出力[*]となっています。またアナログコンパレータやADコンバータの入力としても使うことができます。

出力電圧範囲：0.05V
からVDDANA − 0.05V
最小負荷抵抗：5kΩ。

　入力バッファが空というイベントが出力されますから、これでDMA等をトリガできます。DACには割り込みはありません。

●図6-11-1　DAコンバータの内部構成と設定項目

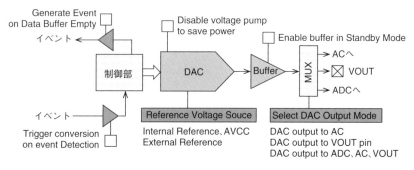

238

このDAコンバータのMHCの設定画面は図6-11-2のようになっています。設定内容は図6-11-1と同じになっています。

●図6-11-2　DAコンバータのMHC設定画面

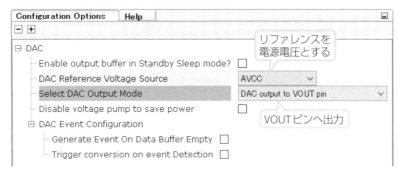

設定後Generateして生成されるDAコンバータの制御関数は表6-11-1のように、出力値を設定する関数1つだけとなっています。

▼表6-11-1　DAコンバータ制御関数一覧

関数名	機能と書式
DAC_DataWrite	DAコンバータに出力する 《書式》void DAC_DataWrite(uint16_t data); 　　　　data：10ビットのDA出力値

6-11-3　例題によるDAコンバータの使い方

実際の例題でDAコンバータの設定と関数の使い方を説明します。

> 【例題】プロジェクト名　DAC
>
> 　トレーニングボードでDAコンバータを使って正弦波を出力する。正弦波の分解能は100ステップ/サイクルとし、TC3を3.33μsec周期*のインターバルタイマとして動作させ、DAコンバータに正弦波のデータを順次出力する。これで3.33×100 = 333μsec 周期　つまり3kHzの正弦波を出力する。
> 　DAコンバータのリファレンスは電源電圧とする。

* これ以下の周期ではプログラム実行が間に合わない。

この例題の構成は図6-11-3のようにします。正弦波のデータは1サイクルを100ステップとしてプログラムで生成します。

●図6-11-3　例題の構成

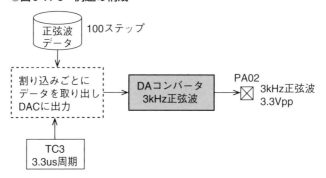

■MHCによる設定

まずMHCで必要な周辺モジュールを追加します。この例題ではTC3とDAコンバータだけとなります。

次にクロックの設定は、メインメニューから [MHC] → [Tools] → [Clock Configuration] と選択してから、[Clock Easy View] タブをクリックして開く画面で設定します。すべてデフォルトのDFLLの48MHzとします。

次に周辺モジュールの設定で、DAコンバータの設定は図6-11-2のとおりで特に変更はありません。次にTC3の設定は図6-11-4のように分周比を1/1として 0.0033msecとします。これでほぼ3.33μsecとなります。

●図6-11-4　TC3のMHCの設定

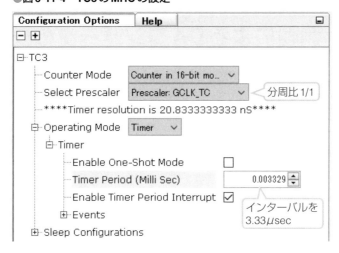

次に入出力ピンの設定は、メインメニューから [MHC] → [Tools] → [Pin Configuration] と選択してから、[Pin Settings] のタブをクリックして開く画面で設定します。この例題ではDAコンバータの出力をVOUTピンにするだけですから、図6-11-5のようにします。

●図6-11-5 入出力ピンの設定

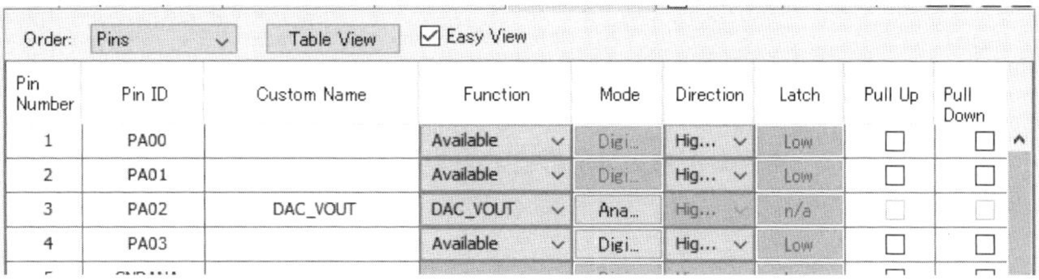

Order: Pins | Table View | ☑ Easy View

Pin Number	Pin ID	Custom Name	Function	Mode	Direction	Latch	Pull Up	Pull Down
1	PA00		Available	Digi...	Hig...	Low	☐	☐
2	PA01		Available	Digi...	Hig...	Low	☐	☐
3	PA02	DAC_VOUT	DAC_VOUT	Ana...	Hig...	n/a	☐	☐
4	PA03		Available	Digi...	Hig...	Low	☐	☐

コード生成と修正

以上で設定は完了ですからGenerateします。プログラム作成はメイン関数のみで、リスト6-11-1のようになります。

最初に正弦波用のデータを100分割で計算*してテーブルを作成しています。あとはTC3の割り込み処理の中でこのテーブルから順番にDAコンバータに出力しています。

*SIN関数を使って生成する。このためmath.hのインクルードが必要。511±511の範囲の振幅とする。

リスト 6-11-1 例題のプログラムリスト

SINE関数を使えるようにする

TC3割り込み処理関数

正弦波データの生成

```
/*******************************************************
* DAコンバータのテストプログラム
*   プロジェクト名   DAC
 *******************************************************/
#include <stddef.h>                    // Defines NULL
#include <stdbool.h>                   // Defines true
#include <stdlib.h>                    // Defines EXIT_FAILURE
#include "definitions.h"               // SYS function prototypes
#include <math.h>
#define C 3.141516/180.0
uint16_t SineWave[100], n, Index;
/****** TC3割り込み処理関数 ********/
void TC3_ISR(TC_TIMER_STATUS status, uintptr_t context){
    DAC_DataWrite(SineWave[Index++]);   // DACにデータ出力
    if(Index >= 100)                    // 1サイクル終了
        Index = 0;                      // 最初に戻す
}
/******* メイン関数 ********/
int main ( void )
{
    SYS_Initialize ( NULL );
    TC3_TimerCallbackRegister(TC3_ISR,(uintptr_t) NULL);
    /*** 正弦波データの生成 ****/
    for(n=0; n<100; n++)
        SineWave[n] = (uint16_t)(511.0 * sin(C * (double)n * 3.6) + 511.0);
    Index = 0;
    TC3_TimerStart();                   // TC3スタート
    while ( true )
    {
    }
    return ( EXIT_FAILURE );
}
```

■動作確認

　実際に出力される正弦波は、トレーニングボードのVOUTのチェックピンで、オシロスコープで観測すると図6-11-6のようになります。

● 図6-11-6　実際の出力波形

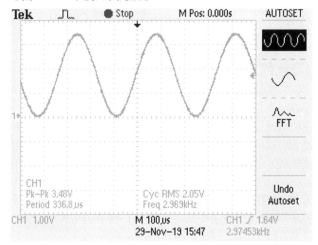

6-12 DMAとイベントの使い方

6-12-1 Direct Memory Access（DMA）とイベント

DMAもイベントも、プログラムを必要とせずに周辺モジュール同士を連携させて動作させる機能となっています。

これらをうまく使えばプログラムステップ数を減らせるだけでなく、高速動作が可能になります。

本節では例題でこのDMAとイベントの基本的な動作を試してみます。

DMAの内部構成については2-8節を参照してください。またイベントについては2-10節を参照してください。

6-12-2 例題によるDMAとイベントの使い方

【例題】プロジェクト名　USART_DMA

トレーニングボードを使い、図6-12-1のようにRTCの1秒間隔のイベントによりADコンバータを起動し、可変抵抗の電圧をAD変換する。

さらにAD変換の終了割り込みで変換結果を電圧に変換し、文字列に変換してからバッファに保存する。次にDMAでUSARTを使ってパソコンにバッファデータを送信する。

●図6-12-1　例題の動作関連

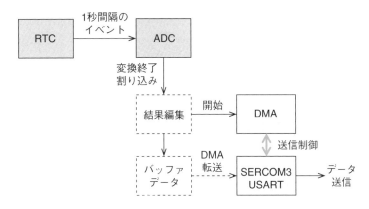

243

■MHCによる設定

　例題のプログラムを製作します。まずプロジェクトを生成しMHCを起動したら、図6-12-2のように周辺モジュールを追加します。RTCとADCとSERCOM3だけです。

●図6-12-2　周辺モジュールの追加

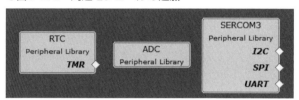

　次にクロックの設定をします。メインメニューから[MHC]→[Tools]→[Clock Configuration]と選択してから、[Clock Easy View]タブをクリックして開く画面で設定します。まずCPUはDFLLの48MHzとし、SERCOMとADCも同じGCLK0とします。RTCには内蔵高精度32kHzの発振器(XOSC32K)を使って32.768kHzのクロックを供給します。

　次にRTCの設定は図6-12-3のようにします。32ビットタイマモードで、クロックは1/1分周とし比較値を0x8000（＝32768）とします。これで32768Hz/32768＝1Hz　つまり1秒となります。さらに一致でクリアにチェックすれば1秒周期となります。最後に周期一致でイベントを出力するように設定します。

●図6-12-3　RTCの設定

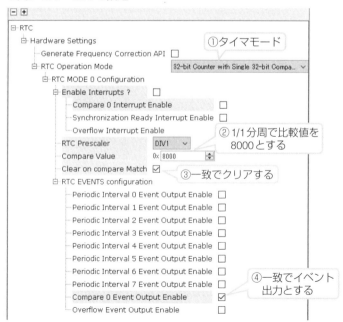

　次がADCの設定で図6-12-4のようにします。①でクロックの分周比を1/32
としサンプリングを3サイクルとします。②でトリガをハードウェアとします。
これでイベントによるトリガが可能となります。最後に変換終了で割り込み
ありとします。

●図6-12-4　ADCの設定

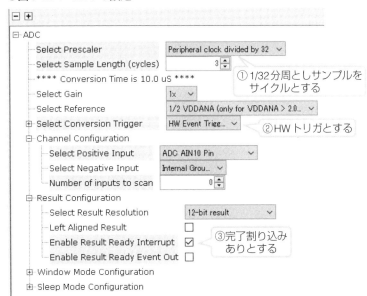

　次がSERCOM3の設定で図6-12-5のようにします。まずUSARTで使う設定
とし、DMAを使うので割り込みはなしとします。あとは通常通りPADの設
定です。

●図6-12-5　SERCOM3の設定

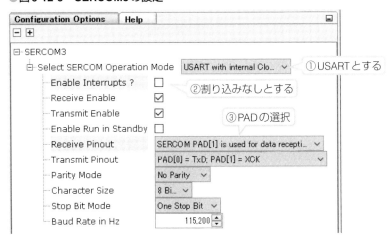

次に入出力ピンの設定で図6-12-6のようにします。LED、SERCOM3、ADC用のアナログ入力ピンの設定だけです。

●図6-12-6　入出力ピンの設定

Pin Number	Pin ID	Custom Name	Function	Mode	Direction	Latch	Pull Up	Pull Down
6	VDDANA		∨	Digit...	High... ∨	Low	☐	☐
7	PB08	Red	GPIO ∨	Digit...	Out ∨	Low	☐	☐
8	PB09	Green	GPIO ∨	Digit...	Out ∨	Low	☐	☐
9	PA04		Available ∨	Digit...	High... ∨	Low	☐	☐
10	PA05		Available ∨	Digit...	High... ∨	Low	☐	☐
31	PA22	SERCOM3_PAD0	SERCOM3_P... ∨	Digit...	High... ∨	n/a	☐	☐
32	PA23	SERCOM3_PAD1	SERCOM3_P... ∨	Digit...	High... ∨	n/a	☐	☐
33	PA24		Available ∨	Digit...	High... ∨	Low	☐	☐
46	PA31		Available ∨	Digit...	High... ∨	Low	☐	☐
47	PB02	ADC_AIN10	ADC_AIN10 ∨	Anal...	High... ∨	n/a	☐	☐
48	PB03	ADC_AIN11	ADC_AIN11 ∨	Anal...	High... ∨	n/a	☐	☐

以上で周辺モジュール自身の設定は完了しました。

続いてイベントの設定をします。メインメニューから［MHC］→［Tools］→［Event System Configuration］としてから、［EVENT0 Easy View］のタブをクリックして、図6-12-7の画面のように設定します。

●図6-12-7　イベントの設定

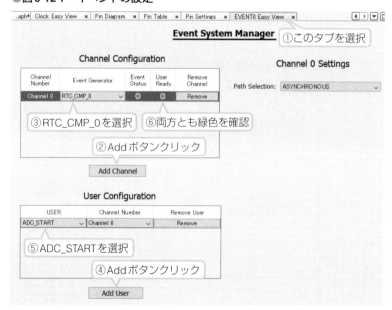

　まず②のDMAチャネルのイベント要因となる側の［Add Channel］ボタンを
クリックし、③でRTCの周期一致イベントをチャネル0のトリガ要因とします。
　設定後、Event StatusとUser Ready欄が緑色のボタンになっていることを
確認します。これが赤色の場合は、対象周辺モジュールのイベントのOutput
またはInputの設定が抜けているので、確認します。
　次に④でユーザーとなるイベント駆動される側の［Add User］ボタンをクリッ
クして、⑤のようにADCの開始をイベントチャネル0のイベントで駆動する
ように設定します。
　以上で、RTCの周期一致ごとにADコンバータの変換がイベント駆動で開
始されることになります。
　次がDMAの設定です。やはりメインメニューから［MHC］→［Tools］→［DMA
Configuration］としてから、［DMA Settings］タブをクリックして開く画面で、
図6-12-8のように設定します。②の［Add Channel］ボタンをクリックすると上
側の窓にDMAC Channel 0が追加されますから、ここでDMA対象に③のよう
にSERCOM3_Transmitを選択します。その転送内容を右側で設定しますが、
④のようにOne Beatを選択します。さらに⑤でBeat Sizeを8ビットとします。
これで、SERCOM3の送信レジスタが空になる都度、8ビットのBeatが1つだ
けメモリからSERCOM3に転送されます。

●図6-12-8　DMAの設定

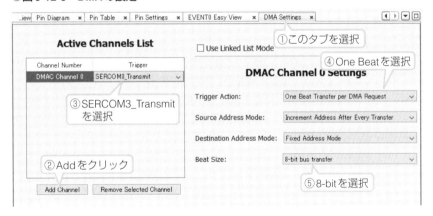

■コード生成と修正
　以上ですべての設定が完了ですので、Generateしてコードを生成します。
　これで生成されたDMAのソース「plib_dmac.c」には、表6-12-1のような関
数が生成されます。

関数名	機能と書式
DMAC_ChannelTransfer	DMA転送の転送元と転送先を指定し転送を開始する 《書式》bool DMAC_ChannelTransfer(DMAC_CHANNEL channel, 　　　　const void *srcAddr, const void *destAddr, size_t blockSize); 　　　　channel：DMAのチャネル番号　DMAC_CHANNEL_x 　　　　*srcAddr：転送元のアドレス 　　　　*destAddr：転送先のアドレス 　　　　blockSize：転送回数（Beat単位） 　　　　戻り値：成功（True）　失敗（False）
DMAC_ChannelLinkedListTransfer	（リンク動作を指定した場合のみ生成される） DMAのリンク動作による転送を指定する 《書式》bool DMAC_ChannelLinkedListTransfer(DMAC_CHANNEL channel, 　　　　dmac_descriptor_registers_t* channnelDesc); 　　　　channel：DMAのチャネル番号　DMAC_CHANNEL_x 　　　　*channelDesc：最初のリンクデスクリプタ先頭アドレス
DMAC_ChannelCallbackRegister	DMA割り込み処理関数の定義 《書式》void DMAC_ChannelCallbackRegister(DMAC_CHANNEL channel, 　　　　const DMAC_CHANNEL_CALLBACK callback, const uintptr_t context); 　　　　channel：DMAチャネル番号　DMAC_CHANNEL_x 　　　　callback：割り込み処理関数名（任意名称） 　　　　context：パラメータ　通常はNULLか0
割り込み処理関数	DMAの割り込み処理関数の書式 《書式》void DMA_ISR (DMAC_TRANSFER_EVENT event, uintptr_t contextHandle); 　　　　event：割り込み要因　下記が代入される 　　　　　DMAC_TRANSFER_EVENT_COMPLETE 　　　　　DMAC_TRANSFER_EVENT_ERROR 　　　　contextHandle：パラメータ　通常はNULLか0

　これらの関数を使って作成した例題のメイン関数部がリスト6-12-1となります。この例題はこのメイン関数のみの製作で動作します。

　最初の部分でADC_Completeというフラグ変数を定義していますが、これにはvolatile修飾が必須なので忘れないようにします。これは割り込み処理とメインの両方で使う変数の場合常に必要となります。

　続いてADCの割り込み処理関数で、この中でフラグをセットしています。初期化部ではADCの割り込み処理関数を定義しADCを有効化しています。さらにRTCをスタートさせて動作を開始します。

　メインループではADC変換完了フラグのセットを待ち、終了でデータを読み出して編集しバッファに格納してから、DMAでUARTへの送信を開始しています。これでUSARTによる送信を実行します。

リスト　6-12-1　例題のメイン関数

```
/****************************************************************
*   DMAの例題プログラム        プロジェクト名   USART_DMA
*     RTCの0.5秒周期のイベントでADCをトリガ
*     ADCの変換終了割り込みでUSARTの送信をDMAで開始
     ***********************************************************/
#include <stddef.h>                            // Defines NULL
#include <stdbool.h>                           // Defines true
#include <stdlib.h>                            // Defines EXIT_FAILURE
#include "definitions.h"                       // SYS function prototypes
#include <string.h>
#include <stdio.h>
char Buffer[64];
volatile uint8_t ADC_Complete;
double Volt;
uint16_t result;
/** AD変換終了割り込み処理関数 ***/
void ADC_ISR(ADC_STATUS status, uintptr_t context){
    ADC_Complete = 1;                          // フラグセット
}
/******** メイン関数 ********/
int main ( void )
{
    SYS_Initialize ( NULL );
    ADC_CallbackRegister(ADC_ISR, 0);          // ADC割り込み処理関数定義
    ADC_Enable();                              // AD有効化
    RTC_Timer32Start();                        // RTCスタート
    /*** メインループ ****/
    while ( true )
    {
        SYS_Tasks ( );
        if(ADC_Complete == 1){                 // AD変換終了待ち
            Green_Toggle();
            ADC_Complete = 0;                  // フラグリセット
            result = ADC_ConversionResultGet(); // 変換結果取得
            Volt = (3.3 * result) / 4095;      // 電圧値に変換
            sprintf(Buffer, "\r\nVolt= %1.2f volt", Volt);
            DMAC_ChannelTransfer(DMAC_CHANNEL_0, Buffer,
                (const void *)&(SERCOM3_REGS->USART_INT.SERCOM_DATA),
                    strlen(Buffer));
        }
    }
    return ( EXIT_FAILURE );
}
```

ADCの割り込み処理関数

ADCの割り込み処理関数定義と有効化

RTCのスタート

AD変換結果の編集

USARTへのDMA転送開始

6-12-3 例題によるDMAのリンク転送の使い方

DMAのリンク転送を例題で実際に試してみます。

> 【例題】プロジェクト名　DAC_DMA
>
> 　TC3の一定周期でDMAのCH0とCH1のリンク転送を起動し、DAコンバータから10kHzの正弦波のデータを出力する。正弦波のデータは1周期を100分割する。クロックはDFLLの48MHzとしDAコンバータ、TC3、DMAとも同じGCLK0から供給する。

　ここで例題の全体構成は、図6-12-9のような構成とします。この例題はDMAのCH0だけの循環動作でも動作しますが、あえてDMAのCH0とCH1の2チャネルを用意しCH0からCH1にリンクさせ、さらにCH1からCH0にリンクさせて循環動作をさせるようにします。DMAのトリガをTC3のオーバーフロー周期とし、さらにDMAの送信元を正弦波のデータバッファとしてアドレスをインクリメントし、送信先はDAコンバータのデータレジスタとします。

●図6-12-9　例題の構成

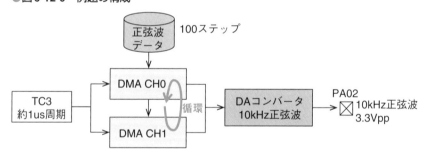

■MHCによる設定

　プロジェクトを作成しMHCを起動したら、まず必要な周辺モジュールを追加します。この例題ではDAコンバータとTC3が必要ですから、これらを追加します。追加したProject Graphが図6-12-10となります。

●図6-12-10　例題のProject Graph

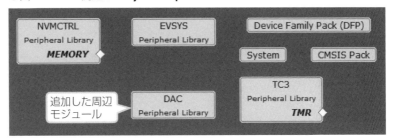

次にクロックの設定です。メインメニューから[MHC]→[Tools]→[Clock Configuration]と選択してから、[Clock Easy View]タブをクリックして開く画面で設定します。CPUはデフォルトのDFLLの48MHzとし、DMA、DAC、TC3のクロックも同じGCLK0とします。

次は周辺モジュールの設定です。

TC3は図6-12-11のように約1μsec周期の設定とします。ピッタリ1μsecにしないのは、DMAの動作時間が加わるため1μsecでは10kHzよりわずかに低い周波数になるからです。

●図6-12-11　TC3の設定

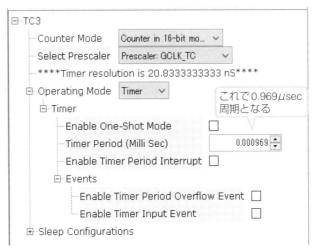

次がDAコンバータの設定で、図6-12-12のように設定します。電圧リファレンスをAVCCとし、出力を外部とします。

●図6-12-12　DAコンバータの設定

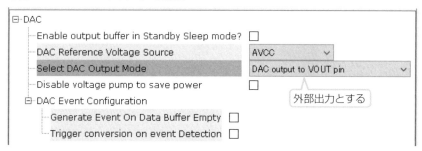

次に入出力ピンの設定です。メインメニューから[MHC] → [Tools] → [Pin Configuration] と選択してから、[Pin Settings]のタブをクリックして開く画面で図6-12-13のようにDACOUTピンだけ設定します。

●図6-12-13　入出力ピンの設定

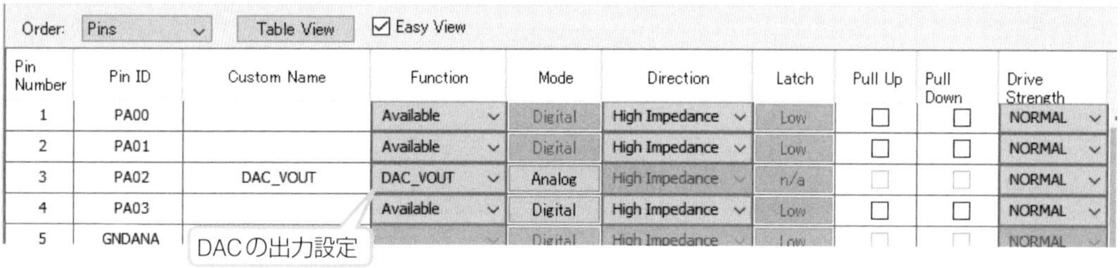

Pin Number	Pin ID	Custom Name	Function	Mode	Direction	Latch	Pull Up	Pull Down	Drive Strength
1	PA00		Available	Digital	High Impedance	Low	☐	☐	NORMAL
2	PA01		Available	Digital	High Impedance	Low	☐	☐	NORMAL
3	PA02	DAC_VOUT	DAC_VOUT	Analog	High Impedance	n/a	☐	☐	NORMAL
4	PA03		Available	Digital	High Impedance	Low	☐	☐	NORMAL
5	GNDANA			Digital	High Impedance	Low			NORMAL

DACの出力設定

次がDMAの設定です。やはりメインメニューから[MHC] → [Tools] → [DMA Configuration] としてから、[DMA Settings]タブをクリックして開く画面で、図6-12-14のように設定します。

最初に[Add Channel]をクリックします。これで上側の欄に「DMA Channel 0」が追加されますから、[Trigger]欄でTC3_OVFを選択します。これでTC3のオーバーフローごとにDMAが起動されます。

続いて右側で[Use Linked List Mode]にチェックを入れ、その下側は図の④から⑦のように設定します。これでDMAトリガごとに16ビットのデータが取り出されることになります。

DMAのCH1は設定しなくてもリンク動作で自動的に同じ設定となります。

●図6-12-14　DMAの設定

■コード生成と修正

以上でMHCの設定は終わりですので、Generateしてコードを生成します。コード生成後main.cにコードを追加します。

追加したmain.cはリスト6-12-2となります。最初のデータ定義でリンクデスクリプタ用の領域を2チャネル分用意しています。

そしてメイン関数では最初に正弦波のデータをsin関数で1周期100個分生成しています。

続いてDMAのリンクリストの作成です。DMAのリンク動作をさせるためには、リンクリストとなるデスクリプタを作成する必要があります。

図2-8-3のデスクリプタの構成にしたがってそれぞれを設定します。制御情報のBTCTRLの設定が複雑ですが、ここは自動生成された「plib_dmac.c」の**DMAC_Initialize**関数を参考にしてコピーして作成します。

また転送元のアドレスSRCADDR（Source Address Register）には**正弦波データ配列の最後のアドレスとする必要があります**ので、注意が必要です。リンク先のアドレスDESCADDR（Destination Address Register）には、CH0はCH1のデスクリプタの先頭アドレスを設定し、CH1のDESCADDRにはCH0のデスクリプタの先頭アドレスを設定します。これでCH0とCH1が互いにリンクされるので循環動作することになります。

CH0のDESCADDRに自分自身のデスクリプタの先頭アドレスを設定すれば、CH0だけの循環動作になります。

リンクリストの作成後、リンク転送の関数を呼べばDMA動作準備完了となります。最後にTC3をスタートさせれば、実際のDMA動作が始まります。

6 周辺モジュールの使い方

リスト 6-12-2　例題のメイン関数詳細

```
/*****************************************************
 *  DAコンバータのDMAテストプログラム
 *    プロジェクト名    DAC_DMA
 *****************************************************/
#include <stddef.h>              // Defines NULL
#include <stdbool.h>             // Defines true
#include <stdlib.h>              // Defines EXIT_FAILURE
#include "definitions.h"         // SYS function prototypes
#include <math.h>
/** グローバル変数定義 *****/
#define PI 3.141516/180.0
uint16_t SineWave[100], n;
static dmac_descriptor_registers_t LinkList[2]  __attribute__((aligned(16)));
/******** メイン関数 **********/
int main ( void )
{
    SYS_Initialize ( NULL );
    /*** 正弦波テーブル生成 ****/
    for(n=0; n<100; n++)
        SineWave[n] = (uint16_t)(500.0 * sin(PI * (double)n * 3.6) + 511.0);
    /** CH0リンクデスクリプタセット 循環動作 ***/
    LinkList[0].DMAC_BTCTRL = DMAC_BTCTRL_BLOCKACT_INT | DMAC_BTCTRL_BEATSIZE_HWORD |
                                DMAC_BTCTRL_VALID_Msk | DMAC_BTCTRL_SRCINC_Msk;
    LinkList[0].DMAC_BTCNT = (uint16_t)100;
    LinkList[0].DMAC_SRCADDR = (uint32_t)&SineWave[100];
    LinkList[0].DMAC_DSTADDR = (uint32_t)&(DAC_REGS->DAC_DATA);
    LinkList[0].DMAC_DESCADDR = (uint32_t)&LinkList[1];       // リンク指定
    /** CH1リンクデスクリプタセット 循環動作 ***/
    LinkList[1].DMAC_BTCTRL = DMAC_BTCTRL_BLOCKACT_INT | DMAC_BTCTRL_BEATSIZE_HWORD |
                                DMAC_BTCTRL_VALID_Msk | DMAC_BTCTRL_SRCINC_Msk;
    LinkList[1].DMAC_BTCNT = (uint16_t)100;
    LinkList[1].DMAC_SRCADDR = (uint32_t)&SineWave[100];
    LinkList[1].DMAC_DSTADDR = (uint32_t)&(DAC_REGS->DAC_DATA);
    LinkList[1].DMAC_DESCADDR = (uint32_t)&LinkList[0];       // リンク指定
    /** DMAリンク転送スタート ***/
    DMAC_ChannelLinkedListTransfer(DMAC_CHANNEL_0, &LinkList[0]);
    TC3_TimerStart();           // TC3スタート
    while ( true )
    {
    }
    return ( EXIT_FAILURE );
}
```

注釈（左側）:
- リンクデスクリプタ領域の確保
- 正弦波データの生成
- CH0のリンクデスクリプタ
- CH1にリンク
- CH1のリンクデスクリプタ
- CH1にリンク
- リンク転送開始

　実際にこれで正弦波を生成させると、動作としては35kHz程度まで可能です。しかしその周波数では、周期の境界で、DMAのチャネル移行のときに発生する遅延のため、境界で正弦波出力が遅れて歪んだ波形になってしまいます。歪まずにきれいな正弦波となるのは、約15kHz程度となります。

　とはいえ、6-11節の割り込みを使った場合には3kHzが限界だったので、5倍以上の周波数まで出力できることになり、DMAの効果が明確に現れます。

第7章

ミドルウェアと
ドライバの使い方

Harmonyにはミドルウェアとして数多くの高機能ライ
ブラリが用意されています。またそれらを効率的に使う
ために必要なドライバも一緒に提供されています。
　本章では、これらのミドルウェアとドライバの使い方
を代表的なもので解説していきます。
　本章ではHarmonyのミドルウェアを使った
「Middleware Application」の構成で例題を作成します。

ミドルウェアとドライバ

7-1-1 ミドルウェアの種類

ドキュメントの所在
は下記のcspの部分を
パッケージ名に変えた
docフォルダ。
C:\Harmony\csp\doc
C:\Harmony\usb\doc
など。

例題の所在は下記の
audioの部分をパッ
ケージ名に変えた
appsフォルダ内。
C:\Harmony\audio\
apps
C:\Harmont\usb\apps
など。

本書執筆時点で提供されているミドルウェアには表7-1-1のようなものがあります。いずれもHarmonyをダウンロードした中にドキュメント*や例題も*一緒に提供されているので、これらを参考にして使うことになります。

▼表7-1-1　ミドルウェアの種類一覧

名　称	機能内容
Audio	各種オーディオ関連のドライバ、エンコーダ/デコーダ
USB Device	サポートクラス：CDC、Audio、HID、MSD、Generic 複合クラスも可能 フルスピード、ハイスピード対応
USB Host	サポートクラス：CDC、MSD、HID、Hub 複合クラスも可能 フルスピード、ハイスピード
Graphics	MPLAB Harmony Graphics Composer Suites GUIベースのアプリ開発を支援するツール類を含む
Crypto	暗号化、複合化、ハッシュ、認証処理
TCP/IP、Wi-Fi	IPv4/IPv6対応のスタック HTTP、SMTP、SNMP、TFTPなどのアプリ層も含む
TLS/MQTT	wolfSSL/TLSベース、wolfMQTTベース
File Systems	FATFS対応、SDカード、USBなどで使用
Motor Control	モータ制御のリファレンスとなるアプリ
Bluetooth	基本スタック、SPP可能、BLE対応
DSP/Math	DSPなどの高機能演算ライブラリの集合
Bootloader	UARTからのファームウェア書き換え
Touch	タッチスイッチ

7-1-2 Harmonyのパッケージ

4-3節を参照。

Harmony本体は、多くのパッケージと呼ばれるモジュールで構成されています。ライブラリごとにパッケージがあるものもあります。

インストールする際に、「Content Manager*」によりパッケージを選択してダウンロードできるようになっています。このパッケージには本書執筆時点

では表7-1-2のような種類があります。通常は最初のダウンロードの際はすべてダウンロードし、2回目以降は更新が必要なものを選択してダウンロードします。

▼表7-1-2　Harmonyのパッケージ一覧

パッケージ名	パッケージの内容
audio	Audio Development environment 音声処理開発用の環境一式
bootloader	ブートローダー
bsp	Board Support Package 標準で提供されている評価ボードに関する情報
bt	Bluetooth development environment Bluetoothの開発用環境一式
CMSIS-FreeRTOS	ARM CMSIS-RTOS adoption of FreeRTOS ARMの抽象化層とFreeRTOS用モジュール
core	core module components 基本のモジュールのドライバ、サービス、OSALを提供する
crypto	Support for Cryptography 暗号化に関する開発環境一式
csp	Chip Support Package デバイスごとの周辺モジュールなどのPLIB提供
dev_packs	Temporary Device Family Packs Repository 仮のデバイスファミリ用パッケージの情報
gfx	Graphics Package GUI画面開発用の環境一式
gfx_apps	グラフィック関連のデモアプリ
mhc	Harmony 3 Configurator（MHC） Harmony V3用のコンフィギュレーション設定ツール
micrium_ucos3	サードパーティRTOSのMicriumOS-Ⅲ用アプリ一式
motor_control	モータ制御デモアプリ用開発環境一式
net	Network Package TCP/IP Stack ネットワーク開発用の環境一式
touch	Touch Library タッチスイッチの開発環境一式
usb	USB module USB通信スタック開発環境一式
wolfMQTT	wolfSSL embedded MQTT library wolf社の組み込み用MQTTライブラリ
wolfssh	wolfSSL embedded SSH library wolf社の組み込み用SSHライブラリ
wolfssl	wolfSSL embedded TLS library wolf社の組み込み用TLSライブラリ

7

ミドルウェアとドライバの使い方

7-1-3 ドライバの種類と構成

Harmonyで提供されるドライバは、本書執筆時点では表7-1-3のようなものとなります。

▼表7-1-3 提供されているドライバ一覧

名　称	機　能
I2C Driver	I2Cモジュールを使った汎用のデータ転送用
I2C EEPROM Driver	外付けのAT24 EEPROM用
I2S Driver	I2Sのオーディオプロトコルインターフェース用
Memory Driver	各種のメモリアクセス用 QSPI_FLASH、EEPROM_FLASH、NVM_FLASHなど
SDMMC Driver	SDカード、eMMCカード用　上位層も含む
SD Card (SPI) Driver	SPI接続のSDカード用　上位層も含む
SPI EEPROM Driver	外付けのAT25 EEPROM用
SPI Driver	SPIモジュールを使った汎用のデータ転送用
SPI Flash Driver	外付けのAT25DF フラッシュメモリ用
SQI Flash Driver	外付けのMX25LまたはSST26 フラッシュメモリ用
USART Driver	USARTモジュールを使った汎用のデータ転送用

これらのドライバを使った場合、例えばSPIドライバでは図7-1-1のような使い方がサポートされます。

① 単一インスタンス、単一クライアント

もっとも単純な1対1で使う形態です。この場合は直接PLIB*を使った場合と同じ構成ですが、ハードウェアが抽象化されているので、CPUデバイスが異なっても、同じプログラムで動作させることができます。

② 複数インスタンス、単一クライアント

この場合は複数のモジュールと複数のクライアントが存在するのですが、互いに1対1でしか使わないという場合です。1つのドライバで複数のモジュール、複数のクライアントを管理できます。

③ 単一インスタンス、複数クライアント

モジュールは1つしかないのですが、複数のものに接続されており、さらに複数のクライアントがいてそれぞれが使う場合です。この場合には競合が発生することになります。ドライバがこの競合を管理してくれます。

PLIB
Peripheral Library
周辺モジュールライブラリ。直接ハードウェアのレジスタを制御していて、しかもソースファイルがMPLAB Harmony Configurator（MHC）で自動生成される。

●図7-1-1　ドライバで提供される使い方

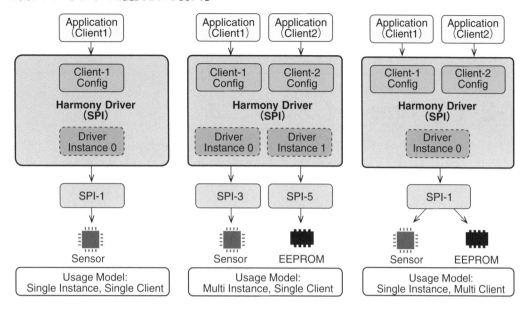

以降の章で、よく使うミドルウェアについて実際の例題で使い方を説明します。

7-2 Timeライブラリの使い方

7-2-1 Timeライブラリとは

Timeライブラリは、「Time System Service Library」というシステムサービスの1つとして提供されているもので、複数のアプリケーションに対して一定間隔の通知や、一定時間後のワンショット通知や指定時間の遅延を提供します。実際の時間のカウントには、ハードウェアタイマのいずれか1つをコンペアモードで使います。

一般的にチック[*]と呼ばれるタイマサービスでは常に一定間隔の割り込みを必要としますが、このTimeライブラリはチックとは異なり、指定された周期や時間になったときだけハードウェアタイマの割り込みが発生するだけです。

したがってプログラムに対する負荷が少なく、効率的なタイマサービスとなっています。

このタイマサービスの動作は図7-2-1のように表されます。

> **チック**
> RTOSなどで使われる動作切り替え用のタイマで10msec程度のインターバルで使う。

●図7-2-1 タイマサービスの動作概念図

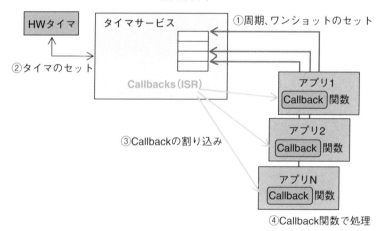

①各アプリケーションから、周期的かワンショットかの要求を時間とともにタイマサービスに要求します。そしてそれぞれのアプリにCallback関数を用意し、これもタイマサービスに登録します。

②タイマサービス内では受け付けた内容をもとにハードウェアタイマを設定します。

260

③設定された時点でハードウェアタイマから割り込みが発生します。タイマサービスでそれをアプリケーションごとに振り分けてCallbackの割り込みとして通知します。

④各アプリケーションではCallback関数でこれを受け付けて処理すれば、設定した時間ごとの処理ができます。

ここでタイマサービスはハードウェアタイマの設定を図7-2-2のように行います。例えば、アプリケーション1が70msecごとの周期を要求、アプリケーション2が30msecごとの周期を要求したとすると、ハードウェアタイマは図のように両方が必要になる時間ごとの間隔で設定されることになります。

●図7-2-2　ハードウェアタイマの動作

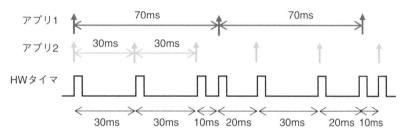

このような動作ですので、多くのアプリケーションからこのタイマサービスを使うと、タイムアップの検出に内部のテーブルをサーチするため、やや時間がかかるようになります。したがって、この遅れを意識して使う必要があります。

7-2-2　タイマサービス用API関数

API
Application Interface
プログラム間の呼び出し方を決めたもの。

タイマサービスで用意されているAPI*関数は非常にたくさんありますが、初期化関数やそれに必要な構造体変数はMHCが自動的に生成しているので、主に使う関数は、実際に時間とCallback関数を指定する表7-2-1のようなものだけになります。

▼表7-2-1　TIME関連の主要関数

名　称	機　能
SYS_TIME_CallbackRegisterMS	msec単位の周期とCallback関数の設定
SYS_TIME_CallbackRegisterUS	μsec単位の周期とCallback関数の設定
SYS_TIME_DelayMS	msec単位の遅延の設定
SYS_TIME_DelayUS	μsec単位の遅延の設定
SYS_TIME_DelayIsComplete	遅延タイマの終了チェック

これらの関数の書式と使用例は次のようになります。

1 SYS_TIME_CallbackRegisterMS または SYS_TIME_ CallbackRegisterUS

一定周期か一定時間後にワンショットで割り込みを生成する使い方

《書式》

```
SYS_TIME_HANDLE SYS_TIME_CallbackRegisterMS(
    SYS_TIME_CALLBACK callback,     // Callback関数の定義
    uintptr_t context,              // Callbackに渡すパラメータ
    uint32_t ms,                    // 時間  msec（またはμsec）
    SYS_TIME_CALLBACK_TYPE type     // 周期かワンタイムか
);
```

ここで type には次の2種類があります。

- SYS_TIME_SINGLE　　：ワンタイムの場合
- SYS_TIME_PERIODIC：周期の場合

《使用例》

```
// Callback関数の記述
void MyCallback (uintptr_t context) {
// Callback関数の処理
}

// 周期タイマの指定
SYS_TIME_CallbackRegisterUS(MyCallback, (uintptr_t)0, 500, SYS_TIME_PERIODIC);
```

上記使用例では、handle が有効確保できたかどうかは無視しています。また Callback 関数へのパラメータもなしとしています。

2 SYS_TIME_DelayMS または SYS_TIME_DelayUS

一定の遅延を確保する使い方。遅延処理中も他の処理が可能となる

《書式》

```
SYS_TIME_RESULT SYS_TIME_DelayMS(
    uint32_t ms,                  // 遅延時間  msec（またはμsec）
    SYS_TIME_HANDLE* handle       // ハンドル値を格納する変数のポインタ
);
```

《使用例》

```
SYS_TIME_HANDLE timer = SYS_TIME_HANDLE_INVALID; // 変数定義

SYS_TIME_DelayMS(100, &timer);                      // 100msec遅延
// ディレイ終了まで待つ
while (SYS_TIME_DelayIsComplete(timer) == false);
```

この遅延のタイムアウトを待つ while 文内では他の処理を入れることもできるので、待ち時間の間にしたいことがあればここに挿入します。

7-2-3 例題によるTIMEライブラリの使い方

具体的な例題でタイマサービスのAPI関数の使い方を説明します。

【例題】プロジェクト名　TIME

トレーニングボードを使い、タイマサービスにより100msec間隔で緑LEDを点滅、500msec単位で赤LEDを点滅させる。さらにS2を押してから2秒後にパソコンにUARTでメッセージを送信する。CPUクロックは48MHzとする。通信速度は9600bps。タイマサービスにはTC3タイマを使用する。

■MHCによる設定

まずMHCでTIMEサービスを図7-2-3の手順で選択し追加します。

①のAvailable Components欄のSystem Servicesで②のようにTIMEをダブルクリックすると図7-2-3の右側のようなダイアログでCoreとFreeRTOSを使うかどうかを聞かれますから、③Coreでは「はい」、④FreeRTOSは使わないので「いいえ」とします。

●図7-2-3　TIMEライブラリの選択

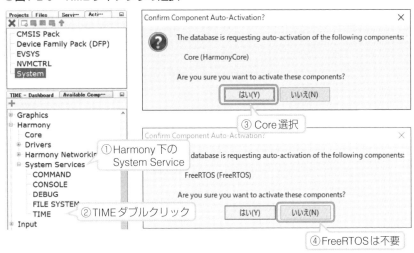

次に周辺モジュールで、タイマのTC3とUART用のSERCOM3を選択して登録します。

これでProject Graphは図7-2-4のようになります。この画面でTIMEとTC3の菱形マーク同士をマウスでドラッグドロップして接続します。これでTIME

ライブラリはTC3をハードウェアタイマとして使うという設定になり、TC3の設定も自動的に行われるので、TIMEライブラリの設定はこれだけですべて完了します。

●図7-2-4　**Project Graph**でドライバのリンク

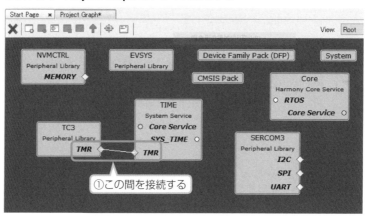

次にクロックを設定します。メインメニューから[MHC]→[Tools]→[Clock Configuration]と選択してから、[Clock Easy View]タブをクリックして開く画面で設定します。CPUはデフォルトのDFLLの48MHzとし、SERCOM3もTC3も同じGCLK0とします。

残りはSERCOM3の設定ですが、ここは図7-2-5のように行います。単純なUARTモードで速度は9600bpsで、使用するピンはトレーニングボードに合わせます。

●図7-2-5　**SERCOM3**の設定

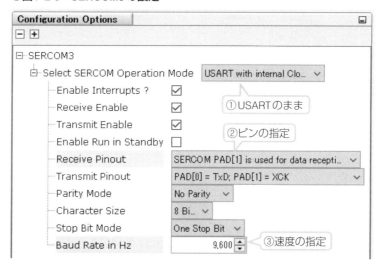

最後に入出力ピンの設定で、メインメニューから［MHC］→［Tools］→［Pin Configuration］と選択してから、［Pin Settings］のタブをクリックして開く画面で図7-2-6のようにします。赤と緑のLEDの出力ピンとSERCOM3の送受信ピン、2個のスイッチピンの設定になります。

●図7-2-6　入出力ピンの設定

Pin Number	Pin ID	Custom Name	Function	Mode	Direction	Latch	Pull Up	Pull Down
4	PA03		Available ∨	Digital	High I... ∨	Low	☐	☐
5	GNDANA		∨	Digital	High I...	Low	☐	☐
6	VDDANA		∨	Digital	High I...	Low	☐	☐
7	PB08	Red	GPIO ∨	Digital	Out ∨	Low	☐	☐
8	PB09	Green	GPIO ∨	Digital	Out ∨	Low	☐	☐
9	PA04		Available ∨	Digital	High I... ∨	Low	☐	☐
30	PA21		Available ∨	Digital	High I... ∨	Low	☐	☐
31	PA22	SERCOM3_PAD0	SERCOM3_PAD0 ∨	Digital	High I... ∨	n/a	☐	☐
32	PA23	SERCOM3_PAD1	SERCOM3_PAD1 ∨	Digital	High I... ∨	n/a	☐	☐
33	PA24		Available ∨	Digital	High I... ∨	Low	☐	☐
34	PA25		Available ∨	Digital	High I... ∨	Low	☐	☐
35	GNDIO		∨	Digital	High I...	Low	☐	☐
36	VDDIO		∨	Digital	High I...	Low	☐	☐
37	PB22	S3	GPIO ∨	Digital	In ∨	High	☑	☐
38	PB23	S2	GPIO ∨	Digital	In ∨	High	☑	☐
39	PA27		Available ∨	Digital	High I... ∨	Low	☐	☐

Order: Pins ∨　Table View　☑ Easy View

Start Page ✕　Project Graph*　Clock Easy View ✕　Pin Diagram ✕　Pin Table ✕　Pin Settings ✕

■コード生成と修正

以上ですべての設定が完了したのでこれでGenerateします。

Generate結果で修正追加が必要なものはapp.c*のみとなります。追加修正したapp.cがリスト7-2-1となります。

この例題では自動生成されたステートマシン*を使わずに記述しています。最初に変数としてタイマハンドル変数とメッセージを定義し、その後にTIME用のCallback割り込み処理関数を2つ記述しています。この中でLEDの反転をしています。

次に初期化関数で2つの周期タイマの記述でCallback関数と時間を定義しています。メインルーチンでは、スイッチS2が押されたら2秒の遅延を実行してからメッセージを送信しています。

ミドルウェアを使った場合、その処理はmain.cではなくapp.cというソースファイルで実行される。

ステートマシン
ステート変数を使って処理をいくつかの段階にまとめ、順番に進めていく方法。

リスト 7-2-1 例題のプログラム app.c

```c
/**********************************************************
*  TIMEライブラリの使用例          TIME
*      100msecで緑LED点滅  500msecで赤LED点滅
*      S2オンから2秒後にメッセージ送信
**********************************************************/
#include "app.h"
#include "definitions.h"
#include <string.h>
/** グローバル変数 **/
SYS_TIME_HANDLE timer = SYS_TIME_HANDLE_INVALID;
APP_DATA appData;
char Msg1[] = "\r\nTime Up Occured!";
/*** Callback関数 ***/
void MyCallback1(uintptr_t context){
    Green_Toggle();
}
void MyCallback2(uintptr_t context){
    Red_Toggle();
}
/** 初期化関数 **/
void APP_Initialize ( void )
{
    /** 周期タイマ設定 **/
    SYS_TIME_CallbackRegisterMS(MyCallback1, (uintptr_t)0, 100, SYS_TIME_PERIODIC);
    SYS_TIME_CallbackRegisterMS(MyCallback2, (uintptr_t)0, 500, SYS_TIME_PERIODIC);
}
/** メインルーチン ***/
void APP_Tasks ( void )
{
    if(S2_Get() == 0) {                              // S2オンの場合
        SYS_TIME_DelayMS(2000, &timer);              // 2秒遅延設定
        while((SYS_TIME_DelayIsComplete(timer) == false));
        SERCOM3_USART_Write(Msg1, strlen(Msg1));     // 送信実行
        while(SERCOM3_USART_WriteIsBusy());          // 送信終了待ち
    }
}
```

7-3　ファイルシステムの使い方

7-3-1　ファイルシステムの概要

API
Application Interface
簡単に使えるように関
数を提供すること。

MPLAB Harmony File System（**FS**）は、SDカードやFlashメモリに**ファイ
ル**を構成し、そのアクセスに必要なAPI*を提供するフレームワークとなって
います。

内部のソフトウェア構成は図7-3-1のようになっていて、Media Manager部
でハードウェアを隠蔽することで、メディアによらず同じアクセス方式で扱
えるようになっています。

パーティションは1つ
でルートディレクトリ
のみ、ウェブページ用
のデータファイル保存
用で、リードオンリー。

ファイルフォーマットとしてはパソコンと共用できる**FAT**（File Allocation
Table）や、マイクロチップ社の独自フォーマットである**MPFS***（Microchip
File System）をサポートしています。異なるメディアによる複数ドライブを扱
うこともできます。

FATファイルシステムを使う場合のプログラムの基本の流れは、図7-3-1の
フローのようになります。ドライブをマウントして存在と接続を確認したら、
読み書きを指定してファイルをオープンします。これで有効なハンドルが返
されたら利用可能ということになります。このファイルに対して読み書きを
実行します。読み書きが完了したらクローズして終了となります。このほか
にディレクトリによるパスの管理もできます。

●図7-3-1　ファイルシステムの構成と基本の流れ

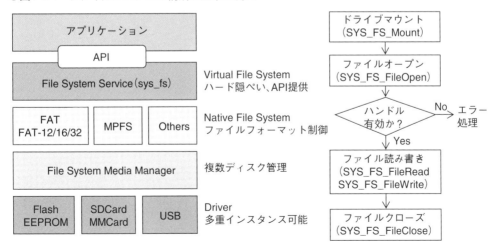

7

ミドルウェアとドライバの使い方

7-3-2 ▪ 提供されるAPI関数の使い方

Harmony File Systemで提供されるAPI関数は非常にたくさんありますが、基本的なものは表7-3-1となっています。

▼表7-3-1　ファイルシステムのAPI関数一覧

API関数名	機　能
SYS_FS_Mount	指定されたVolumeにファイルシステムを割り付ける
SYS_FS_Unmount	指定されたVolumeからファイルシステムを切り離す
SYS_FS_FileOpen	指定された条件でファイルを開く
SYS_FS_FileClose	開いているファイルを閉じる
SYS_FS_FileEOF	ファイルの最後かどうかをチェックする
SYS_FS_FileRead	ファイルからnバイト読み出す
SYS_FS_FileWrite	バッファからnバイトファイルに書き込む
SYS_FS_DirectoryMake	新規ディレクトリ作成

これらのAPI関数の詳細はヘルプファイルで解説されていて、次のフォルダの中にあります。

　　　　ヘルプファイル　：D:¥Harmony¥core¥doc

このcoreのヘルプファイルで図7-3-1のように[System Service Library Help] → [File System Service Library Help]として開くページがファイルシステムの詳細ヘルプになります。

●図7-3-2　ファイルシステムのヘルプファイルの所在

これらの主要API関数の使い方をHelpの解説から抜粋して説明します。

■1 SYS_FS_Mount

《書式》

```
SYS_FS_RESULT  SYS_FS_Mount(
    const char *  devName,                  // Volume名 /dev/ など
    const char *  mountName,                // マウントドライブ名 /mnt/ など
    SYS_FS_FILE_SYSTEM_TYPE filesystemtype,  // SYS_FS_FILE_SYSTEM_TYPE
    unsigned long  mountflags,              // 常時0
    const void *  data                      // 常時NULL
);
```

filesystemtypeの値は次の3種類があります。

- UNSUPPORTED_FS   未サポートのファイルシステム
- FAT   FAT構成のファイルシステム
- MPFS2   MPFS2構成のファイルシステム

SYS_FS_RESULTの戻り値は次の2種類があります。

- SYS_FS_RES_SUCCESS = 0   //成功
- SYS_FS_RES_FAILURE = -1   //失敗

《使用例》

```
switch(appState) {
    case  TRY_MOUNT:
    if(SYS_FS_Mount("/dev/mmc", "/mnt/myDrive", FAT,0,NULL) != SYS_FS_RES_SUCCESS)
    {
        // 失敗の場合再マウント
    }
    else
    {
        // 成功の場合 次の処理へ
        appState = DO_FURTHER_STUFFS;  // ステート更新
    }
    break;
}
```

■2 SYS_FS_Unmount

《書式》

```
SYS_FS_RESULT SYS_FS_Unmount(
    const char *  mountName      //マウントドライブ名
);
```

7
ミドルウェアとドライバの使い方

《使用例》

```
if(SYS_FS_ Unmount("/mnt/myDrive") != SYS_FS_RES_SUCCESS){
    // 失敗なら再アンマウント
}
else{
    // 成功
}
```

③ SYS_FS_FileOpen

《書式》

```
SYS_FS_HANDLE  SYS_FS_FileOpen(
    const char*  fname,                      //パス付ファイル名称
    SYS_FS_FILE_OPEN_ATTRIBUTES  attributes   //アクセスモード
);
```

attributeのアクセスモードには下記があります。

- SYS_FS_FILE_OPEN_READ = 0　　：読み込み
- SYS_FS_FILE_OPEN_WRITE　　　：書き込み
- SYS_FS_FILE_OPEN_APPEND　　　：追加書き込み
- SYS_FS_FILE_OPEN_READ_PLUS　：読み書き可能
- SYS_FS_FILE_OPEN_WRITE_PLUS　：読み書き可能
- SYS_FS_FILE_OPEN_APPEND_PLUS：読み書き可能追記

《使用例》

```
SYS_FS_HANDLE  fileHandle;
    fileHandle = SYS_FS_FileOpen("/mnt/myDrive/FILE.JPG",(SYS_FS_FILE_OPEN_READ));
if(fileHandle != SYS_FS_HANDLE_INVALID){     // ハンドルが有効か？
    // オープン成功
}
else{
    // オープン失敗
}
```

fileHandleの戻り値は次の2種類があります。

- SYS_FS_HANDLE_INVALID　　//失敗
- 上記以外　　　　　　　　//成功

④ SYS_FS_FileClose

《書式》

```
SYS_FS_RESULT  SYS_FS_FileClose(
    SYS_FS_HANDLE handle       // ファイルをハンドルで指定
);
```

SYS_FS_RESULTの戻り値は下記のいずれかです。

- SYS_FS_RES_SUCCESS 　　//成功
- SYS_FS_RES_FAILURE 　　//失敗

《使用例》

```
SYS_FS_HANDLE  fileHandle;
fileHandle = SYS_FS_FileOpen("/mnt/myDrive/FILE.JPG",(SYS_FS_FILE_OPEN_READ));
if(fileHandle != SYS_FS_HANDLE_INVALID){
    // オープン成功
}
SYS_FS_FileClose(fileHandle);
```

5 SYS_FS_FileEOF

《書式》

```
bool  SYS_FS_FileEOF(
    SYS_FS_HANDLE  handle      // ファイルをハンドルで指定
);
```

戻り値は下記のいずれかです。

- true 　　//EOFになった
- false 　　//まだ

《使用例》

```
SYS_FS_HANDLE  fileHandle;
bool eof;
fileHandle = SYS_FS_FileOpen("/mnt/myDrive/FILE.JPG",(SYS_FS_FILE_OPEN_READ));
if(fileHandle != SYS_FS_HANDLE_INVALID) {
    // File open is successful
}
...
...
eof = SYS_FS_FileEOF(fileHandle);
if(eof == false) {
    // エラーの有無をSYS_FS_FileError関数で確認
}
```

6 SYS_FS_FileRead

《書式》

```
size_t  SYS_FS_FileRead(
    SYS_FS_HANDLE  handle,    // ファイルをハンドルで指定
    void *  buf,              // 格納バッファ
    size_t  nbyte             // 読み出しバイト数
);
```

戻り値は読み出したバイト数です。

《使用例》

```
// パラメータ定義
char buf[20];                                // バッファ
size_t  nbytes;                              // バイト数用変数
size_t  bytes_read;                          // 戻り値用変数　バイト数
SYS_FS_HANDLE  fd;                           // ファイル指定　ハンドルで指定
    ...
nbytes = sizeof(buf);                        // 最大読み出しバイト数
bytes_read = SYS_FS_FileRead(fd,  buf,  nbytes); // 読み出し実行
```

７ SYS_FS_Write
《書式》

```
size_t  SYS_FS_FileWrite(
     SYS_FS_HANDLE  handle,    // ファイルをハンドルで指定
     const void *  buf,        // 書くデータのバッファ
     size_t  nbyte             // 書き込みバイト数
);
```

　戻り値は実際に書き込んだバイト数です。

《使用例》

```
// パラメータ定義
const char *buf = "Hello World"; // 書き込みデータ
size_t  nbytes;                // 書き込みバイト数用変数
size_t  bytes_written;         // 戻り値用変数　バイト数
SYS_FS_HANDLE  fd;             // ファイル指定　ハンドルで指定
    ...
bytes_written = SYS_FS_FileWrite(fd, (const void *)buf,  nbytes);
```

８ SYS_FS_DirectoryMake
《書式》

```
SYS_FS_RESULT  SYS_FS_DirectoryMake(
     const char*  path        // 生成するディレクトリ名
);
```

　SYS_FS_RESULTの戻り値は下記のいずれかです。

- ・ SYS_FS_RES_SUCCESS = 0　　　//成功
- ・ SYS_FS_RES_FAILURE = －1　　//失敗

《使用例》

```
SYS_FS_RESULT  res;            // 戻り値用変数

res = SYS_FS_DirectoryMake("Dir1"); // ディレクトリ作成
if(res == SYS_FS_RES_FAILURE) {     // 戻り値判定
     // 作成失敗
}
```

7-3-3 例題によるファイルシステムの使い方

具体的な例題でファイルシステム用API関数の使い方を説明します。

> **【例題】プロジェクト名　SDCARD**
>
> トレーニングボードを使い、スイッチS2を押した時点からSDカードにTC4の1秒間隔でカウント数値を文字列＋CRLFで書き込む。S3を押した時点で終了する。CPUクロックは48MHzとする。

トレーニングボードでは、SDカードとSAMマイコンとは図7-3-3のようにSERCOM0を使うように接続されています。

●**図7-3-3　トレーニングボードのSDカードの接続構成**

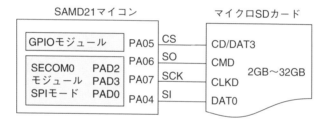

■MHCによる設定

例題の製作の最初はMHCでファイルシステムを追加することです。図7-3-4の手順でプロジェクトにファイルシステムを追加します。

①のAvailable Components欄から②のようにSystem Servicseの中のFILE SYSTEMをダブルクリックして選択します。このとき図のようにダイアログでCoreとFreeRTOSを使うかと聞かれるので、③Coreは「はい」、④FreeERTOSは不要なので「いいえ」とします。

●図7-3-4　ファイルシステムの選択

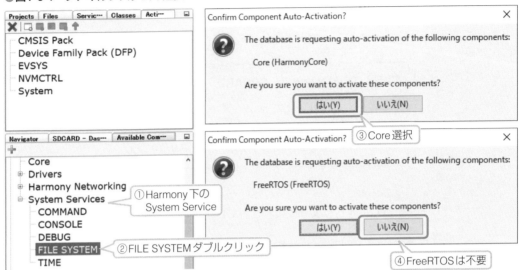

次にメディアとして使うSDカードを追加します。ファイルシステムはドライバ経由でSDカードを使うので、図7-3-5のように①HarmonyのDriversの中の②SD Card(SPI)を選択します。これを選択すると、別のダイアログでTIMEも要求されますから、③「はい」として組み込みます。これはドライバ内でマウントのポーリング周期やタイムアウトを検出するのに使われています。

●図7-3-5　SDカードのドライバの選択

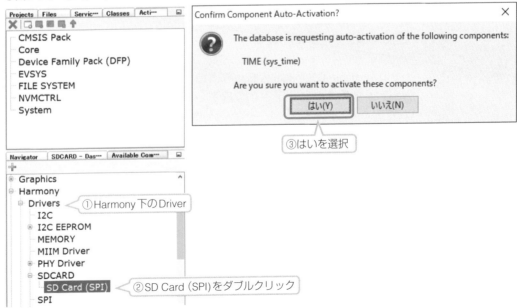

このTIMEモジュールはハードウェアのPLIBとしてタイマを必要とするので、TC3を使うことにします。さらに1秒間隔を生成するためにTC4を使うので、この2つのタイマを追加します。

最後にSDカード用SPIとしてSERCOM0を追加します。

これでProject Graphの画面が図7-3-6のようになります。この画面で①TIMEとTC3間、②SD CardとSERCOM0のSPI間、③File SystemとSD Card（SPI）間を、マウスを使って菱形と四角のマーク間をドラッグドロップして接続します。これでライブラリとドライバ、PLIBとがリンクされて接続されたことになります。

●図7-3-6　Project Graphでドライバのリンク

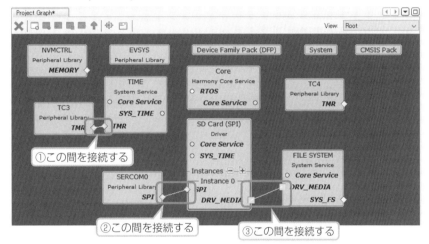

次にMHCの最初のクロック設定では、メインメニューから［MHC］→［Tools］→［Clock Configuration］と選択してから、［Clock Easy View］タブをクリックして開く画面で設定します。

CPUはデフォルトの48MHzで問題ありません。タイマのTC3とTC4、SERCOM0の周辺のクロックをいずれもGCLK0の48MHzに設定します。

以上で必要なモジュールがすべて登録されましたから、それぞれの設定をします。まずFILE SYSTEMは図7-3-7のようにデフォルトのままで特に設定することはありません。

7

ミドルウェアとドライバの使い方

●図7-3-7　ファイルシステム関連の設定

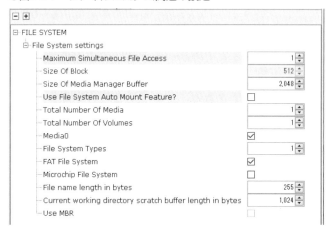

次にSD Card（SPI）とSERCOM0の設定で図7-3-8のようにします。SD Card
の設定では、カード検出ピンを使っていないので1秒間隔でポーリングによ
り検出するように設定しています。また通信をDMAで行うように設定します。
DMAの設定はデフォルトのままで問題ありません。

SERCOM0の設定ではSPIのピンを図7-3-3と同じになるようにします。

●図7-3-8　SD CardとSERCOM0の設定

　次がTIMEとTC3関連で図7-3-9の設定が自動的に行われているので、ここはそのままとします。これで48MHzの分解能でTIMEが動作します。

●図7-3-9　TIMEとTC3の設定

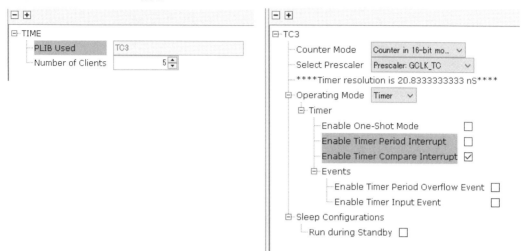

　次がTC4の設定で図7-3-10のように1秒間隔の割り込みを生成するようにします。

●図7-3-10　TC4の設定

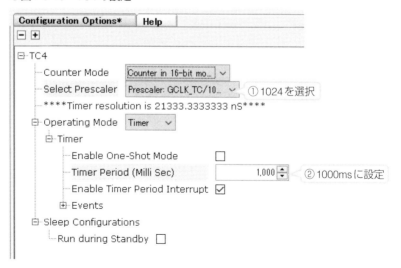

　最後に入出力ピンの設定で、メインメニューから［MHC］→［Tools］→［Pin Configuration］と選択してから、［Pin Settings］のタブをクリックして開く画

面で図7-3-11のようにします。LEDとスイッチ、あとはSERCOM0のピンの設定です。チップ選択用のピンPA05の名称はそのままとします。

●図7-3-11　入出力ピンの設定

Pin Number	Pin ID	Custom Name	Function	Mode	Direction	Latch	Pull Up	Pull Down
6	VDDANA			Digital	High ...	Low	☐	☐
7	PB08	Red	GPIO	Digital	Out	Low	☐	☐
8	PB09	Green	GPIO	Digital	Out	Low	☐	☐
9	PA04	SERCOM0_PAD0	SERCOM0_PA...	Digital	High ...	n/a	☐	☐
10	PA05	GPIO_PA05	GPIO	Digital	Out	High	☐	☐
11	PA06	SERCOM0_PAD2	SERCOM0_PA...	Digital	High ...	n/a	☐	☐
12	PA07	SERCOM0_PAD3	SERCOM0_PA...	Digital	High ...	n/a	☐	☐
13	PA08		Available	Digital	High ...	Low	☐	☐
36	VDDIO			Digital	High ...	Low	☐	☐
37	PB22	S3	GPIO	Digital	In	High	☑	☐
38	PB23	S2	GPIO	Digital	In	High	☑	☐
39	PA27		Available	Digital	High ...	Low	☐	☐
40	RESET_N			Digital	High ...	Low	☐	☐

■コード生成と追加

以上ですべての設定が完了したのでGenerateしてコードを生成します。

生成後、コードを追加する必要があるのはapp.hとapp.cのみとなります。

app.hにはステートマシン*用のデータ定義と変数の定義で、リスト7-3-1のようになります。

最初にインクルードファイルを追加してファイルシステム関連の型定義がエラーにならないようにしています。ステート定数*は必要になる都度追加すれば問題なく構成できます。

ステートマシン
ステート変数を使って処理をいくつかの段階にまとめ、順番に進めていく方法。

ステート定数
ステートマシンに必要なステートの名称。

リスト　7-3-1　app.h の追加修正部

```
/*****************************************************
*　ファイルシステムの例題　　　SDCARD
*****************************************************/
#ifndef _APP_H
#define _APP_H
#include <stdint.h>
#include <stdbool.h>
#include <stddef.h>
#include <stdlib.h>

#include "configuration.h"
#include "system/fs/sys_fs.h"
```

①インクルードの追加

```
// DOM-IGNORE-BEGIN
#ifdef __cplusplus  // Provide C++ Compatibility

extern "C" {

#endif
// DOM-IGNORE-END

// *******************************************************
/* Application states */
typedef enum
{
    APP_WAIT_SWITCH_PRESS = 0,  // スイッチオン待ち
    APP_MOUNT_DISK,             // SDマウント
    APP_OPEN_FILE,              // ファイルオープン
    APP_WAIT_SECOND,            // 1秒待ち
    APP_WRITE_FILE,             // ファイル書き込み
    APP_CLOSE_FILE,             // ファイルクローズ
    APP_UNMOUNT,                // ドライブアンマウント
    APP_ERROR                   // ファイルアクセスエラー
} APP_STATES;


// *******************************************************
/* Application Data */
typedef struct
{
    /* SYS_FS File handle for 1st file */
    SYS_FS_HANDLE           fileHandle;
    /* Application's current state */
    APP_STATES              state;
} APP_DATA;
```

②ステートマシン用
定数の定義

③変数の定義

　次がapp.cで、この中ですべての機能を実行しています。この中の**APP_Tasks**関数内でステート関数として順次機能が実行されます。この**APP_Tasks**は図7-3-12のような関係になっていて、メインループの**SYS_Tasks**関数が実行されるたびに繰り返し呼び出されて実行されます。この繰り返しの間にSDカードとのやり取りが実行されてステートが進むことになります。

●図7-3-12　関数の間の関係

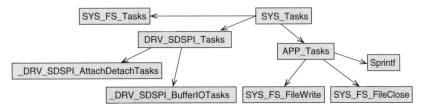

　app.cの詳細がリスト7-3-2となります。最初の部分はドライブ名やバッファなどの定数と変数の定義です。次がタイマTC4の1秒割り込みの処理関数で**Flag**をセットしているだけです。

次が初期化関数でTC4の割り込み処理関数の定義をしてからTC4をスタートしています。そしてステートを最初のスイッチ待ちとしています。

　次がメイン処理となる**APP_Tasks**のステート関数部で、ステートごとに順に進むようになっています。

　スイッチS2のオンにより開始され、SDカードをマウントしファイルをオープンしています。マウントはできるまで繰り返すようになっています。

　したがってSDカードが挿入されていないときは永久に挿入を待つことになります。挿入すると自動的にマウントから実行開始します。

　マウントできたらファイルオープンでファイルを生成してから1秒のフラグセットを待ちます。その中でS3が押されたことをチェックし、押されていたら書き込み機能を終了させます。**Flag**がセットされたら**Counter**の値を文字列に変換して追記モードでファイルに書き込みます。続いて1秒待ちに戻って書き込みを繰り返します。

リスト　7-3-2　app.cの詳細

```
/**********************************************************
 *  Harmony のファイルシステムの例題
 *    SDCARD
 **********************************************************/
#include <stdio.h>
#include "app.h"
#include "definitions.h"     // SYS function prototypes
/**********************************************************
 * Section: Global Data Definitions
 **********************************************************/
#define SDCARD_MOUNT_NAME    "/mnt/mydrive"
#define SDCARD_DEV_NAME    "/dev/mmcblka1"
char WriteBuffer[32];
int Counter, Flag;
/* Application Data*/
APP_DATA appData;
/**********************************************************
 * タイマTC4の割り込み処理関数
 **********************************************************/
void TC4_ISR(TC_TIMER_STATUS status, uintptr_t context){
    Flag = 1;                // 1秒フラグオン
}
/**********************************************************
 * 初期化関数
 **********************************************************/
void APP_Initialize ( void )
{
    /** TC4割り込み関数定義 **/
    TC4_TimerCallbackRegister(TC4_ISR, (uintptr_t)NULL);
    TC4_TimerStart();        // TC4スタート
    Counter = 0;             // カウンタリセット
    appData.state = APP_WAIT_SWITCH_PRESS;
}
```

①定数、変数の定義

②TC4の割り込み処理関数

③初期化関数

```
/*********************************************************
 *  アプリケーションタスク
 *********************************************************/
void APP_Tasks ( void )
{
    switch ( appData.state )
    {
        /** スイッチオン待ち **/
        case APP_WAIT_SWITCH_PRESS:
            if (S2_Get() == 0)                      // S2 がオンの場合
                appData.state = APP_MOUNT_DISK;     // マウントへ
            break;
        /** SD カードのマウント **/
        case APP_MOUNT_DISK:
            if(SYS_FS_Mount(SDCARD_DEV_NAME, SDCARD_MOUNT_NAME, FAT, 0, NULL) != 0)
                appData.state = APP_MOUNT_DISK;     // 失敗ならマウント繰り返し
            else{
                appData.state = APP_OPEN_FILE;      // 成功ならファイルオープンへ
                Green_Set();
            }
            break;
        /* ファイルオープン実行 */
        case APP_OPEN_FILE:
            appData.fileHandle = SYS_FS_FileOpen("TestFile.txt", (SYS_FS_FILE_OPEN_APPEND));
            if(appData.fileHandle == SYS_FS_HANDLE_INVALID) // ハンドル無効の場合
                appData.state = APP_ERROR;          // エラーへ
            else
                appData.state = APP_WAIT_SECOND;    // 有効なら1秒待ちへ
            break;
        /** 1秒ごとの処理 **/
        case APP_WAIT_SECOND:                       // 1秒待ち
            if(S3_Get() == 0)                       // S3 がオンの時
                appData.state = APP_CLOSE_FILE;     // 終了クローズへ
            if(Flag == 1){                          // 1秒フラグオンの場合
                Flag = 0;                           // フラグリセット
                Counter++;                          // カウンタ更新
                appData.state = APP_WRITE_FILE;     // 書き込みへ
                Red_Toggle();                       // 赤LED反転
            }
            break;
        /** 書き込み実行 ***/
        case APP_WRITE_FILE:
            sprintf(WriteBuffer, "%06d\r\n", Counter);     // データ文字変換
            /* ファイルにデータ書き込み */
            if(SYS_FS_FileWrite(appData.fileHandle, (const void *)WriteBuffer, 8) == -1)
            {   /* エラーの場合 */
                SYS_FS_FileClose(appData.fileHandle);       // ファイルクローズ
                appData.state = APP_ERROR;                  // エラーへ
            }
            appData.state = APP_WAIT_SECOND;                // 1秒待ちへ戻る
            break;
        /** ファイルクローズ処理 ***/
        case APP_CLOSE_FILE:
            SYS_FS_FileClose(appData.fileHandle);           // ファイルクローズ
            appData.state = APP_UNMOUNT;                    // アンマウントへ
            break;
```

④ステートで進む
メインの処理

⑤マウントできるまで
繰り返す

⑥SW3 で終了

⑦文字列に変換して
書き込み

7

ミドルウェアとドライバの使い方

281

```
                    /*** ドライブアンマウント実行 ***/
                    case APP_UNMOUNT:
                        if(SYS_FS_Unmount(SDCARD_MOUNT_NAME) != SYS_FS_RES_SUCCESS)
                            appData.state = APP_UNMOUNT;              // 失敗なら繰り返し
                        else{
                            appData.state = APP_WAIT_SWITCH_PRESS;    // 次の開始へ
                            Red_Clear();                              // 目印消灯
                            Green_Clear();
                        }
                        break;
                    case APP_ERROR:
                        /** エラー処理なし **/
                        break;
                    default:
                        break;
                }
            }
```

⑧アンマウントして
次の開始を待つ

■動作確認

プログラム製作が完了したら書き込んで動作を確認します。

SDカードを挿入してS2を押したら、しばらく待った後S3を押して書き込みを停止させてからSDカードを抜きます。

そのSDカードのファイルをパソコンで開いて内容を確認します。ファイル名が「TestFile.txt」となっていて図7-3-13のように内容が表示されれば正常に動作しています。

●図7-3-13　動作例

カウント値が順次
＋1されている

282

7-4 USBライブラリの使い方（CDCスレーブ）

7-4-1 USB（Universal Serial Bus）ライブラリの概要

USBライブラリとして提供されている内容は、デバイスとホストそれぞれのクラスごとに実際に動作するデモプログラムとして提供されています。

本書執筆時点で提供されているUSBデバイスのデモプログラムは表7-4-1のようになっています。この中で、SAMD21ファミリで動作するものは○のあるものだけです。これらのデモプログラムのヘルプとプログラムソースを見ながら使い方を学習します。ヘルプとプログラムは次のフォルダの中にあります。

ヘルプファイル：C:¥Harmony¥usb¥doc
デモプログラム：C:¥Harmony¥usb¥apps¥device（デバイス）
C:¥Harmony¥usb¥apps¥host（ホスト）

▼表7-4-1　USBデバイスデモプログラム一覧

名　称	機能内容	SAMD21
cdc_com_port_dual	CDC*クラスのデモアプリで 2つのシリアルCOMポートをエミュレートする 2つのTeraTerm間で互いにデータ送受信	○
cdc_com_port_single	CDCクラスのデモアプリ シリアルCOMポートをエミュレートする TeraTermで入力すると次の文字を返送	○
cdc_msd_basic	CDCクラスとMSD*クラスの複合クラスのデモ COMポートとフラッシュドライブをエミュレートする	SAME70
cdc_serial_emulator	CDCクラスのデモアプリ USBシリアル変換器となる EDBG*とCOMポート間でデータ送受信	○
hid_basic	カスタムHIDクラスのデモアプリ PCのテストアプリで動作LEDの制御とスイッチの状態表示	○
hid_joystick	HID*クラスのデモアプリ ジョイスティックをエミュレートする	SAME70

CDC
Communication Device Class
USBでCOMポート通信をサポートする。

MSD
Mass Storage Device Class
USBメモリをエミュレートする。

EDBG
Embedded Debugger
プログラム書き込みに使っているUSBポートでシリアル通信が可能となっている。

HID
Human Interface Class
USBキーボードやUSBマウスをサポートする。単純な通信にも使用可能。

hid_keyboard	HIDクラスのデモアプリ 　キーボードをエミュレートする	SAME70
hid_mouse	HIDクラスのデモアプリ 　マウスをエミュレートする	SAME70
hid_msd_basic	HIDとMSDクラスの複合アプリ	SAME70
msd_basic	MSDクラスのデモアプリ 　フラッシュドライブをエミュレートする	SAME70
vendor	カスタムUSBデバイスのデモアプリ 　エンドポイント関連関数を使って構成 　PCのテストアプリで動作、LEDの制御とスイッチ 　の状態表示	○
printer_basic	USBプリンタをエミュレートする	SAME54

　次にUSBホスト用として提供されているデモプログラムは表7-4-2となっています。こちらも○印のついているものはSAMD21ファミリで動作します。

▼表7-4-2　USBホストデモプログラム一覧

名　称	機能内容	SAMD21
cdc_basic	CDCクラスのデモアプリ 　CDCデバイスを接続すると通信する	SAME70
cdc_msd	MSDクラスのデモアプリ 　CDCとの複合デバイスクラスのデモアプリ 　USBメモリにHello Worldのファイルを保存	○
hid_basic_keyboard	HIDクラスのデモアプリ 　USBキーボードを接続するとEDBGでPCに送信	○
msd_basic	MSDクラスの基本デモアプリ 　USBフラッシュドライブにHello Worldのファイ 　ルを保存する	○
hid_basic_mouse_usart	CDCクラスとHIDクラスの複合 　USBマウスを接続すると位置をEDBGでPCに送る	○

7-4-2 例題によるCDCデバイスクラスの使い方

実際のMHCのUSBライブラリの使い方をCDCデバイスクラスの例題で説明します。

【例題】プロジェクト名　USB_CDC

トレーニングボードでUSBのCDCデバイスクラスを使って次の動作を行う。
- ・毎回改行後 Command= をPCに送信する
- ・PCから1文字受信し、A か a なら A から Z のアルファベットを返送
- ・受信文字が N か n なら 1 から 0 までの数字を返送する
- ・それ以外の場合は？　を返送する
- ・クロックはCPU、USBとも48MHzとする

■MHCによる設定

まずUSBライブラリを使うためAvailable Components欄のLibrariesから図7-4-1のようにUSBライブラリを選択します。この手順は次のようにします。

MHCのAvailable Components欄で、[Libraries] → [USB] → [Device Stack] → [CDC Function Drive] としダブルクリックします。

●図7-4-1　USB CDCドライバを選択する

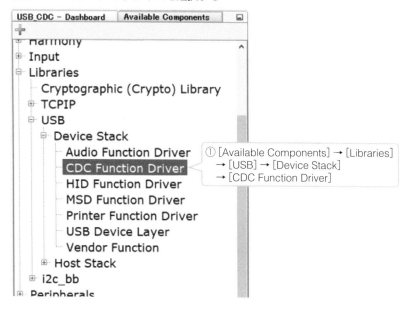

これでUSBデバイスを構築するために必要な関連するモジュールを一緒にリンクするかどうかを図7-4-2のダイアログで聞かれるので、図のように指定します。ここではFreeRTOS以外はすべて「はい」としてロードします。RTOSはここでは使いません。

●図7-4-2　関連モジュールのロード

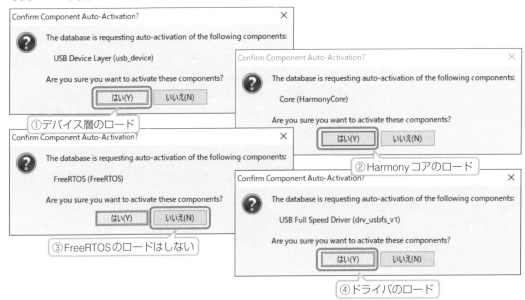

ここまで行えばUSBモジュールのロードが完了し、Project Graphの窓には図7-4-3のように表示されます。

●図7-4-3　Porject Graph

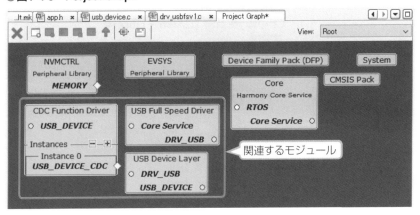

次にクロックの設定は、メインメニューから［MHC］→［Tools］→［Clock Configuration］と選択してから、［Clock Easy View］タブをクリックして開く画面で設定します。CPUもUSBもデフォルトのDFLLによる48MHzのままとします。

このあとは図7-4-3で追加した3つのモジュールの設定を行います。

「CDC Function Driver」モジュールは、USB_DEVICEとUSB_DEVICE_CDCをクリックすると開く設定画面では、図7-4-4①のように両方ともデフォルトのままで特に設定変更する必要はありません。

「USB Full Speed Driver」モジュールの設定では図7-4-4②のように「Enable VBUS Sense」のチェックをなしとします。これはトレーニングボードではこの信号を使っていないためです。これでポーリング*によりUSBの接続を検知するようになります。

次に「USB Device Layer」モジュールの設定では図7-4-4④のようにProduct String Selection*欄に自由に文字列入力します。この名称がUSBデバイスとして認識されたとき表示される文字列となります。他の欄を変更することはできますが、そのままにしたほうがよいでしょう。

ポーリング
周期的に問い合わせる方式。

デフォルトではMicrochip Technology社のProductとなっている。

●図7-4-4　各モジュールの設定

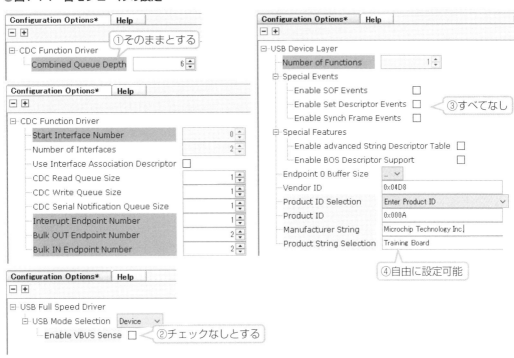

7

ミドルウェアとドライバの使い方

287

次に入出力ピンの設定でメインメニューから[MHC]→[Tools]→[Pin Configuration]と選択してから、[Pin Settings]のタブをクリックして開く画面で図7-4-5のようにします。トレーニングボードの回路に合わせてPB08とPB09に2個のLEDをOutピンとして指定し名称を入力します。次にUSBのピンを指定します。USBのピンはPA24とPA25に決まっているので、選択するだけです。

●図7-4-5　入出力ピンの設定

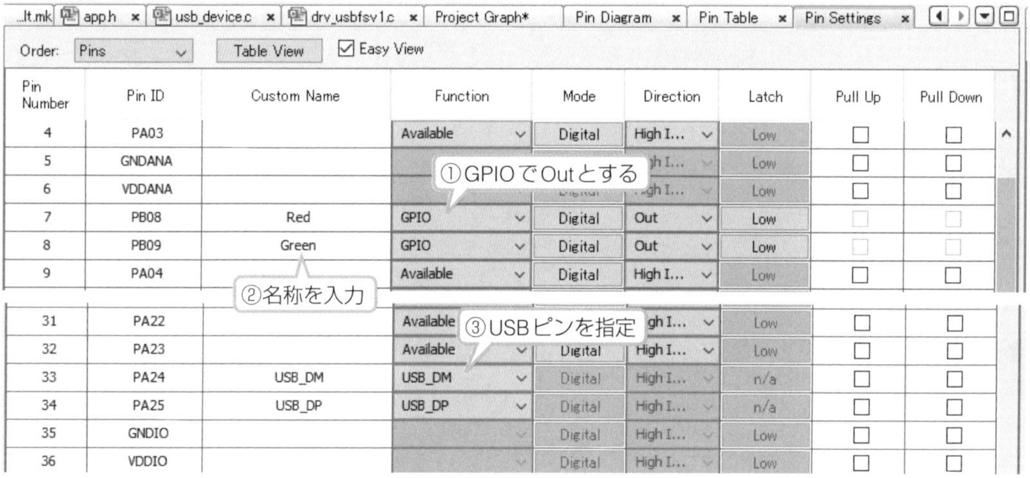

■コード生成と修正

以上ですべての設定が完了したのでGenerateしてコードを生成します。

生成すると多くのファイルが生成されますが、記述追加が必要なのはapp.hとapp.cの2つだけです。この2つのファイルの生成後はほとんど何も記述されていません。この状態から追加するのはちょっと大変ですので、デモアプリからコピーし、それを修正して完成させます

デモアプリの所在は、Harmonyをインストールしたディレクトリの中の次のフォルダにあります。

    C:¥Harmony¥usb¥apps¥device¥cdc_com_port_single¥firmware¥src

ここにあるapp.hとapp.cのファイルを現在のプロジェクトの次のフォルダ*に上書きコピーします。

    D:¥SAM_LAB¥USB_CDC¥firmware¥src

この状態からSWITCHの処理削除*と応答送信の処理*の追加修正を行います。

app.hはステート定義にコマンド送信関連を追加したのと、SWITCH関連の定義を削除しています。

筆者はプロジェクトをDドライブに保存している。

デモアプリで使っているスイッチの処理。

入力文字に対する応答送信。

288

app.cにすべての処理を記述するので、ここは大幅に修正する必要があります。
修正した結果がリスト7-4-1とリスト7-4-2となります。

リスト7-4-1では、新たにメッセージのデータ定義を追加しています。さら
にイベントに対する応答処理の部分は、ほとんどデモアプリのままでよいので、
そのまま使います。一部スイッチの処理は不要なので削除し、LEDも名称を
変更したので、その処理を変更しています。

リスト 7-4-1　app.cの前半部

```
/**************************************************************
 *  USB CDC クラスの例題        USB_CDC
 *  TeraTermで1文字入力
 *  AかaならAからZまで返送、Nかnなら0から9まで返送　その他？
 **************************************************************/
#include "app.h"
#include <string.h>
/********* グローバル変数定義　***********/
uint8_t CACHE_ALIGN cdcReadBuffer[APP_READ_BUFFER_SIZE];
uint8_t CACHE_ALIGN cdcWriteBuffer[APP_READ_BUFFER_SIZE];
APP_DATA appData;     // アプリの状態保持の構造体
/** 応答メッセージの定義 **/
char Cmnd[] = "\r\nCommand=";
char Alpha[] = "ABCDEFGHIJKLMNOPQRSTUVWXYZ";
char Number[] = "1234567890";
char Ermsg[] = "?";
/**************************************************************
 * USB CDC デバイスイベント　アプリのイベント処理
 *   （デフォルトのまま）
 **************************************************************/
USB_DEVICE_CDC_EVENT_RESPONSE APP_USBDeviceCDCEventHandler
  （省略）
/**************************************************************
 * デバイスレベルのイベントの処理
 *   （デフォルトのまま）LEDの名称変更のみ
 **************************************************************/
void APP_USBDeviceEventHandler(USB_DEVICE_EVENT event, void * eventData, uintptr_t context)
  （省略）
/**************************************************************
 * USBリセット時の処理
 *   （デフォルトのまま）
 **************************************************************/
bool APP_StateReset(void)
  （省略）
/**************************************************************
 *   初期化関数　各ステート変数のリセット
 *   （デフォルトのまま　SWITCH関連削除）
 **************************************************************/
void APP_Initialize(void)
  （省略）
```

（左注）メッセージデータの追加

（左注）LEDの名称 LED1→Greenに変更

（左注）SWITCHに関する部分削除

（左注）アプリの中心となる関数で、周期的に呼び出される。

次は肝心の例題を実現する **APP_Tasks** 関数部です。この関数は、メイン関
数のメインループの中の **SYS_Tasks** 関数が実行される毎に呼び出されて実行

（縦書き右）7　ミドルウェアとドライバの使い方

されます。

APP_Tasks内で使われている関数の関連は図7-4-6のようになっています。

SYS_TasksからAPP_Tasksが呼び出され、Reset、Open、Read、Write関数を使い送受信をします。その間に起きる各種イベントの処理をEvent Handlerで処理しています。

●図7-4-6　関数の関連図

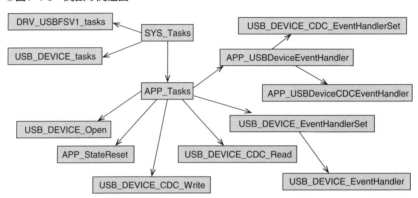

リスト7-4-2とリスト7-4-3が例題を実現するAPP_Tasks関数部となります。APP_Tasks関数はステート関数の形式になっていて、SYS_TasksでUSBの処理が周期的に呼ばれ、USBの送受信処理が完了する都度、ステートが順番に進むようになっています。

リスト7-4-2では最初のステートでデバイスをオープンしてからコンフィギュレーションが終わるのを待ち、終わったら「Command=」というコマンドを送信してから受信処理へ進みます。

リスト　7-4-2　app.cの詳細　その2

```
/*********************************************
* アプリケーションタスク
* main関数のSYS_Tasks()から呼び出される
* ここで機能のすべてが実行される
*********************************************/
void APP_Tasks(void)
{
    int i;
    /***** アプリのステートごとの処理 *********/
    switch(appData.state)
    {
        /** デバイスオープン */
        case APP_STATE_INIT:// 最初のステート
            appData.deviceHandle = USB_DEVICE_Open( USB_DEVICE_INDEX_0, DRV_IO_INTENT_
                READWRITE );
            if(appData.deviceHandle != USB_DEVICE_HANDLE_INVALID) // 正常オープンの場合
```

```
                {
                    /* Register a callback with device layer to get event notification
                       (for end point 0) */
                    USB_DEVICE_EventHandlerSet(appData.deviceHandle,
                        APP_USBDeviceEventHandler, 0);
                    appData.state = APP_STATE_WAIT_FOR_CONFIGURATION;  // 次のステートへ
                }
                else                                                  // オープン失敗の場合
                {
                    /* やり直し */
                }
            break;
        /** コンフィギュレーション待ち **/
        case APP_STATE_WAIT_FOR_CONFIGURATION:
            if(appData.isConfigured)//  コンフィギュレーション完了の場合
                appData.state = APP_STATE_COMMAND_SEND;        // Read ステートへ
            break;
        /** コマンドメッセージ送信 **/
        case APP_STATE_COMMAND_SEND:
            if(APP_StateReset()) { break;}
            /* 送信準備 */
            appData.writeTransferHandle = USB_DEVICE_CDC_TRANSFER_HANDLE_INVALID;
            appData.isWriteComplete = false;
            appData.state = APP_STATE_COMMAND_COMPLETE;        // 次のステートへ
            strcpy((char*)appData.cdcWriteBuffer, Cmnd);
            /*** 送信実行 ***/
            USB_DEVICE_CDC_Write(USB_DEVICE_CDC_INDEX_0,
                    &appData.writeTransferHandle,
                    appData.cdcWriteBuffer, strlen((char*)appData.cdcWriteBuffer),
                    USB_DEVICE_CDC_TRANSFER_FLAGS_DATA_COMPLETE);
            break;
        /*** コマンド送信完了  **/
        case APP_STATE_COMMAND_COMPLETE:
            if(APP_StateReset()) { break;}
            /** 送信完了でステート更新 ***/
            if(appData.isWriteComplete == true)
                appData.state = APP_STATE_SCHEDULE_READ;
            break;
```

Command=の出力関連
ステート追加

Command=の出力実行

Command=の出力完了
で受信へ

　　リスト7-4-3では、受信を実行し受信できたら、応答送信処理に進みます。
　　応答処理では、受信文字に応じてメッセージを切り替えてから送信を実行
します。応答送信完了により最初のコマンドメッセージ送信処理へ戻って繰
り返します。

リスト 7-4-3 app.cの詳細 その3

```c
/*** 受信実行 ****/
case APP_STATE_SCHEDULE_READ:
    if(APP_StateReset()) {break; }      // USB リセットの場合
    appData.state = APP_STATE_WAIT_FOR_READ_COMPLETE;   // 次のステートへ
    /** 受信実行 ***/
    if(appData.isReadComplete == true) { // すでに完了の場合ステートリセット
        appData.isReadComplete = false; // ステートリセット
        appData.readTransferHandle =  USB_DEVICE_CDC_TRANSFER_HANDLE_INVALID;
        /*** 受信実行 ***/
        USB_DEVICE_CDC_Read (USB_DEVICE_CDC_INDEX_0,
                &appData.readTransferHandle, appData.cdcReadBuffer,
                APP_READ_BUFFER_SIZE);
        /** 受信失敗の場合 **/
        if(appData.readTransferHandle == USB_DEVICE_CDC_TRANSFER_HANDLE_INVALID){
            appData.state = APP_STATE_ERROR;
            break;
        }
    }
    break;
/*** 受信完了待ち ***/
case APP_STATE_WAIT_FOR_READ_COMPLETE:
    if(APP_StateReset()) { break;}
    /** 受信完了で次のステートへ ***/
    if(appData.isReadComplete)
        appData.state = APP_STATE_SCHEDULE_WRITE;    // 次のステートへ
    break;
/*** 応答送信実行 ***/
case APP_STATE_SCHEDULE_WRITE:
    if(APP_StateReset()) { break; }
    /* 送信準備 */
    appData.writeTransferHandle = USB_DEVICE_CDC_TRANSFER_HANDLE_INVALID;
    appData.isWriteComplete = false;
    appData.state = APP_STATE_WAIT_FOR_WRITE_COMPLETE;  // 次のステートへ
    /* 応答データ作成 */
    for(i = 0; i < appData.numBytesRead; i++) {
        if((appData.cdcReadBuffer[i] == 'A') || (appData.cdcReadBuffer[i] == 'a'))
            strcpy((char *)appData.cdcWriteBuffer, Alpha);
        else if((appData.cdcReadBuffer[i] == 'N') || (appData.cdcReadBuffer[i] == 'n'))
            strcpy( (char*)appData.cdcWriteBuffer,Number);
        else
            strcpy( (char*)appData.cdcWriteBuffer,Ermsg);
    }
    /*** 送信実行 ***/
    USB_DEVICE_CDC_Write(USB_DEVICE_CDC_INDEX_0, &appData.writeTransferHandle,
            appData.cdcWriteBuffer, strlen((char*)appData.cdcWriteBuffer),
            USB_DEVICE_CDC_TRANSFER_FLAGS_DATA_COMPLETE);
    break;
/*** 送信完了待ち ***/
case APP_STATE_WAIT_FOR_WRITE_COMPLETE:
    if(APP_StateReset()) { break;}
    /** 送信完了でステート更新 ***/
    if(appData.isWriteComplete == true)
        appData.state = APP_STATE_COMMAND_SEND;
    break;
/** エラー処理他 ***/
```

（注釈）
- 受信処理実行
- 受信完了で送信処理へ
- 送信処理開始
- 受信文字により送信メッセージ変更
- 送信実行
- 送信完了したら次の受信へ

```
        case APP_STATE_ERROR:
        default:
            break;
    }
}
```

■動作確認

以上がすべて完了したらコンパイルしてトレーニングボードに書き込みます。
書き込みが完了すれば動作を開始し、電源供給に使っているUSBコネクタが
CDC用として動作して、パソコンにCOMポート*が追加されます。

TeraTermなどの通信ソフトをパソコンで実行し、このCOMポートを選択し、
通信速度を合わせます。

キーボードから文字を入力し、図7-4-7のように表示されれば正常動作です。

COMの番号は読者の
お使いのパソコンによ
り異なる。

●図7-4-7　実行結果のTeraTerm画面例

293

7-5 USBライブラリの使い方 （MSDホスト）

7-5-1 例題によるUSBホストライブラリの使い方

USBライブラリとして提供されている中からUSBホストの例題としてMSD （Mass Storage Device）つまりUSBメモリを扱います。

USBデモプログラムの中の、「msd_basic」という最も基本的なUSBホストを参考にして製作します。

【例題】プロジェクト名　USB_MSD

トレーニングボードでUSBのMSDホストクラスを使って次の動作を行う。

S2を押した時点から5秒間隔でUSBメモリ内のファイルにデータを書き込む。データにはカウント値を毎回＋1して文字列で追記する。S3を押した時点で書き込みを終了する。ファイル名はTestFile.txtとする。

■MHCによる設定

プロジェクトを作成後、MHCを開き周辺モジュールを追加します。

最初に、USBホスト関連はUSBライブラリを使うため、図7-5-1のようにMHCのAvailable Components欄で、[Libraries] → [USB] → [Host Stack] → [MSD Client Driver]を選択してダブルクリックします。

●図7-5-1　MSDライブラリの追加

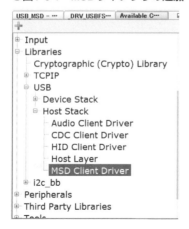

これで図7-5-2のようにいくつかのダイアログでコンポーネントの追加を要求されるので、それぞれYesかNoで選択します。

●図7-5-2　MSDホストライブラリの追加

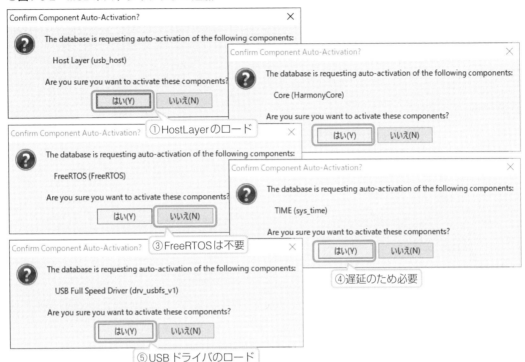

次にSystem ServiceからFILE SYSTEMを追加します。さらにタイマのTC3とTC4を追加して、図7-5-3のようにProject Graphの窓でリンクして関連付けをします。

TIMEサービスではTC3タイマを使い、FILE SYSTEMではMSD Client Driverを使うように関連付けます。

●図7-5-3　周辺モジュールのリンク

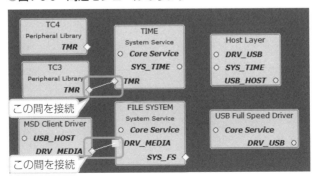

7

ミドルウェアとドライバの使い方

クロック設定の詳細は
図6-2-4を参照。

次にそれぞれのモジュールの設定をします。

最初はクロック*の設定で、メインメニューから［MHC］→［Tools］→［Clock Configuration］と選択してから、［Clock Easy View］タブをクリックして開く画面で設定します。CPUはデフォルトのDFLLの48MHzとします。TC3、USBも同じGCLK0とします。TC4にはGCLK1で48MHzを48分周した1MHzを供給するようにします。

次にタイマ関連の設定で図7-5-4のように設定します。TC3はTIME用ですので、デフォルトのまで特に変更はありません。TC4は5秒間隔のタイマとします。

● 図7-5-4　タイマTC3とTC4の設定

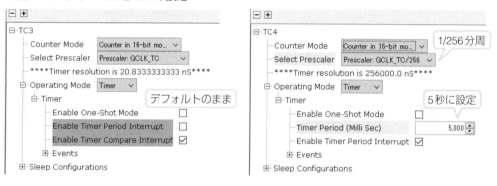

次にUSBホストとファイルシステムの設定で、図7-5-5のようにします。

● 図7-5-5　USBホストとファイルシステムの設定

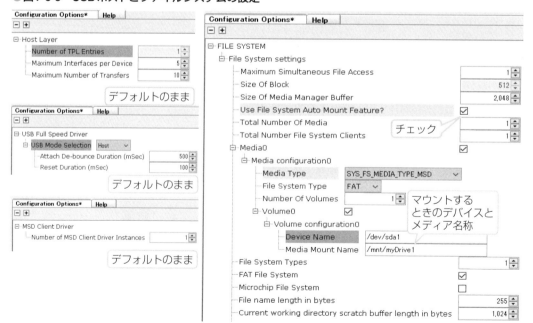

ほとんどデフォルトのままで特に変更する部分はありません。ここでマウントするデバイスとメディアの名前が決められます。

最後に入出力ピンの設定をメインメニューから［MHC］→［Tools］→［Pin Configuration］と選択してから、［Pin Settings］のタブをクリックして開く画面で図7-5-6のようにします。USBのピンは固定で決まっています。

● 図7-5-6　入出力ピンの設定

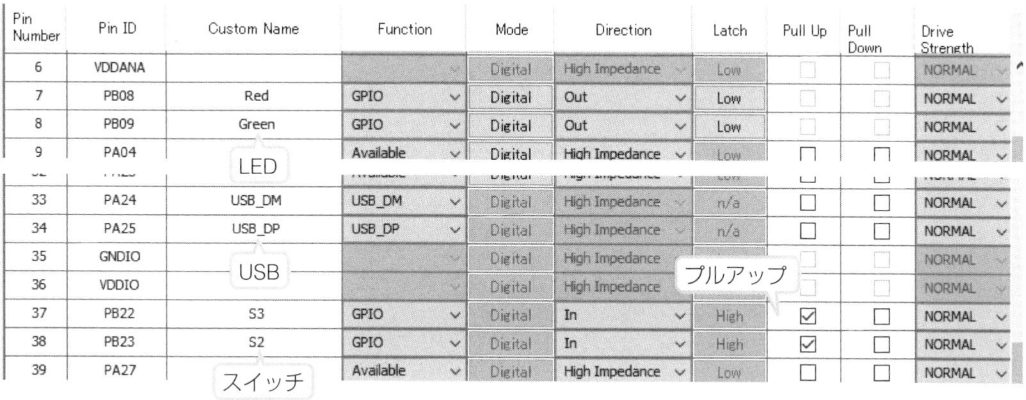

Pin Number	Pin ID	Custom Name	Function	Mode	Direction	Latch	Pull Up	Pull Down	Drive Strength
6	VDDANA			Digital	High Impedance	Low			NORMAL
7	PB08	Red	GPIO	Digital	Out	Low			NORMAL
8	PB09	Green	GPIO	Digital	Out	Low			NORMAL
9	PA04		Available	Digital	High Impedance	Low			NORMAL
33	PA24	USB_DM	USB_DM	Digital	High Impedance	n/a			NORMAL
34	PA25	USB_DP	USB_DP	Digital	High Impedance	n/a			NORMAL
35	GNDIO			Digital	High Impedance				NORMAL
36	VDDIO			Digital	High Impedance				NORMAL
37	PB22	S3	GPIO	Digital	In	High	☑		NORMAL
38	PB23	S2	GPIO	Digital	In	High	☑		NORMAL
39	PA27		Available	Digital	High Impedance	Low			NORMAL

LED / USB / スイッチ / プルアップ

■ コード生成と修正

以上で設定は完了ですのでGenerateしてコードを生成します。

生成されるコードでUSB関連はapp.cに生成されます。この例題ではmain.cでスイッチ関連の処理を記述し、USBメモリ関連の処理はapp.cをほぼそのまま使います。

作成したmain.cのプログラムリストがリスト7-5-1となります。ここではTC4の割り込み処理とスイッチの処理をしているだけです。TC4の割り込みごとにFlag変数がセットされ、これでapp.cの中で書き込みが実行されます。

リスト　7-5-1　main.cの詳細

```
/************************************************************
*    USBホストの例題　MSDクラス　USBメモリにデータ書き込み
*        プロジェクト名　　USB_MSD
*************************************************************/
#include <stddef.h>            // Defines NULL
#include <stdbool.h>           // Defines true
#include <stdlib.h>            // Defines EXIT_FAILURE
#include "definitions.h"       // SYS function prototypes
/*** グローバル変数定義 *****/
volatile int Flag, Lock;
int Counter;
/***** タイマTC4の割り込み処理関数 *********/
void TC4_ISR(TC_TIMER_STATUS status, uintptr_t context){
    Flag = 1;                  // 2秒フラグオン
```

TC4の割り込み処理関数

```
        Lock = 0;                      // スイッチロックオフ
        Green_Toggle();
    }
/****** メイン関数 ******/
int main ( void )
{
    SYS_Initialize ( NULL );
    /** TC4割り込み関数定義 **/
    TC4_TimerCallbackRegister(TC4_ISR, (uintptr_t)NULL);
    Lock = 0;
    while ( true )
    {
        SYS_Tasks ( );
        /*** スイッチチェック ****/
        if((S2_Get() == 0)&&(Lock == 0)){
            Flag = 0;                  // 初期化
            Lock = 1;                  // チャッタ防止
            Counter = 0;
            TC4_TimerStart();          // TC4スタート
        }
        if(S3_Get() == 0){
            TC4_TimerStop();           // TC4ストップ
            Green_Clear();
        }
    }
    return ( EXIT_FAILURE );
}
```

S2の処理書き込み開始

S3の処理書き込み停止

　app.cの前半部の詳細がリスト7-5-2となります。ここは、USBバスの有効化とUSBメモリの検知をしています。

リスト 7-5-2　app.cの前半部詳細

```
/*****************************************************************************
 *  USBホストの例題     USBメモリのファイル読み書き
 *    プロジェクト名  ：USB__MSD
 *****************************************************************************/
#include "app.h"
#include <string.h>
#include <stdio.h>
/**** グローバル変数定義 *****/
APP_DATA appData USB_ALIGN;                          // アプリデータの構造体
USB_ALIGN uint8_t writeData[32];                     // 書き込むデータ
extern int Counter;
extern int Flag;
/****** AP初期化関数 ************************/
void APP_Initialize ( void )
{
    appData.state = APP_STATE_BUS_ENABLE;            // ステート初期値セット
    appData.deviceIsConnected = false;               // SD接続フラグリセット
}
/***** ホスト関連イベント処理 ******/
USB_HOST_EVENT_RESPONSE APP_USBHostEventHandler (USB_HOST_EVENT event,
                   void * eventData, uintptr_t context)
{
```

```
                switch (event) {
                    case USB_HOST_EVENT_DEVICE_UNSUPPORTED:        // デバイス非サポートの場合
                        break;
                    default:
                        break;
                }
                return(USB_HOST_EVENT_RESPONSE_NONE);              // 無応答を返す
            }
            /**** FSイベント処理 *****/
            void APP_SYSFSEventHandler(SYS_FS_EVENT event, void * eventData, uintptr_t context)
            {
                switch(event)   {
                    case SYS_FS_EVENT_MOUNT:                       // マウント検出の場合
                        appData.deviceIsConnected = true;         // 接続フラグオン
                        break;
                    case SYS_FS_EVENT_UNMOUNT:                     // アンマウントの場合
                        appData.deviceIsConnected = false;        // 接続フラグオフ
                        break;
                    default:
                        break;
                }
            }
            /******** アプリケーションタスク **************/
            void APP_Tasks ( void ){
                switch(appData.state) {                           // ステートで分岐
                    case APP_STATE_BUS_ENABLE:                    // バス有効化の場合
                        // ハンドラをセットしてバスを有効にする
                        SYS_FS_EventHandlerSet((void *)APP_SYSFSEventHandler, (uintptr_t)NULL);
                        USB_HOST_EventHandlerSet(APP_USBHostEventHandler, 0);
                        USB_HOST_BusEnable(0);
                        appData.state = APP_STATE_WAIT_FOR_BUS_ENABLE_COMPLETE;
                        break;
                    case APP_STATE_WAIT_FOR_BUS_ENABLE_COMPLETE:  // バス有効化完了の場合
                        if(USB_HOST_BusIsEnabled(0))              // バス有効中の場合
                            appData.state = APP_STATE_WAIT_FOR_DEVICE_ATTACH;
                        break;
                    case APP_STATE_WAIT_FOR_DEVICE_ATTACH:        // アタッチ検出待ちの場合
                        // アタッチ検出で次のステートへ　検出まで繰り返し
                        if(appData.deviceIsConnected)
                            appData.state = APP_STATE_DEVICE_CONNECTED;
                        break;
```

（左余白ラベル：USBホストの有無 / USBメモリのマウント関連処理 / USBバスを有効化 / USBメモリ検知）

app.cの後半部がリスト7-5-3となります。この中の**APP_STATE_WAIT_FLAG**の
ステート部が追加した部分で、ここでTC4による5秒ごとの**Flag**セットを待ち、
セットされたら書き込みを開始します。

書き込みでは**Counter**の値を文字列に変換して書き込んでいます。書き込み後**Counter**を＋1しています。

リスト 7-5-3　app.cの後半部詳細

```
            case APP_STATE_DEVICE_CONNECTED:                      // デバイス接続の場合
                appData.state = APP_STATE_WAIT_FLAG;             // フラグオン待ち
                break;
            case APP_STATE_WAIT_FLAG:
```

（右余白縦書き：7 ミドルウェアとドライバの使い方）

Flagオンを待つ

書き込み開始

Counterデータ書き込み

繰り返し

```
            if(Flag == 1){
                Flag = 0;
                appData.state = APP_STATE_OPEN_FILE;
            }
            break;
        case APP_STATE_OPEN_FILE:                           // オープン処理の場合
            /** 追加でオープン **/
            Red_Set();
            appData.fileHandle =SYS_FS_FileOpen("/mnt/myDrive1/TestFile.txt",
                                (SYS_FS_FILE_OPEN_APPEND_PLUS));
            if(appData.fileHandle == SYS_FS_HANDLE_INVALID) // オープン失敗の場合
                appData.state = APP_STATE_ERROR;            // エラー処理へ
            else                                            // オープン成功の場合
                appData.state = APP_STATE_WRITE_TO_FILE;    // 書き込み処理へ
            break;
        case APP_STATE_WRITE_TO_FILE:                       // 書き込み処理
            /*** 書き込み実行 ***/
            sprintf((char *)writeData, "Hello World!  Counter=%04d¥r¥n", Counter);
            Counter++;
            if (SYS_FS_FileWrite( appData.fileHandle, (const void *) writeData,
                                strlen((char*)writeData)) == -1) {
                // 失敗の場合
                SYS_FS_FileClose(appData.fileHandle);       // ファイルクローズ
                appData.state = APP_STATE_ERROR;            // エラー処理へ
            }
            else   // 成功の場合
                appData.state = APP_STATE_CLOSE_FILE;       // ファイルクローズ処理
            break;
        case APP_STATE_CLOSE_FILE:                          // クローズ処理
            SYS_FS_FileClose(appData.fileHandle);           // クローズ実行
            Red_Clear();
            appData.state = APP_STATE_WAIT_FLAG;            // 繰り返し
            break;
        case APP_STATE_ERROR:                               // エラー処理の場合
            if(SYS_FS_Unmount("/mnt/myDrive1") != 0){       // アンマウント処理
                // 失敗の場合
                appData.state = APP_STATE_ERROR;
            }
            else  { // 成功の場合
                appData.state =  APP_STATE_WAIT_FOR_DEVICE_ATTACH;
                appData.deviceIsConnected = false;
            }
            break;
        default:
            break;
    }
}
```

ここでMSDとしての処理は大部分APP_Tasks関数の中で実行されています。この関数と他の関数との関連は図7-5-7のようになっています。

メインループ内のSYS_Tasks関数が、ループが繰り返されるごとに繰り返し実行されますが、その都度APP_Tasks関数が呼び出されます。この呼び出される都度、USBの処理がステート関数で進み、一連のUSBメモリへのアクセスが進むことになります。

●図7-5-7　関数間の関連図

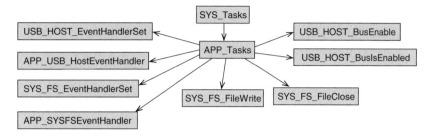

■動作確認

すべてのプログラム製作が完了したらトレーニングボードに書き込みます。トレーニングボードをUSBホストとして動作させるためには、電源供給方法などを次のように変更する必要があります。

① ミニUSBコネク側のケーブルを外す
② JP1のジャンパをCN5コネクタ側にセットする
③ CN5コネクタに外部電源から5Vを供給する
④ USBメモリをタイプAのUSBコネクタに挿入する

これで準備が整ったので、プログラムを書き込んで実行します。

実行を開始すると緑のLEDが2秒間隔で点滅します。このあとスイッチS2を押すとUSBメモリへの書き込みを開始し、赤のLEDがSDカードに書き込む瞬間だけ点灯します。しばらくしたらスイッチS3を押します。これで緑のLEDが消灯したままとなり、動作が停止します。

このあとUSBメモリを抜いてパソコンに移動させてファイル「TestFile.txt」の存在を確認したら、内容を開いてみます。

実行結果のUSBメモリ内に書き込まれた「TestFile.txt」の内容は図7-5-8のようになります。このようになっていれば動作は正常です。

●図7-5-8　実行結果のファイル内容

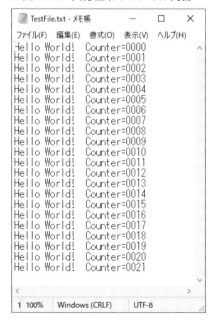

7
ミドルウェアとドライバの使い方

第8章
実際の製作例

SAMD21 ファミリを使っていくつかの実用的なものを
作ってみます。本章では次のようなものを紹介します。

・データロガー
・IoT センサ
・バッテリ充電マネージャ
・蛍光表示管時計

8-1 データロガーの製作

I²C接続で温度、湿度、気圧が計測できる。

　本節では、トレーニングボードを使って複合センサ*のデータをマイクロSDカードに一定間隔で保存するデータロガーを製作します。

8-1-1 データロガーの全体構成と仕様

　製作するデータロガーはトレーニングボードを使うので、新しいハードウェアの製作は不要で、プログラム製作だけ行います。製作するデータロガーは次のような機能仕様とします。

> 【製作する機能仕様】プロジェクト名　Logger
>
> 　トレーニングボードを使い、複合センサの温湿度と気圧を2秒間隔で読み出してキャラクタ液晶表示器に表示し、さらに1分間隔でマイクロSDカードに経過時間とともに記録する。

　製作するデータロガープログラムの周辺モジュールと制御対象は、図8-1-1としました。

●図8-1-1　周辺モジュールと制御対象

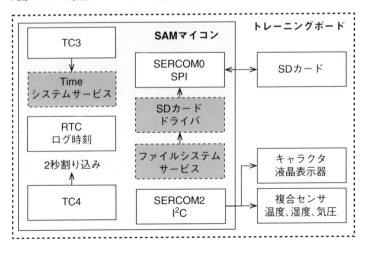

TC4の2秒間隔の割り込みでSERCOM2のI²Cでセンサのデータを入力し、同じI²Cで液晶表示器に表示します。

さらにスイッチS2が押されたら、TC4の1分ごとにファイルシステムサービスを使って、センサデータと、RTCから読み出した経過時間をSDカードに書き込みます。スイッチS3が押されたらSDカードへのログを停止します。

SDカードの制御はSDカードドライバとSERCOM0のSPIを使います。

TC3とTIMEサービスでmsec単位の遅延時間を生成しています。

8-1-2 プログラムの製作

このプログラムはプロジェクト名「Logger」で製作します。プログラムの全体フローは図8-1-2のようにしました。TC4の2秒ごとの割り込みでFlagをオンとして、メインループ内で計測と表示を実行します。さらにログが許可されていれば1分ごとにLogFlagをオンにして、SDカードへのログを実行するようにします。

メインループでは、スイッチをチェックしていてS2オンでログを許可し、S3オンでログを停止しています。

●図8-1-2　プログラムフロー

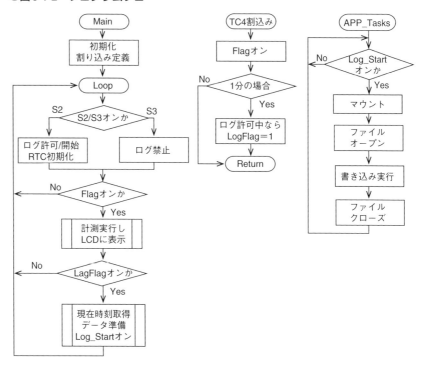

その後Flagをチェックして、オンであれば計測を実行し液晶表示器に表示しています。続いてLogFlagをチェックし、オンであれば経過時間をRTCから読み出し、さらに計測値を文字列に変換してログを実行するようにLog_Startフラグをオンとします。実際のSDカードへの書き込みはapp.cの中のAPP_Tasks関数で実行しています。この関数はメイン関数でSYS_Tasks関数が実行される都度呼び出され、Log_Startフラグオンで開始し、ステートにより順次処理が進むようになっています。毎回ファイルをオープンしクローズしています。

■MHCによる設定

プログラムの製作を始めます。まずプロジェクトを生成したあと、MHCを起動し周辺モジュールとシステムサービスを図8-1-2のように追加します。

「FILE SYSTEM」を7-3節にしたがって追加し、関連するTIMEサービス、SD Card（SPI）、SERCOM0を追加して図右下のようにリンクさせて関連付けます。

次にI²C用のSERCOM2を追加します。あとはTC3、TC4、RTCを追加し、TIMEとTC3をリンクして関連付けます。

●図8-1-3　MHCで周辺モジュールを追加

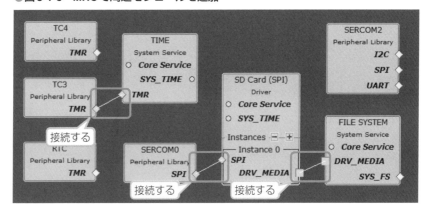

このあとMHCで各モジュールの設定をしていきます。

最初はクロックの設定です。クロックはメインメニューから［MHC］→［Tools］→［Clock Configuration］と選択してから、［Clock Easy View］タブをクリックして開く画面で設定します。CPUにはデフォルトのDFLLの48MHzを供給し、SERCOM0、SERCOM2とTC3には同じGCLK0の48MHzを供給します。

TC4とRTCには内蔵の高精度32.768kHz（OSC32K）をクロック源としてGCLK1で32分周して1.024kHzのクロックを供給します。

次に各モジュールの設定で、TIMEとTC3の設定は図8-1-4のようにデフォルトのままとします。

● 図8-1-4 TIMEとTC3の設定

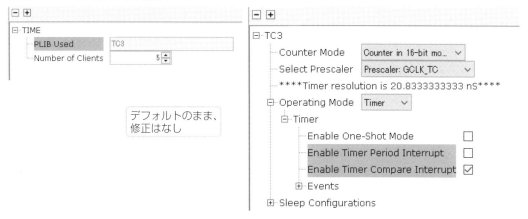

TC4とRTCは図8-1-5のように設定します。TC4は分周比を1/1とし、2000msecのインターバルタイマで割り込みありとします。

RTCはClock/Calendarモードを選択し、割り込みはなし、基準年を1900年とします。

● 図8-1-5 RTCとTC4の設定

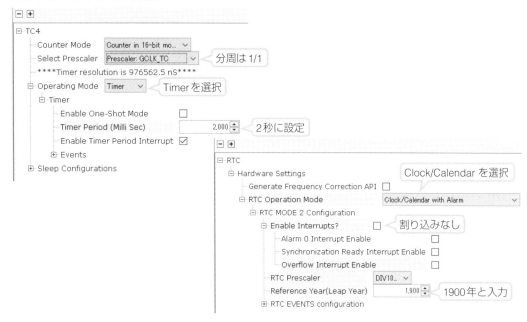

次にSERCOM2はI²Cですから図8-1-6のようにI2C Maserとして詳細はデフォルトのままとします。

●図8-1-6 SERCOM2の設定

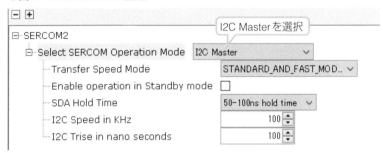

次はファイルシステム関連で、ファイルシステム本体は図8-1-7のようにデフォルトのままで、特に設定をする項目はありません。

●図8-1-7 ファイルシステムの設定

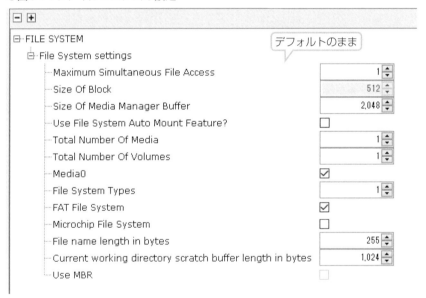

次にSDカード関連で、ドライバとSERCOM0の設定が必要となります。

設定は図8-1-8のようにします。まずSD Card (SPI) ドライバでは、Chip Select pinをPA05にします。そしてDMAありとし、その他はデフォルトのままとします。DMAの設定はすべて自動的に行われます。

SERCOM0はSPI Masterモードで、割り込みはありとしてPADを回路図に合わせて選択します。さらにモードが0になるように、データサンプルはエッジでクロックは常時Lowとします。

●図8-1-8　SDカード関連の設定

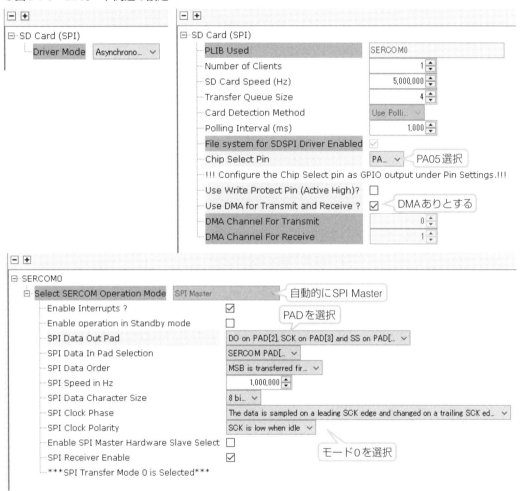

以上で周辺モジュールは完了したので、最後に入出力ピンの設定をします。メインメニューから[MHC]→[Tools]→[Pin Configuration]と選択してから、[Pin Settings]のタブをクリックして開く画面で図8-1-9のようにします。

●図8-1-9　入出力ピンの設定

Order:	Pins	Table View	☑ Easy View						

Pin Number	Pin ID	Custom Name	Function	Mode	Direction	Latch	Pull Up	Pull Down
6	VDDANA	(LED)		Digital	High ...	Low	☐	☐
7	PB08	Red	GPIO	Digital	Out	Low		
8	PB09	Green	GPIO	Digital	Out	Low		
9	PA04	SERCOM0_PAD0	SERCOM0_P...	Digital	High ...	n/a	☐	☐
10	PA05 (SPI)	GPIO_PA05	GPIO	Digital	Out	High		☐
11	PA06	SERCOM0_PAD2	SERCOM0_P...	Digital	High ...	n/a	☐	☐
12	PA07	SERCOM0_PAD3	SERCOM0_P...	Digital	High ...	n/a	☐	☐
13	PA08 (I2C)	SERCOM2_PAD0	SERCOM2_P...	Digital	High ...	n/a	☐	☐
14	PA09	SERCOM2_PAD1	SERCOM2_P...	Digital	High ...	n/a	☐	☐
15	PA10	(スイッチ)	Available	Digital	High ...	Low	☐	☐
36	VDDIO			Digital	High ...	Low	(プルアップ)	☐
37	PB22	S3	GPIO	Digital	In	High	☑	☐
38	PB23	S2	GPIO	Digital	In	High	☑	☐
39	PA27		Available	Digital	High ...	Low	☐	☐

■コード生成と修正

以上ですべての設定が完了したので、Generateしてコードを生成します。コード生成後、センサと液晶表示器のライブラリ*をプロジェクトと同じフォルダにダウンロードしてプロジェクトに登録します。登録後のプロジェクトのファイルは図8-1-10のようになります。

センサと液晶表示器の
ライブラリの入手は巻
末に記載の技術評論社
のサポートサイトか
ら。

●図8-1-10　プロジェクトのファイル

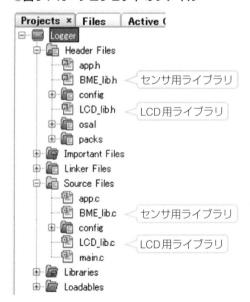

　ソースの製作が必要なプログラムはmain.cとapp.c、app.hの3つとなります。まずapp.cで、こちらがSDカードに実際に書き込む部分となります。まず宣言部がリスト8-1-1のようになります。ここは簡単で自動生成されたものに、変数を2つ追加するだけです。

リスト 8-1-1　app.cの宣言部

```
/**************************************************************
*　データロガー SDカードドライバ
*　　プロジェクト名　　Logger
**************************************************************/
#include <stdio.h>
#include "app.h"
#include "definitions.h"      // SYS function prototypes
#include <string.h>
/**************************************************************
* Section: Global Data Definitions
**************************************************************/
#define SDCARD_MOUNT_NAME      "/mnt/mydrive"
#define SDCARD_DEV_NAME        "/dev/mmcblka1"
/* Application Data*/
APP_DATA appData;
extern int Log_Start;
extern char Data[32];
/**************************************************************
* 初期化関数
**************************************************************/
void APP_Initialize ( void )
{
    appData.state = APP_WAIT_LOG_START;
}
```

変数追加 ⟩（→ extern int Log_Start; / extern char Data[32];）

　次がapp.cの本体部分でリスト8-1-2となります。自動生成されたソースを修正して作成します。最初のステート部はステート名称を`APP_WAIT_LOG_START`に変更し、`Log_Start`というフラグ変数が1にセットされるのを待ちます。
　ステート変数を変更するためapp.hも変更する必要がありますが、詳細は省略します。
　`Log_Start`がセットされたらSDカードのマウント確認へ進みます。その後は自動生成されたままで、書き込むファイル名と書き込むデータ名とサイズの部分を変更します。

リスト **8-1-2 app.cの本体部**

```
/*********************************************************
*  アプリケーションタスク
*********************************************************/
void APP_Tasks ( void )
{
    switch ( appData.state ) {
        /** ログスタート待ち **/
        case APP_WAIT_LOG_START:
            if(Log_Start == 1){                                // Log_Startがオンの場合
                Log_Start = 0;
                appData.state = APP_MOUNT_DISK;                // マウントへ
            }
            break;
        /** SDカードのマウント **/
        case APP_MOUNT_DISK:
            if(SYS_FS_Mount(SDCARD_DEV_NAME, SDCARD_MOUNT_NAME, FAT, 0, NULL) != 0)
                appData.state = APP_MOUNT_DISK;                // 失敗ならマウント繰り返し
            else{
                appData.state = APP_OPEN_FILE;                 // 成功ならファイルオープンへ
            }
            break;
        /* ファイルオープン実行 */
        case APP_OPEN_FILE:
            appData.fileHandle = SYS_FS_FileOpen("LogFile.txt", (SYS_FS_FILE_OPEN_APPEND));
            if(appData.fileHandle == SYS_FS_HANDLE_INVALID) // ハンドル無効の場合
                appData.state = APP_ERROR;                     // エラーへ
            else
                appData.state = APP_WRITE_FILE;                // 有効なら1秒待ちへ
            break;
        /** 書き込み実行 ***/
        case APP_WRITE_FILE:
            /* ファイルにデータ書き込み */
            Red_Set();
            if(SYS_FS_FileWrite(appData.fileHandle, (const char *)Data, strlen(Data)) == -1)
            {   /* エラーの場合 */
                SYS_FS_FileClose(appData.fileHandle);          // ファイルクローズ
                appData.state = APP_ERROR;                     // エラーへ
            }
            appData.state = APP_CLOSE_FILE;                    // クローズへ
            break;
        /** ファイルクローズ処理 ***/
        case APP_CLOSE_FILE:
            SYS_FS_FileClose(appData.fileHandle);              // ファイルクローズ
            appData.state = APP_UNMOUNT;                       // 次の開始へ
            Red_Clear();
            break;
        /*** ドライブアンマウント実行 ***/
        case APP_UNMOUNT:
            if(SYS_FS_Unmount(SDCARD_MOUNT_NAME) != SYS_FS_RES_SUCCESS)
                appData.state = APP_UNMOUNT;                   // 失敗なら繰り返し
            else{
                appData.state = APP_WAIT_LOG_START;            // 次の開始へ
            }
            break;
        case APP_ERROR:
```

ステート条件変更

ファイル名変更

書き込みデータ変更

```
    /** エラー処理なし **/
        break;
    default:
        break;
    }
}
```

続いてmain.cで、こちらはすべて作成する必要があります。まず宣言部はリスト8-1-3のようになります。

最初に変数定義ですが、割り込み処理やapp.cと共有する必要があるものはvolatile宣言*を付加する必要があります。

RTCの初期値の構造体はすべて0で定義しています。これで常にログ開始時間が0時0分*からとなります。

TC4の割り込み処理関数は2秒ごとに呼び出されます。ここでFlag変数をセットすれば液晶表示器の処理が実行されます。さらにログが許可されていれば、1分ごとにLogFlagをセットしてログを実行するようにします。

リスト　8-1-3　main.cの宣言部

```
/********************************************************
*  データロガープログラム
*    プロジェクト名    Logger
********************************************************/
#include <stddef.h>                // Defines NULL
#include <stdbool.h>               // Defines true
#include <stdlib.h>                // Defines EXIT_FAILURE
#include "definitions.h"           // SYS function prototypes
#include <stdio.h>
#include "BME_lib.h"
#include "LCD_lib.h"
/**** グローバル変数定義 ******/
volatile int  Flag, LogFlag, Interval, LogEnable;
int Log_Start, Lock;
float temp_act, pres_act, hum_act;
uint32_t temp_cal, pres_cal, hum_cal;
char Data[64], Line1[16], Line2[16];
/** 時刻設定用構造体データ ***/
struct tm DateTime = {0,0,0,0,0,0,0,0,0};
/***** タイマTC4の割り込み処理関数 *********/
void TC4_ISR(TC_TIMER_STATUS status, uintptr_t context){
    Flag = 1;                      // 2秒フラグオン
    Lock = 0;                      // スイッチロックオフ
    Interval--;                    // カウントダウン
    if(Interval == 0){             // 1分経過の場合
        Interval = 30;             // 次の1分セット
        if(LogEnable == 1)         // ログ許可の場合
            LogFlag = 1;           // ログフラグオン
    }
}
```

欄外注:
これを忘れるとコンパイルエラーとなる。エラー原因が分かりにくいので要注意。

実時間ではなく経過時間で表現する。

共有変数

RTC初期値

ログ許可なら1分フラグオン

8
実際の製作例

次がmain.cのメイン関数部でリスト8-1-4となります。

最初は初期化部でセンサと液晶表示器の初期化後、TC4をスタートさせています。メインループでは、スイッチのS2とS3をチェックし、S2がオンならRTCを初期化してからログを許可し、S3がオンならログを禁止しています。続いて**Flag**と**LogFlag**をチェックし、**Flag**がオンならセンサからデータを読み出して液晶表示器に表示します。**LogFlag**がオンならセンサデータと時刻をSDカードに書き込むため、データを準備してから**Log_Start**フラグをセットしています。これでapp.cの中の**APP_Tasks**関数で実際にデータを書き込みます。

リスト 8-1-4 main.cのメイン関数部

```
/***** メイン関数 ******/
int main ( void )
{
    SYS_Initialize ( NULL );                    // システム初期化
    /** TC4割り込み関数定義 **/
    TC4_TimerCallbackRegister(TC4_ISR, (uintptr_t)NULL);
    Flag = 0;                                   // 開始フラグオフ
    lcd_init();                                 // LCD初期化
    bme_init();                                 // センサ初期化
    bme_gettrim();                              // センサ較正値一括読み出し
    TC4_TimerStart();                           // TC4スタート
    /******* メインループ ******/
    while ( true )
    {
        SYS_Tasks ( );
        if((S2_Get() == 0)&&(Lock == 0)){
            Lock = 1;                           // スイッチロックオン
            LogEnable = 1;                      // ログ許可
            LogFlag = 1;                        // ログフラグオン
            Interval = 30;                      // 1分タイマセット
            /** RTC初期値時刻設定 **/
            RTC_RTCCTimeSet(&DateTime);         // 初期時刻
        }
        else if(S3_Get() == 0)
            LogEnable = 0;                      // ログ停止
        /**** 計測データLCD表示 ******/
        if(Flag == 1){                          // 2秒フラグオンの場合
            Green_Toggle();
            Flag = 0;
            /** センサデータ読み出しと較正 **/
            bme_getdata();                      // センサ読み出し
            temp_cal = calib_temp(temp_raw);    // 温度較正実行
            pres_cal = calib_pres(pres_raw);    // 気圧較正実行
            hum_cal = calib_hum(hum_raw);       // 湿度較正実行
            /** 計測値実際の値にスケール変換 ****/
            temp_act = (float)temp_cal / 100.0; // 温度変換
            pres_act = (float)pres_cal / 100.0; // 気圧変換
            hum_act = (float)hum_cal / 1024.0;  // 湿度変換
            /* 気圧、温湿度LCD表示出力 */
            if(LogEnable == 1)                  // ログ中の場合
                sprintf(Line1, "Logging  P= %4.0f", pres_act);
            else                                // ログ停止中の場合
```

初期化

S2オンでログ開始

開始時刻0時0分

S3オンでログ停止

計測実行

メッセージ変更

```
                    sprintf(Line1, "Measure  P= %4.0f", pres_act);
                sprintf(Line2, "T= %2.1f  H= %2.1f", temp_act, hum_act);
                /*** LCDに表示 ***/
                lcd_cmd(0x80);                    // 1行目選択
                lcd_str(Line1);                   // 表示
                lcd_cmd(0xC0);                    // 2行目選択
                lcd_str(Line2);                   // 表示
            }
            /**** ログ実行 *****/
            if(LogFlag == 1){                    // ログ開始フラグオンの場合
                LogFlag = 0;
                /*** 時刻取得し文字列に変換 *****/
                RTC_RTCCTimeGet(&DateTime);      // 現在時刻取得
                sprintf(Data, "%02d:%02d,", DateTime.tm_hour, DateTime.tm_min);
                /*** 計測データ文字列に変換 ***/
                sprintf(Data+6, "%4.1f,%2.1f,%2.1f\r\n", pres_act, temp_act, hum_act);
                Log_Start = 1;                   // 書き込み開始
            }
        }
        return ( EXIT_FAILURE );
}
```

左注: メッセージ変更 / 経過時刻取得 / SDログトリガ

8-1-3 動作確認

これですべての製作が完了ですから、トレーニングボードに書き込みます。

書き込めばすぐ動作を開始し、2秒ごとに緑LEDが反転表示し、液晶表示器に気圧と温湿度を表示します。1行目の最初は、Measureと表示されますが、S2スイッチをオンにするとログが開始され、写真8-1-1のようにLoggingという表示に変わります。さらにS3が押されるとMeasureに戻ります。

S2を押した時点からSDカードへの記録が1分ごとに実行されます。書き込む瞬間だけ赤LEDが点灯します。S3を押せばログが停止されます。

停止後SDカードを抜いて書き込まれたファイルをパソコンで開くと、図8-1-11のようになっています。データはパソコンで処理しやすいようにCSV形式としました。

●写真8-1-1 液晶表示例

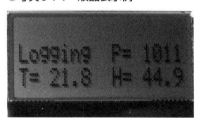

●図8-1-11 SDカード内のデータ内容

```
1  00:00,1017.6,23.6,44.1↓
2  00:01,1017.6,23.6,45.7↓
3  00:02,1017.6,23.6,43.3↓
4  00:03,1017.6,23.6,45.7↓
5  00:04,1017.8,23.6,46.2↓
6  00:05,1017.7,23.7,45.4↓
7  00:06,1017.7,23.7,42.0↓
8  00:07,1017.7,23.7,42.9↓
9  00:08,1017.6,23.6,42.1↓
10 00:09,1017.5,23.7,43.3↓
11 00:10,1017.5,23.7,42.9↓
12 00:11,1017.3,23.7,42.8↓
13 00:12,1017.1,23.7,41.9↓
14 00:13,1017.1,23.7,41.6↓
15 00:14,1017.1,23.7,40.8↓
16 00:15,1017.0,23.8,42.1↓
17 00:16,1016.9,23.8,42.0↓
18 [EOF]
```

8-2 IoT センサの製作

IFTTT
IF This Then Thatの略で
ウェブサービスの一種。

　最近IoT関連で話題となっているウェブサービスIFTTT[*]を活用した製作例です。トレーニングボードを使って製作します。

8-2-1 IFTTTと製作する機能仕様

　IFTTT（イフトと読む）とは、個人が加入し共有している多種類のWebサービス（Facebook、Evernote、Weather、Dropboxなど）同士を連携することができるWebサービスです。

　IFTTTは「IF This Then That.」の略で、指定したWebサービスを使ったとき（これがThisでトリガとなる）に、指定した別のWebサービス（これがThat）を実行するという関連付けをするだけで自由に関連付けて使えるというサービスです。

　例えば、次のような連携ができます。

- ・ 天気予報で雨の予想が出たらメールで傘を持参するように通知する
- ・ Androidスマホのバッテリが低下したらSMSに通知する

　本書ではIFTTTを活用して、次のような連携をすることにします。

【製作する機能仕様】プロジェクト名　IOT_SENSOR

　トレーニングボードの複合センサの温度、湿度と気圧データを2秒間隔で測定してキャラクタ液晶表示器に表示する。同時に15分間隔でIFTTTに3つのデータを送信し、Googleドライブの指定したスプレッドシートに行を追加する。スプレッドシートでそれをグラフ化してウェブで見られるようにする。

Webhooksと Google
Spread Sheetを連携
させる。

　これを実現する構成[*]を図で示すと図8-2-1のようになります。図のようにIFTTTの「Webhooks」というサービスを使ってトリガを生成し、Googleのスプレッドシートにデータを追加するというアプレットを作成します。

　これでトレーニングボードから15分間隔でGETメソッドをアプレットに送信します。このGETメソッドがWebhooksのトリガになってアプレットが起動し、アプレットに設定した動作により自動的にGoogleのスプレッドシートの最後の行の次の行にデータを追加します。

316

Excelと類似の手順で
グラフが作成できる。

グラフにも新たなデー
タが自動的に追加され
て表示される。

あとはスプレッドシートでデータをグラフ化*します。スプレッドシートは
パソコンやスマホなどからインターネット経由でどこからでも見ることがで
きますから、この温湿度と気圧のログデータとグラフ*をどこからでも見るこ
とができるようになります。

●図8-2-1　IoTセンサの構成

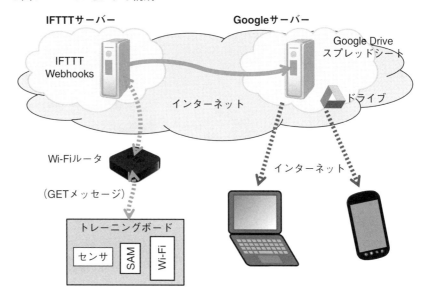

8

実際の製作例

8-2-2　IFTTTのアプレットの作成

IFTTTとGoogleアプリの両方を使えるようにする必要がありますが、本書
ではGoogleアカウントについては既に持っているものとし、IFTTTの設定方
法のみ説明します。

IFTTTの設定の流れは次の手順になりますが、IFTTTではブラウザには
Google Chromeが指定されているのでChromeを使う前提で進めます。

IFTTTの設定は次のステップとなります。

・ アカウント作成とサインイン
・ Thisの設定　→　Webhooksを使う
・ Thatの設定　→　Sheetの中のAdd row to spreadsheetを使う
・ Google Spreadsheetに対しIFTTTからの受信を許可する
・ テスト送信実行

◀1▶ アカウント作成とサインイン

　最初はIFTTTの設定で、まずアカウントの登録から始めます。IFTTTのホームページ（ifttt.com）を開き、図8-2-2の①でメールアドレスを入力して［Get started］ボタンをクリックします。これで表示されたページで②のようにパスワードを入力してから③［Sign in］ボタンをクリックしてサインインします。これでアカウントが登録されます。

● 図8-2-2　IFTTTへのサインイン

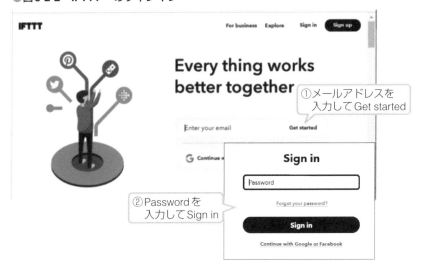

◀2▶ アプレット作成開始

　サインインすると図8-2-3の画面になります。ここから実際に使う自分専用のアプレットを作成します。まず①のように右上隅にある［Explorer］ボタンのすぐ左側の何も表示されていない部分をクリックすると、図のようなドロップダウンメニューが開きます。ここで［Create］を選択するとアプレット作成が開始されます。

　このドロップダウンメニュー* は今後何度も使うことになるので、起動方法を覚えておいてください。

アプレット作成後は［My Applets］をクリックすると作成したアプレットをすぐ開くことができる。

318

●図8-2-3　自分専用のアプレットの作成開始

③ トリガ「this」設定

　これで図8-2-4の画面になります。ここからthisのトリガの設定になります。
①で［this］の＋部分をクリックし、表示される画面で②「webhook」と入力し
ます。これで図のようにWebhooksのサービスが表示されますから、③のよ
うに選択クリックします。

●図8-2-4　thisの設定

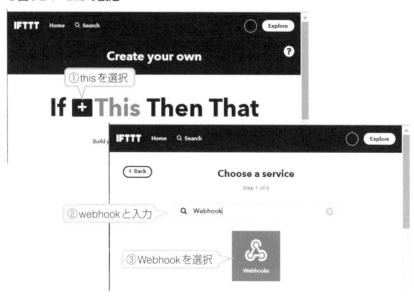

　これで図8-2-5の画面になります。ここではGETメソッドやPOSTメソッド
が送られてきたときトリガとするイベントの名前を入力します。まず①の大
きなボタンをクリックし、これで開く窓で②のようにトリガ名称を例えば「Add_
Log」と入力してから③の［Create trigger］ボタンをクリックします。

●図8-2-5　thisの設定

これでトリガのthisの設定は終わりで、図8-2-6の画面に戻ります。

４ アクション「that」設定

次のアクションのthatの設定です。まず①で[that]の＋を選択します。続いて表示される画面で、②のように検索窓に「sheet」と入力すると表示される[Google Sheet]のボタンを③のようにクリックします。

続く画面では、選択肢が2つ表示されますから、④のように[Add row to spreadsheet]を選択します。

●図8-2-6　thatの設定

　これで図8-2-7のようなデータ送信内容の設定画面になります。ここでは①Googleアプリのスプレッドシートの名前（Loggerにした）、②は追加する行の形式で、ここではEventnameは不要なので削除し、時刻（OccurredAt）とデータ3個（Value1、2、3）を送ることにしています。次に③でスプレッドシートを作成するフォルダ名（ここではIFTTTとした）を入力します。

　これで④のように[Create action]をクリックすると右図のような確認画面になるので、⑤で[Finish]ボタンをクリックします。

●図8-2-7　thatの設定

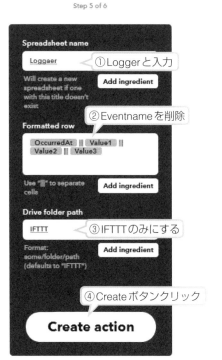

5 アクセス許可設定

　これで図8-2-8のように作成されたアプレットの画面になります。

　次は、Google Spreadsheetのアクセス許可を設定します。①のようにSheetのアイコンをクリックして表示される画面で、②のように[Settings]のボタンをクリックします。さらにこれで開く画面で、③のように[EDIT]をクリックします。

●図8-2-8　Google Sheetのアクセス許可

　これで図8-2-9のようにアカウント選択画面になるので、④のように自分のアカウントを選択します。さらに開く画面で、⑤のように［許可］のボタンをクリックすれば、アクセス許可が完了します。

●図8-2-9　Google Sheetのアクセス許可

6 テストの実行

これで図8-2-10の画面に戻るので、次は①のようにWebhooksの方を選択します。これで表示される画面で②のように［Documentation］をクリックします。

● 図 8-2-10 テストの実行

次に表示される図8-2-11の画面の上側に表示されるYour keyがキーコードですのでメモっておきます。あとでこれをプログラム中に記述する必要があるためです。

● 図 8-2-11 テストの実行

次にこの画面でテストを試します。①でトリガイベント名に自分が作成したイベント名「Add_Log」を入力、②で3つのデータに適当な値か文字を入力してから、③の[Test it]ボタンをクリックします。

これで④のように画面上部に「Event has been triggered.」と緑バーで表示されればテスト実行完了で、Google Spread Sheetにデータが追加されているはずです。

テスト結果を確認するため図8-2-12のようにGoogle Driveを開きます。図のように「IFTTT」というフォルダが自動生成され、この中にLoggerというファイルが自動生成されているはずです。

ただし、ここではGoogleアカウントが既に登録されていて、ログイン状態になっているものとします。

●図8-2-12　GoogleのMyDriveを開く

このLoggerのファイルを開くと図8-2-13のようにSpread Sheetとなっていて、図8-2-11で設定した日付と3個の値がセルに追加されています。

●図8-2-13　テスト結果

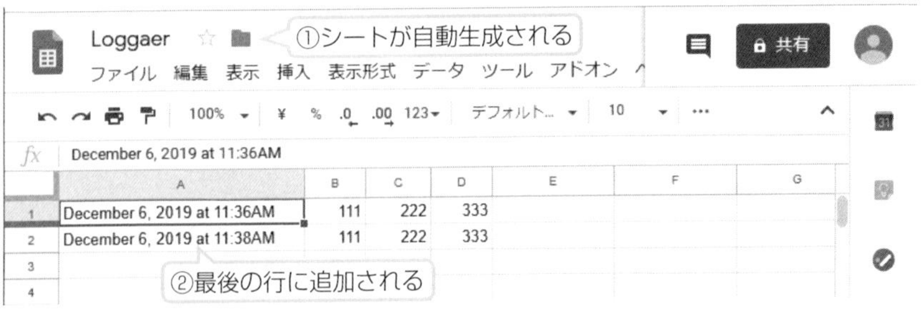

　以上でIFTTTの設定はすべて完了で、あとはWebhooksへのデータ転送待ちになります。この次はマイコン側からGETメソッドでデータを送る方を製作します。

7 Spread Sheetにすぐ追加されないとき

　最近IFTTTの動作が遅くなっているので、Spread Sheetにすぐ追加されない場合があります。このような場合には次のようにします。

　IFTTTのトップページを開き、図8-2-14のドロップダウンリストで①のように [My Applets] を選択します。これで図8-2-14の下側画面となるので、②のようにアプレットのアイコンをクリックし、次のページで③のように右上の小さな [Settings] のアイコンをクリックします。これで開くページで④のように「Check now」をクリックすると、動作がすぐ開始されます。

● 図8-2-14 　動作確認

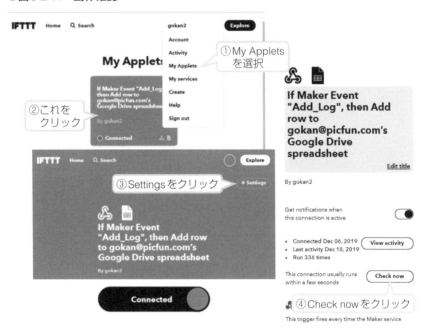

　同じ画面で、[View activity] をクリックすると動作状態のログが表示され、動作状態の確認ができます。ERRORやSKIPがあれば動作が正常にできなかったことになり、その原因も表示されます。

8-2-3 プログラムの製作

　IFTTTの設定が完了したので、次はSAMマイコンのプログラムの製作です。使う周辺モジュールと制御対象との関係は図8-2-15とします。

　SERCOM5をUSARTとしてWi-Fiモジュールを制御します。これでアクセスポイント（AP）と接続してインターネット経由によりIFTTTサーバと通信することになります。

　SERCOM2をI²Cモードとして複合センサとキャラクタ液晶表示器の両方を制御します。SERCOM3はデバッグ用でUART動作としてパソコンにメッセージを送ります。

　TC3タイマは2秒間隔のインターバルを生成するタイマとして使います。

　TC4はTIMEサービスを使って遅延関数用として使います。

●図8-2-15　周辺モジュールと制御対象

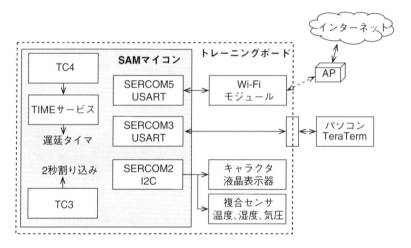

　プログラムの全体構成は図8-2-16のフローになります。

　TC3が2秒間隔のインターバルタイマとして動作し、2秒ごとに計測表示用にFlagをオンとし、15分ごとにIFTTT送信用にSendFlagをオンとしています。

　メイン関数ではFlagをチェックして、オンであればセンサからデータを読み出し、編集して液晶表示器に表示します。

　続いてSendFlagをチェックし、オンであれば計測値をGETメッセージの中に埋め込んでからIFTTTサーバに接続して送信します。この送信によりIFTTTのアプレットでGoogle Spread Sheetに1行追加します。

　これらのWi-Fiモジュールとのコマンド送信の間に秒単位の遅延を挿入して、応答受信を無視しています。この遅延にTIMEサービスを使っています。この遅延関数で待っている間にWi-FiモジュールかIFTTTサーバからの応答があ

るかをチェックし、あれば応答データを受信し、そのままUARTでパソコンに送信しています。この応答メッセージで、Wi-FiモジュールとIFTTTサーバの動作をチェックできます。

●図8-2-16　プログラムフロー

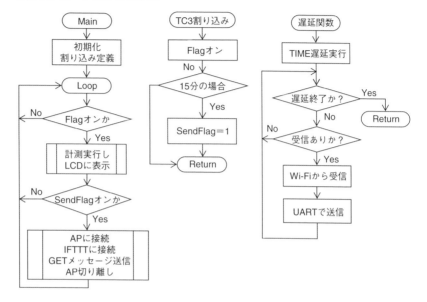

■MHCによる設定

プログラム作成では、まずプロジェクトを作成したらMHCを起動します。MHCで周辺モジュールとTIMEサービスを図8-2-17のように追加します。

遅延時間を生成するため、システムサービスのTIMEを使います。そして図8-2-17のようにTC4とTIMEをリンクさせます。

●図8-2-17　周辺モジュールの追加

周辺モジュールを追加したら各モジュールの設定をします。最初はクロックの設定で、メインメニューから[MHC] → [Tools] → [Clock Configuration]と選択してから、[Clock Easy View]タブをクリックして開く画面で設定します。CPUはデフォルトの48MHzとし、SERCOMとTC4はすべて同じGCLKの48MHzとします。TC3のみGCLK1で48分周して1MHzのクロックとします。

次にタイマの設定で図8-2-18のように設定します。TIMEとTC4はデフォルトのままで特に設定は必要ありません。

　TC3は2秒のインターバルタイマで割り込みありとします。これでセンサのデータを液晶表示器に表示するようにします。さらにこのインターバル割り込みが450回入ったら、IFTTTへのアクセスを起動します。つまり15分周期でIFTTTにアクセスするようにします。

●図8-2-18　TIMEとTC3、TC4の設定

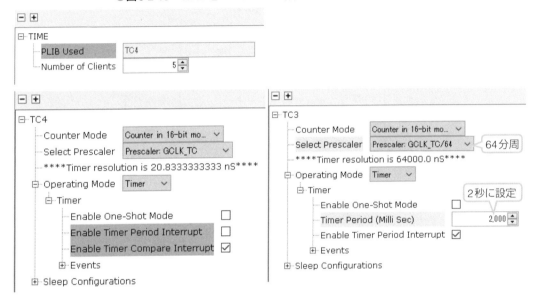

　次は3つのSERCOMの設定です。まずSERCOM2のI^2Cの設定は、図8-2-19のようにデフォルトのままで特に設定変更はありません。

●図8-2-19　SERCOM2のI^2Cの設定

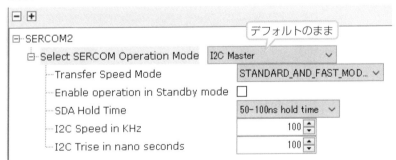

　SERCOM3とSERCOM5はいずれもUSARTに設定します。それぞれ図8-2-20のように設定します。PADを選択するだけで残りはそのままです。

●図8-2-20　SERCOM3と5のUSARTの設定

最後に入出力ピンの設定です。メインメニューから[MHC]→[Tools]→[Pin Configuration]と選択してから、[Pin Settings]のタブをクリックして開く画面で図8-2-21のようにLEDと3つのSERCOM用のピンを設定します。このピン設定はトレーニングボードの回路に合わせています。

●図8-2-21　入出力ピンの設定

Pin Number	Pin ID	Custom Name	Function	Mode	Direction	Latch	Pull Up	Pull Down
5	GNDANA		∨	Digit...	High... ∨	Low		
6	VDDANA		∨	Digit...	High... ∨	Low		
7	PB08	Red	GPIO ∨	Digit...	Out ∨	Low		
8	PB09	Green	GPIO ∨	Digit...	Out ∨	Low		
9	PA04		Available ∨	Digit...	High... ∨	Low	☐	☐
10	PA05		Available ∨	Digit...	High... ∨	Low	☐	☐
11	PA06		Available ∨	Digit...	High... ∨	Low	☐	☐
12	PA07		Available ∨	Digit...	High... ∨	Low	☐	☐
13	PA08	SERCOM2_PAD0	SERCOM2_P... ∨	Digit...	High... ∨	n/a		
14	PA09	SERCOM2_PAD1	SERCOM2_P... ∨	Digit...	High... ∨	n/a		
28	PA19		Available ∨	Digit...	High... ∨	Low	☐	☐
29	PA20	SERCOM5_PAD2	SERCOM5_P... ∨	Digit...	High... ∨	n/a		
30	PA21	SERCOM5_PAD3	SERCOM5_P... ∨	Digit...	High... ∨	n/a		
31	PA22	SERCOM3_PAD0	SERCOM3_P... ∨	Digit...	High... ∨	n/a		
32	PA23	SERCOM3_PAD1	SERCOM3_P... ∨	Digit...	High... ∨	n/a		
33	PA24		Available ∨	Digit...	High... ∨	Low	☐	☐

LED
I²C用
USART用

■コード生成と修正

以上ですべての設定が完了ですからGenerateしてコードを生成します。生成後プロジェクトにセンサと液晶表示器用のライブラリ*を追加します。最終的なプロジェクトのファイル構成は図8-2-22のようになります。

ライブラリの入手は巻末に記載の技術評論社のサポートサイトから。

329

● 図8-2-22　プロジェクトのファイル構成

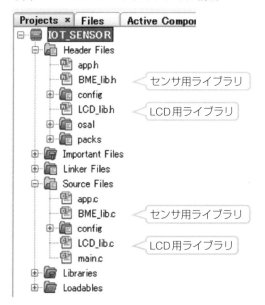

本体のプログラムはすべてmain.cファイル内に記述しています。main.cの宣言部がリスト8-2-1となります。ここではWi-Fiモジュール用のコマンドとIFTTTに送るGETメッセージを文字列として定義しています。アクセスポイント（AP）の接続部では、読者のお使いのルータのSSIDとパスワードに変更してください。またIFTTTに送るGETメッセージの部分も、トリガ文字とキーコードを読者のものに書き換えてください。

TC3の割り込み処理関数では2秒ごとのフラグと15分ごとのフラグをセットしています。

最後にmsec単位の遅延関数があります。ここはTIMEサービスを使った遅延関数で、遅延タイムアウト待ちの間にWi-Fiモジュールからのデータを受信して、UARTに転送しています。

これで、Wi-FiモジュールやIFTTTサーバからの応答がチェックできます。

リスト　8-2-1　宣言部

```
/***********************************************************
 *  IoTセンサ
 *    プロジェクト名  ：IOT_SENSOR
 ***********************************************************/
#include <stddef.h>                          // Defines NULL
#include <stdbool.h>                         // Defines true
#include <stdlib.h>                          // Defines EXIT_FAILURE
#include "definitions.h"                     // SYS function prototypes
#include <stdio.h>
#include <string.h>
#include "BME_lib.h"
```

```
#include "LCD_lib.h"
/* グローバル変数、定数定義 */
double temp_act, pres_act, hum_act;
signed long long temp_cal;
unsigned long long pres_cal, hum_cal;
unsigned char data;
volatile int Flag, SendFlag, Interval;
char Buffer[8];
char MsgBuf[128];
/* LCD ***/
char Line1[16], Line2[16];
/* WiFi設定用コマンドデータ */
const char Mode[] = "AT+CWMODE=1¥r¥n";                    // Station Mode
const char Join[] = "AT+CWJAP=¥"Buffalo-G-6370¥",¥"abcdefghijkl¥"¥r¥n";
const char Open[] = "AT+CIPSTART=¥"TCP¥",¥"maker.ifttt.com¥",80¥r¥n";
const char Thru[] = "AT+CIPMODE=1¥r¥n";                   // パススルーモード
const char Send[] = "AT+CIPSEND¥r¥n";                     // 転送開始
const char Close[] = "AT+CIPCLOSE¥r¥n";                   // サーバ接続解除
const char Shut[] = "AT+CWQAP¥r¥n";                       // AP接続解除
/* GET送信用メッセージ */
const char get[] = "GET ";
const char event[] = "/trigger/Add_Log";
const char secretkey[] = "/with/key/abcdefghijkl";
char Data1[14], Data2[12], Data3[10];
const char post11[] = " HTTP/1.1¥r¥n";
const char post2[] = "Host: maker.ifttt.com¥r¥n¥r¥n";
const char Stop[] = "+++";                                // パススルー停止
/* 関数プロトタイプ */
void SendStr(const char * str);
void SendCmd(const char *cmd);
/** タイマ割り込み処理関数 *****/
void TC3_ISR(TC_TIMER_STATUS status, uintptr_t context){
    Flag = 1;
    Interval--;
    if(Interval == 0){
        Interval = 450;                                   // 15分
        SendFlag = 1;
    }
    Green_Toggle();
}
/*** 遅延関数 受信データ出力 ***/
SYS_TIME_HANDLE timer = SYS_TIME_HANDLE_INVALID;
void Wait_ms(int msec){
    SYS_TIME_DelayMS(msec, &timer);
    while (SYS_TIME_DelayIsComplete(timer) == false){
        if(SERCOM5_USART_ReceiverIsReady())               // 受信データがあったら
            SERCOM3_USART_WriteByte((int)SERCOM5_USART_ReadByte());
    }
}
```

注釈（左側吹き出し）:
- センサ用変数
- APのSSIDとパスワード
- IFTTTのトリガ名
- IFTTTのキーコード
- 2秒ごとの割り込み
- 2秒×450=900秒
- msec単位の遅延
- 受信メッセージの転送

main.cのメイン関数部の前半がリスト8-2-2となります。ここでは全体の初
期化をしたあと、メインループで2秒ごとにセンサからデータを読み出して
液晶表示器に表示しています。

センサのデータは読み出したあと、較正とスケール変換を行う必要があり
ますが、ここはライブラリを使っています。ライブラリでは較正演算をセン
サのデータシート通りとしています。

リスト **8-2-2　IoTセンサのメイン関数部1**

```
/****** メイン関数 ************/
int main ( void ){
    SYS_Initialize ( NULL );
    TC3_TimerCallbackRegister(TC3_ISR,(uintptr_t) NULL);
    SERCOM3_USART_Write("¥r¥nStart IFTTT Log!", 17);
    lcd_init();                          // LCD初期化
    bme_init();                          /* センサ初期化 */
    bme_gettrim();
    Wait_ms(1000);
    Flag = 1;
    SendFlag = 1;                        // 最初に送る
    Interval = 450;                      // 15分に設定
    TC3_TimerStart();                    /* TC3スタート */
    /*** メインループ ****/
    while ( true ) {
        SYS_Tasks ( );
        if(Flag == 1){
            Flag = 0;
            /* センサからデータ取得 */
            bme_getdata();                       // 一括取得
            temp_cal = calib_temp(temp_raw); // 温度較正
            pres_cal = calib_pres(pres_raw); // 気圧較正
            hum_cal = calib_hum(hum_raw);    // 湿度較正
            /* 実際の値にスケール変換 */
            temp_act = (double)temp_cal / 100.0;
            pres_act = (double)pres_cal / 100.0;
            hum_act = (double)hum_cal / 1024.0;
            /* 気圧、温度表示出力 */
            /*** 文字列に変換 ***/
            sprintf(Line1, "Measure  P= %4.0f", pres_act);
            sprintf(Line2, "T= %2.1f  H= %2.1f", temp_act, hum_act);
            /*** LCDに表示 ***/
            lcd_cmd(0x80);               // 1行目選択
            lcd_str(Line1);              // 表示
            lcd_cmd(0xC0);               // 2行目選択
            lcd_str(Line2);              // 表示
```

（欄外）
- 割り込み処理関数定義
- センサの初期化完了待ち
- 2秒間隔で実行
- LCDに表示出力

　次にメイン関数の後半がリスト8-2-3となります。ここはIFTTTにデータを送信する部分で、15分ごとに実行しています。全体がWi-Fiモジュールとの通信になっています。この手順は第3章の図3-2-15のフロー図にしたがった手順となっています。接続完了まで時間待ちをしていますが、ここはかなり余裕を持った時間となっています。この待ち時間の間は液晶表示器の表示が更新されませんが、そのままとしています。またこの間にWi-FiモジュールかIFTTTサーバから応答があれば、UARTでパソコンに転送しています。

　最後にWi-Fiモジュールへの送信用サブ関数があります。ここではコマンド送信後モジュールから応答が返されるのですが、その時間を1秒待ちでやり過ごしてすべて無視しています。

リスト 8-2-3 IoTセンサのメイン関数部2

```
                    /***** IFTTTに送信する ********/
                    if(SendFlag == 1){              // IFTTT送信間隔の場合
                        SendFlag = 0;
                        /****** GET送信 ********/
5分間隔で実行          Red_Set();                     // 目印オン
                        /* サーバと接続 */
                        SERCOM3_USART_Write("\r\nConnect to AP", 15);
APに接続              SendCmd(Mode);                 // Station mode
                        SendCmd(Join);                 // APと接続
                        Wait_ms(6000);                 // AP接続待ち
IFTTTに接続           SendCmd(Open);                 // サーバと接続
                        SERCOM3_USART_Write("\r\nOpen IFTTT Server", 19);
                        Wait_ms(2000);                 // サーバ接続待ち
                        /* 送信データセット */
                        sprintf(Data1, "?value1=%4.1f", pres_act);
データセット          sprintf(Data2, "&value2=%2.1f", temp_act);
                        sprintf(Data3, "&value3=%2.0f", hum_act);
                        /* GETデータ送信 */
                        SendCmd(Thru);                 // パススルーモード設定
                        SendCmd(Send);                 // 送信開始コマンド
                        Wait_ms(100);
GETメッセージ送信     SendStr(get);                  // "GET "
実行                   SendStr(event);                // "/trigger/Send_Data"
                        SendStr(secretkey);            // "/with/key/キーコード";
                        SendStr(Data1);                // 気圧
                        SendStr(Data2);                // 温度
                        SendStr(Data3);                // 湿度
                        SendStr(post11);               // " HTTP/1.1\r\n"
                        SendStr(post2);                // "Host: maker.ifttt.com\r\n";
                        Wait_ms(2000);                 // サーバ処理待ち
                        SendStr(Stop);                 // パススルーモード解除
                        Wait_ms(1000);                 // パススルー解除待ち
                        SendCmd(Close);                // サーバ接続解除
                        SendCmd(Shut);                 // AP接続解除
AP切り離し            SERCOM3_USART_Write("\r\nData Send Finished", 20);
                        Red_Clear();                   // 目印オフ
                    }
                }
            }
            return ( EXIT_FAILURE );
}
/********************************
 * WiFi文字列送信関数
 ********************************/
void SendStr(const char * str){
    while(*str != 0)                                   // 文字列最後まで繰り返し
        SERCOM5_USART_Write((char*)str++, 1);          // 送信実行
}
/********************************
 * WiFiコマンド送信関数
 * 遅延挿入後戻る
 ********************************/
void SendCmd(const char *cmd){
    while(*cmd != 0)                                   // 終端まで繰り返し送信
        SERCOM5_USART_Write((char*)cmd++ ,1);          // 送信実行
    Wait_ms(1000);                                     // 返信スキップ用遅延
}
```

8-2-4 動作確認

　以上でプログラム製作も完了で、トレーニングボード実機に書き込んで動作を確認します。

　書き込めばすぐ動作を開始し、液晶表示器にセンサ計測値が表示されます。

　続いてIFTTTへの送信で、最初の1回目はすぐ開始します。1回のAPへの接続とIFTTTへの送信に十数秒かかります。

　IFTTTへの送信中にUARTでWi-FiモジュールとIFTTTサーバからの応答がパソコンに送信されます。これをTeraTermで受信した例が図8-2-23となります。この例ではIFTTTに正常にデータが送信され、IFTTTサーバが正常にそれを受け付けトリガに成功したことがわかります。

●図8-2-23　UARTのメッセージ例

　何度か送信が完了したら、パソコンでGoogle Chromeを立ち上げドライブを開きます。このドライブのIFTTTフォルダ内にLoggerというファイルが生成されているはずですので、これを開きます。

　内容は図8-2-24のように3つのデータと日時がSpread Sheetとして表示されていきます。開いている間も自動的に15分ごと[*]にデータが追加されていきます。データが2000行を超えると自動的に新たなシートファイルが生成されます。

　データの1行目に見出しを追加しておきます。こうするとグラフ化したときに凡例として表示するように指定できます。

少しずれているのは、トレーニングボードのクロックの精度や、送信のときの遅延などが原因。

●図8-2-24　**Logger**のファイル

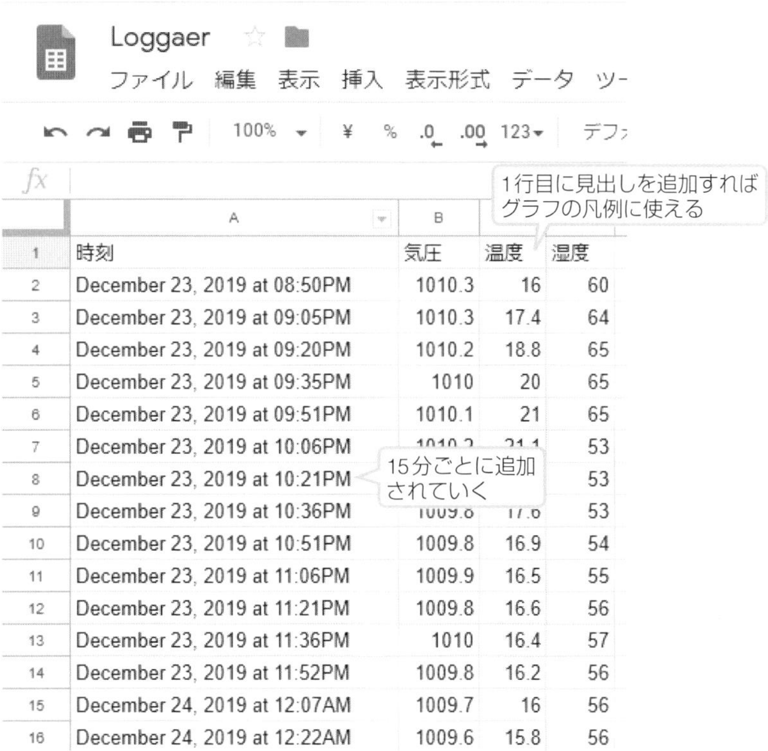

	A	B	温度	湿度
1	時刻	気圧	温度	湿度
2	December 23, 2019 at 08:50PM	1010.3	16	60
3	December 23, 2019 at 09:05PM	1010.3	17.4	64
4	December 23, 2019 at 09:20PM	1010.2	18.8	65
5	December 23, 2019 at 09:35PM	1010	20	65
6	December 23, 2019 at 09:51PM	1010.1	21	65
7	December 23, 2019 at 10:06PM	1010.2	21.1	53
8	December 23, 2019 at 10:21PM			53
9	December 23, 2019 at 10:36PM	1009.8	17.6	53
10	December 23, 2019 at 10:51PM	1009.8	16.9	54
11	December 23, 2019 at 11:06PM	1009.9	16.5	55
12	December 23, 2019 at 11:21PM	1009.8	16.6	56
13	December 23, 2019 at 11:36PM	1010	16.4	57
14	December 23, 2019 at 11:52PM	1009.8	16.2	56
15	December 24, 2019 at 12:07AM	1009.7	16	56
16	December 24, 2019 at 12:22AM	1009.6	15.8	56

（1行目に見出しを追加すればグラフの凡例に使える／15分ごとに追加されていく）

　こうしてデータが追加されていきますが、Spread Sheetでデータをグラフ化します。グラフ化した例が図8-2-25となります。

　温度、湿度と気圧の時間推移ですので折れ線グラフが適しています。値の範囲は温度と湿度は0〜80程度で同じにできますが、気圧は1000前後で大きく異なるため、左右に軸を分けて表示させます。

　またグラフの範囲を指定する際に最後の空白行を1行含めて指定すると、新規に追加されるデータが自動的にグラフの方にも追加されます。

図8-2-25は筆者の室内の温湿度と気圧で、我が家は石油ストーブですので暖房を入れて温度が上昇すると同時に湿度も上がっています。気圧が寒波の低気圧の通過中にぐっと下がるのがよくわかります。

●図8-2-25　データのグラフ化

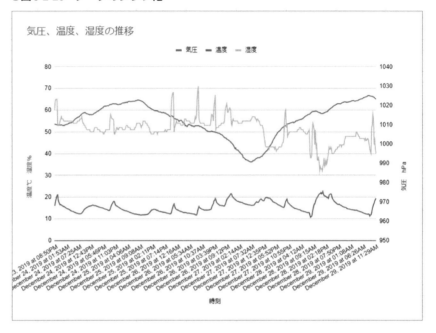

8-3 充電マネージャの製作

8-3-1 充電マネージャの全体構成と仕様

完成した外観は写真8-3-1のようになります。樹脂製のケースに実装しました。

●写真8-3-1 完成した充電マネージャ

製作する充電マネージャの目標仕様を表8-3-1のようにしました。

▼表8-3-1 目標とする充電マネージャの仕様

項　目	目標仕様	備　考
メッセージ表示	日本語文字による表示 日本語フォントICを利用	1.8インチフルカラー グラフィック液晶表示器
グラフ表示	電圧と充電電流を表示 電圧：0V ～ 6V 電流：0mA ～ 600mA グラフは10秒周期表示と1分周期 表示を自動的に切り替えて表示	1600秒と160分
充電電流	最大600mA	電流値は自動制御
電源	DC5VのACアダプタから供給	最大電流700mA程度

この充電マネージャの全体構成は図8-3-1のようにしました。

SAMマイコンは同じSAM D21ファミリの中の小さな32ピンのSAMD21E18Aを使いました。

リチウムイオン電池の充電は、マイクロチップ社製の充電制御ICで行います。このICからはマイコン用に充電電流値が出力されるので、これを電流計測に利用します。

表示はフルカラーグラフィック液晶表示器で行い、日本語による文字の表示画面と、グラフによる表示画面をスイッチで切り替えできるようにしました。ここで使った液晶表示器と日本語フォントICは、トレーニングボードのものと同じです。

電源は、5VDCのACアダプタから供給します。充電制御ICには直接5Vを供給し、マイコンや液晶表示器には3端子レギュレータで3.3Vを生成して供給します。

●図8-3-1　充電マネージャの全体構成

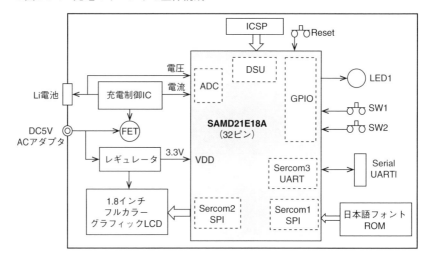

8-3-2　充電制御ICの概要

　本製作で使った充電制御ICはマイクロチップ社製のMCP73827というIC
で、外観と仕様は図8-3-2のようになっています。充電電流のモニタ用出力が
あるのが特徴となっています。

●図8-3-2　充電制御ICの外観と仕様

MCP73827の仕様
型番　　：MCP73827-4.2VUA
機能　　：単セルLI電池充電
電源　　：4.5V ～ 5.5V
出力　　：4.2V　1%
充電電流：Max 500mA
パッケージ：MSOP

　このICの推奨回路と動作は図8-3-3のようになっています。

　入力は5V±0.5Vで、100mΩの抵抗で電流制限され最大500mAの出力電流
となります。充電電圧は4.2Vで制御されます。

　MODE端子が充電状態を表し、充電開始でLowになり終了でHighになり
ます。IMON端子には100mΩの電圧降下を26倍した電圧（VMON）が出力さ
れます。したがって充電電流（IOPUT）は下記で求めることができます。

$$IOUT = ((VMON \div 26) \div 0.1) \times 1000 = VMON \times 10000 \div 26 \quad mA$$

●図8-3-3　充電制御ICの推奨回路と動作

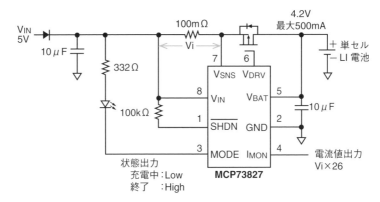

8-3-3　回路設計

　充電マネージャとしての回路全体の設計です。通信と表示器関連はトレー
ニングボードとほぼ同じですが、液晶表示器のSERCOMがSERCOM2になっ
ています。充電制御ICとの接続はモニタ関連だけですので、状態と電圧、電

流の入力だけとします。設計完了した回路図*が図8-3-4となります。デバッグ用にシリアル通信も追加していますが、最終的には未使用です。

●図8-3-4　充電マネージャの全体回路図

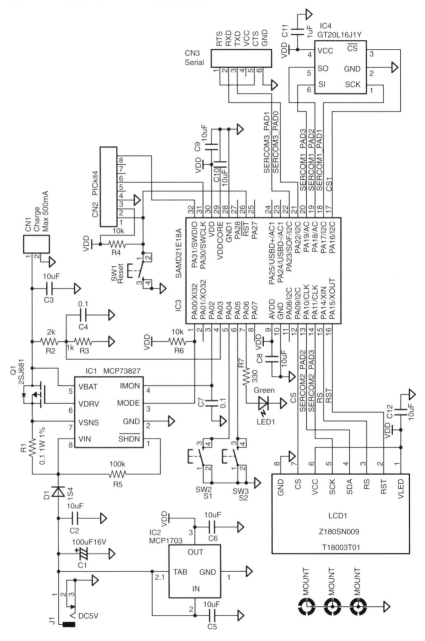

8-3-4 基板製作

Eagle
回路図・パターン図が
作成できるECADソフ
ト。

ECADで版下を作り、
市販の感光基板に紫外
線で露光し、現像、エッ
チング、穴開けして作
成する。

全体回路設計が完了したので、そのままEagle* で基板設計をします。本書
ではプリント基板を自作* して製作しています。

図8-3-4の回路図を元に作成したプリント基板の組立図が図8-3-5で、必要な
部品が表8-3-2となります。

片面のプリント基板で製作しているので、太い線がジャンパ線です。色付
きの部品は表面実装部品なので、はんだ面側に実装します。マイコンは32ピ
ンですので、直接基板にはんだ付けしています。

● 図8-3-5 基板の組立図

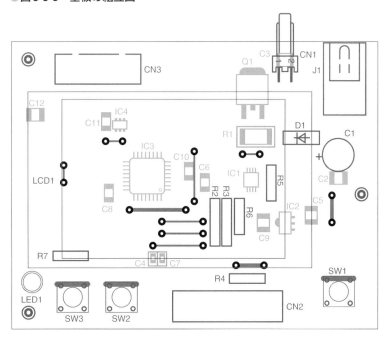

組み立て手順は次のようにすると進めやすいと思います。

① 表面実装部品をはんだ面側に実装する

② ジャンパ配線を行う（スイッチはジャンパは不要）

③ 抵抗を実装する

　　抵抗のリード線を直角に曲げ穴に挿入してから基板を裏返せば固定され
　　るのでそのままはんだ付けし、リード線をカットする

④ ヘッダピン、コネクタ類を実装する

⑤ 残りの部品を背の低い順に実装する

⑥ カラーグラフィック液晶表示器は後からソケット実装する

▼表8-3-2　充電マネージャに必要な部品表

型　番	種　別	型番、メーカ	数量
IC1	充電制御IC	MCP73827-4.2VUA（マイクロチップ社）	1
IC2	レギュレータ	MCP1703-3302E/DB（マイクロチップ社）	1
IC3	マイコン	ATSAMD21E18A-AUT（マイクロチップ社）	1
IC4	日本語フォントIC	GT20L16J1Y（スイッチサイエンス）	1
Q1	MOSFET	2SJ681　相当品	1
D1	ダイオード	1S4　ショットキーダイオード	1
LED1	発光ダイオード	緑　OSG5TA3Z74A	1
R1	精密抵抗	0.1Ω 1%　1W　チップ型または酸化金皮	1
R2	抵抗	2kΩ　1/6W	1
R3	抵抗	1kΩ　1/6W	1
R4、R6	抵抗	10kΩ　1/6W	2
R5	抵抗	100kΩ　1/6W	1
R7	抵抗	330Ω　1/6W	1
C1	電解コンデンサ	100uF　16V	1
C2、C3、C5、C6、C8 C9、C10、C12	チップコンデンサ	10uF 25V　3225/3216サイズ	8
C4、C7	チップコンデンサ	0.1uF　25V/50V	2
C11	チップコンデンサ	1uF　25V	1
SW1、SW2、SW3	タクトスイッチ	小型基板用	3
LCD1	グラフィックLCD	Z180SN009相当品（アイテンドー）	1
	LCDキャリー基板	P-Z18　（アイテンドー）	1
	ヘッダソケット	丸ピンヘッダソケット　8ピン×1列（40ピン×1列を切断して使う）（サトー電気）	1
	ヘッダピン	丸ピンヘッダ　8ピン×1列（40ピン×1列を切断して使う）（サトー電気）	1
	カラースペーサ	6mm　プラスチックネジ	1
CN1	コネクタ	2ピン横型　モレックス	1
CN2	ヘッダピン	角型ヘッダ8×1列	1
CN3	ヘッダピン	角型ヘッダ6×1列	1
J1	DCジャック	2.1mm標準ジャック	1
	基板	P10K感光基板	1
樹脂ケース		ABS樹脂ケース　117小（秋月電子）	1
ゴム足		透明ゴムクッション	4
カラー	スペーサ	3mm貫通型またはプラスチックナット	3
ボルトナット			少々

組み立てが完了した基板の写真が写真8-3-2と写真8-3-3となります。この基板を樹脂ケースに実装します。ケースのACアダプタと電池コネクタを通す部分はカットします。

部品面ではR6を後から追加したため組立図と異なっています。またR1の精密抵抗も表面実装タイプが入手できなかったので、通常の酸化金属皮膜抵抗となっています。

●写真8-3-2　部品面

●写真8-3-3　はんだ面

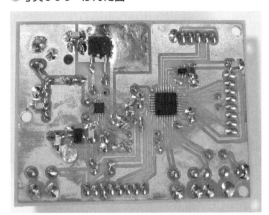

8 実際の製作例

トランジスタのパターンを放熱のため広くし、全体にはんだを載せています。ICがすべて表面実装なのではんだ面側の実装となっています。

8-3-5 基板単体のテスト

基板の組み立てが完了したら、マイコンは実装しないで、ACアダプタを接続してみます。手で触って熱くなっている部品がないかどうかをチェックします。万一熱くなっている部品があったら、すぐACアダプタを抜きます。

このような場合は何らかの実装間違いか、はんだ付け不良があるということですから、念入りに調べます。特に次のような点をチェックします。

①ICなどの向きが逆になっていないか
②はんだブリッジがないか
　　電源とGNDがショートしていないか
③抵抗値の桁まちがいがないか

特に問題がなければ、テスタなどで電源電圧をチェックします。3.3Vが正常に出ていることを確認します。

これが正しく出ていれば、基板単体は完成したということになります。

8-3-6 プログラムの製作

ハードウェアが完成したので、次はプログラムの製作です。

プログラムの全体フローは図8-3-6のようにしました。初期化関連はすべてMHCに任せています。

●図8-3-6 全体プログラムフロー

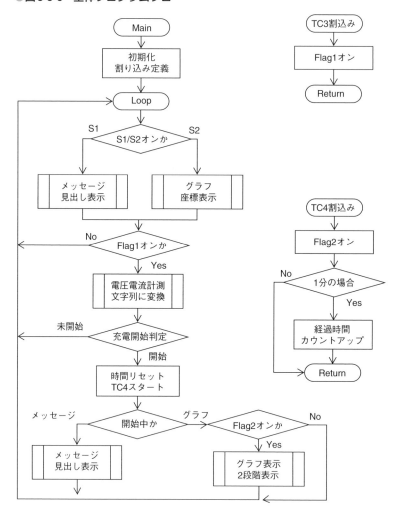

■MHCによる設定

製作を始めます。プロジェクトをChargerという名称で作成したら、MHCを起動します。最初はMHCで周辺モジュールの追加です。周辺モジュールは図8-3-7のように、TC3、TC4、SERCOM1、2、3とADCを追加します。

●図8-3-7　周辺モジュールの追加

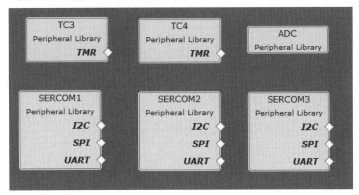

　追加したらクロックの設定をします。メインメニューから［MHC］→［Tools］
→［Clock Configuration］と選択してから、［Clock Easy View］タブをクリック
して開く画面で設定します。CPUはデフォルトのDFLLの48MHzで、ADCと
SERCOMの3つは同じGCLK0とします。GCLK1でDFLLを48分周して1MHz
を生成してTC3とTC4に供給します。以上でクロック設定は終了です。

　次にタイマの設定をします。TC3とTC4の設定は図8-3-8のようにします。
TC3はクロックを64分周して時間を2秒とします。TC4はクロックを256分周
して時間を10秒とします。いずれも割り込みありとします。

●図8-3-8　タイマの設定

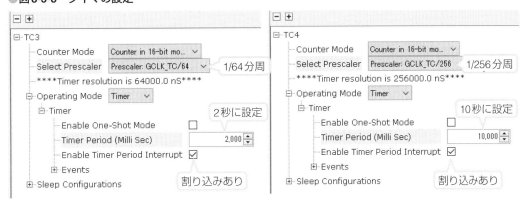

　次はADコンバータの設定で、図8-3-9のようにします。クロックを32分周し、
サンプリング時間をやや長めの6クロックとします。次にトリガをソフトウェ
アトリガとします。あとはデフォルトのままとしています。

●図8-3-9 ADコンバータの設定

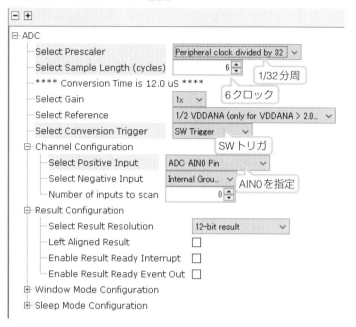

次にSERCOMの設定で、SERCOM1と2はいずれもSPIマスタで図8-3-10の
ように設定します。SERCOM1は速度を12MHzとしてPADピンを指定し、モー
ドを0とします。SERCOM2も同じようにPADピンを指定して速度を5MHz、
モードを0としています。

●図8-3-10 SERCOM1と2の設定

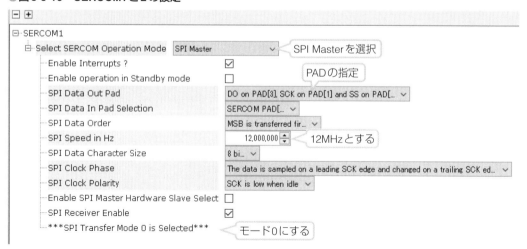

346

●図8-3-10　SERCOM1と2の設定（つづき）

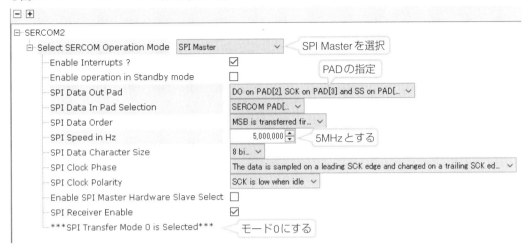

次にSERCOM3の設定で、USARTにするので図8-3-11のようにします。

●図8-3-11　SERCOM3の設定

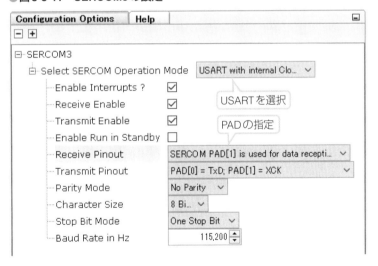

最後に入出力ピンの設定で、メインメニューから［MHC］→［Tools］→［Pin Configuration］と選択してから、［Pin Settings］のタブをクリックして開く画面で図8-3-12のようにします。

●図8-3-12　入出力ピンの設定

Pin Number	Pin ID	Custom Name	Function	Mode	Direction	Latch	Pull Up	Pull Down	Drive Strength
1	PA00	MODE	GPIO	Digital	In	High	☑	☐	NORMAL
2	PA01		Available	Digital	High Impedance	Low	☐	☐	NORMAL
3	PA02	ADC_AIN0	ADC_AIN0	Analog	High Impedance		☐	☐	NORMAL
4	PA03	ADC_AIN1	og	Analog	High Impedance	n/a	☐	☐	NORMAL
5	PA04	S1	GPIO	Digital	In	High	☑	☐	NORMAL
6	PA05	S2	GPIO	Digital	In	High	☑	☐	NORMAL
7	PA06	LED	GPIO	Digital	Out	Low	☐	☐	NORMAL
8	PA07		Available	Digital	High Impedance	Low	☐	☐	NORMAL
11	PA08		Available	Digital	High Impedance		☐	☐	NORMAL
12	PA09	CS	GPIO	Digital	Out	High	☐	☐	NORMAL
13	PA10	SERCOM2_PAD2	SERCOM2_...	Digital	High Impedance	n/a	☐	☐	NORMAL
14	PA11	SERCOM2_PAD3	SERCOM2_...	Digital	High Impedance	n/a	☐	☐	NORMAL
15	PA14	RS	GPIO	Digital	Out	Low	☐	☐	NORMAL
16	PA15	RST	GPIO	Digital	Out	Low	☐	☐	NORMAL
17	PA16	CS1	GPIO	Digital	Out	High	☐	☐	NORMAL
18	PA17	SERCOM1_PAD1	SERCOM1_...	Digital	High Impedance	n/a	☐	☐	NORMAL
19	PA18	SERCOM1_PAD2	SERCOM1_...	Digital	High Impedance	n/a	☐	☐	NORMAL
20	PA19	SERCOM1_PAD3	SERCOM1_...	Digital	High Impedance	n/a	☐	☐	NORMAL
21	PA22	SERCOM3_PAD0	SERCOM3_...	Digital	High Impedance	n/a	☐	☐	NORMAL
22	PA23	SERCOM3_PAD1	SERCOM3_...	Digital	High Impedance	n/a	☐	☐	NORMAL
23	PA24		Available	Digital	High Impedance	Low	☐	☐	NORMAL

Order: Pins　Table View　☑ Easy View

（注釈：アナログ入力ピン／プルアップ／SPI／High／SPI／USART／High）

■コード生成と修正

ライブラリの入手は巻末に記載の技術評論社のサポートサイトから。

　これでMHCの設定はすべて完了したのでGenerateしてコードを生成します。生成後、フルカラー液晶表示器用のライブラリ*をダウンロードして追加します。結果、プロジェクトのファイル構成は図8-3-13となります。

●図8-3-13　プロジェクトのファイル構成

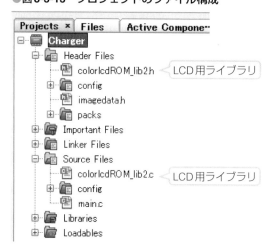

Projects × | Files | Active Compone"
Charger
　Header Files
　　colorlcdROM_lib2.h ← LCD用ライブラリ
　　config
　　imagedata.h
　　packs
　Important Files
　Linker Files
　Source Files
　　colorlcdROM_lib2.c ← LCD用ライブラリ
　　config
　　main.c
　Libraries
　Loadables

348

　プログラム製作はすべてmain.cだけです。main.cの宣言部がリスト8-3-1と
なります。
　最初にメッセージ表示する場合の漢字メッセージの定義をしています。漢字
コードはJIS X0208に従っています。この作成方法はJIS X0208の漢字コード表
をネットで検索し、漢字を検索で探してそのコードを16進数で記述します。
　このあとにTC3とTC4の割り込み処理関数があります。TC3の方では2秒
周期でFlag1をオンにしてデータ計測のトリガとしています。TC4の方では
10秒ごとのグラフ表示用のFlag2をオンとしさらに充電経過時間を時分でカ
ウントしています。

http://www.asahi-net.
or.jp/~ax2s-kmtn/ref/
jisx0208.html

リスト　8-3-1　メイン関数の宣言部

```
/***************************************************************************
 *   バッテリ充電器     プロジェクト名   charger
 *   SAMD21E18A＋漢字ROM
 *     LCDはSERCOM2でSPI接続   日本語フォントROMはSERCOM1で接続
 *     UARTはSERCOM3で接続     ADC、TC3
 ***************************************************************************/
#include "definitions.h"          // SYS function prototypes
#include "colorlcdROM_lib2.h"
#include <stdio.h>
/* メッセージデータ */                           漢字メッセージの定義
const unsigned short Code01[] = {0x256A,0x2541,0x2526,0x2560,0x4545,
                                 0x4353,0x3D3C,0x4545,0x346F,0x00};    // リチウム電池充電器
const unsigned short Code02[] = {0x4545,0x3035,0x00};                 // 電圧
const unsigned short Code03[] = {0x4545,0x4E2E,0x00};                 // 電流
const unsigned short Code04[] = {0x3750,0x3261,0x00};                 // 経過
const unsigned short Code05[] = {0x3B7E,0x3456,0x2121,0x4A2C,0x00};   // 時間   分
const unsigned short MsgSTT[] = {0x4545,0x4353,0x405C,0x4233,0x4254,0x2441,0x00};  // 電池接続待ち
const unsigned short MsgCC[]  = {0x446A,0x4545,0x4E2E,0x3D3C,0x4545,0x4366,0x00};  // 定電流充電中
const unsigned short MsgCV[]  = {0x446A,0x4545,0x3035,0x3D3C,0x4545,0x4366,0x00};  // 定電圧充電中
const unsigned short MsgEND[] = {0x3D3C,0x4545,0x3D2A,0x4E3B,0x2121,0x2121,0x00};  // 充電終了
char Mesg1[8], Mesg2[7], Mesg3[2], Mesg4[3];
unsigned short LogV[1080], LogC[1080];     // 3h=180m=10800sec    グラフ表示用バッファ
/*** グローバル変数 ***/
unsigned short i, l, j, Flag1, Flag2, result1, result2, Disp, Index;
unsigned short Load, Start, Hour, Min, Sec;
double Volt, Current ,Temp;
unsigned short COLOR1[15] = {
    RED, GREEN, BLUE, CYAN, MAGENTA, YELLOW, BROWN,
    ORANGE, PERPLE, COBALT, WHITE, WHITE, PINC, LIGHT, BLACK};
/** 関数プロト **/
void Graph(void);
/***** TC3割り込み処理関数   2秒周期 **********/          TC3割り込み処理関数
void TC3_ISR(TC_TIMER_STATUS status, uintptr_t context){
    Flag1 = 1;                    // 2秒ごとの計測
}
/***** TC4割り込み処理関数 10秒周期 **********/          TC4割り込み処理関数
void TC4_ISR(TC_TIMER_STATUS status, uintptr_t context){
    Flag2 = 1;                    // グラフとログフラグ
    /** 時間カウント **/
    Sec += 10;                    // 秒+10
```

```
    if(Sec >= 60){                  // 60秒の場合        ┌─ 経過時間のカウント
        Sec = 0;                    // 秒リセット
        Min ++;                     // 分+1
        if(Min >= 60){              // 60分の場合
            Min = 0;                // 分リセット
            Hour++;                 // 時間+1
        }
    }
}
```

次がメイン関数の前半部でリスト8-3-2となります。

初期化部ではTC3とTC4の割り込み処理関数を定義しADCを有効化しています。メインループに入ってまずスイッチのチェックでS1がオンであればメッセージ表示に切り替え、見出しを表示し、最後に電池が未接続であれば接続待ち中の表示をします。

次にS2をチェックし、オンであればグラフ表示に切り替え、座標を表示したあとグラフ表示を実行します。

この次は2秒ごとの**Flag1**のチェックをしてオンであれば計測を実行し、計測後文字列に変換してバッファに格納して準備します。

リスト 8-3-2 メイン関数の前半部

```
/********** メイン関数 ***************************/
int main ( void )
{
    SYS_Initialize ( NULL );
    TC3_TimerCallbackRegister(TC3_ISR, 0);          // TC3 CALLback 定義
    TC4_TimerCallbackRegister(TC4_ISR, 0);          // TC4 CallBack 定義
    TC3_TimerStart();                               // TC3 スタート
    ADC_Enable();                                   // ADC 有効化
    lcd_Init();                                     // GLCD 初期化
    CS1_Set();
    CS_Set();
    Disp = 0;                                       // メッセージ表示モード
    Load = 1;                                       // 最初フラグ
    Start = 1;                                       // 開始待ちフラグ
    while ( true )
    {
        SYS_Tasks ( );
        /*** 表示モードの選択 ****/
        if((S1_Get() == 0)||(Load == 1)){           // S1オンか開始時の場合
            Disp = 0;                               // メッセージ表示モード選択
            Load = 0;                               // 開始時フラグリセット
            /*** 見出し表示 ***/
            lcd_Clear(BLACK);
            for(i=0; i<20; i++){                     //見出し表示
                lcd_Line(0,127-i, 159, 127-i, BLUE);
            }
            lcd_kanji(8, 2, Code01, WHITE, BLUE);    // 見出しメッセージ
            /** 各項目表示 ***/
            lcd_kanji(4, 24, Code02, YELLOW, BLACK); // 電圧
```

初期化実行

スイッチ処理

S1オンでメッセージ
表示に切り替え

見出し表示

```
                      lcd_kanji(4, 44, Code03, YELLOW, BLACK);    // 電流
                      lcd_kanji(4, 64, Code04, YELLOW, BLACK);    // 経過
                      lcd_kanji(60, 64, Code05, YELLOW, BLACK);   // 時間 分
                      if(Start == 1)
                          lcd_kanji(10, 94, MsgSTT, GREEN, BLACK);// 待ち
                  }
                  if(S2_Get() == 0){                             // S2オンの場合
                      Disp = 1;                                  // グラフモード選択
                      /*** 座標表示 ***/
                      lcd_Clear(BLACK);                          // 消去
                      for(i=0; i<7; i++)                         // 6本
                          lcd_Line(0, i*20, 159, i*20, BLUE);    // X軸
                      for(i=0; i<8; i++)                         // 8本
                          lcd_Line(i*20, 0, i*20, 127, BLUE);    // Y軸
                      lcd_kanji(2, 110, Code02, GREEN, BLACK);   // 電圧
                      lcd_kanji(36,110, Code03, RED, BLACK);     // 電流
                      /** グラフデータ表示 ***/
                      Graph();                                   // グラフ表示実行
                  }
                  /****** 2秒ごとに計測 ******/
                  if(Flag1 == 1){
                      Flag1 = 0;                                 // 計測フラグリセット
                      /** 電圧計測実行 **/
                      ADC_ChannelSelect(ADC_POSINPUT_PIN1, ADC_INPUTCTRL_MUXNEG_GND);
                      ADC_ConversionStart();
                      while(!ADC_ConversionStatusGet());
                      result1 = ADC_ConversionResultGet();
                      Volt = (1.65 * result1) * 3 / 4096;        // 電圧値に変換
                      sprintf(Mesg1, "%2.1f Volt", Volt);        // 文字列に変換
                      /*** 電流計測 ***/
                      ADC_ChannelSelect(ADC_POSINPUT_PIN0, ADC_INPUTCTRL_MUXNEG_GND);
                      ADC_ConversionStart();
                      while(!ADC_ConversionStatusGet());
                      result2 = ADC_ConversionResultGet();
                      Current = (1.65 * result2) / 4096;         // 電流値に変換
                      Current = Current * 10000 /26;
                      sprintf(Mesg2, "%3.0f mA", Current);       // 文字列に変換
```

S2オンでグラフ表示に
切り替え

グラフ表示実行

データ収集し文字列に
変換

8
実際の製作例

　次がメイン関数の後半部でリスト8-3-3となります。

　まず電池が接続されて充電が開始したかどうかを判定しています。この判定は充電電流が100mAを超えたかどうかで判定し、超えたら充電開始としてTC4をスタートしています。

　このあとの表示制御は充電が開始後かどうかをチェックして、開始後であれば表示を実行します。

　メッセージ表示モードの場合は、測定値を半角文字で表示します。そしてMODEの状態と充電電流値で状態を判定して、それぞれの状態を表示しています。充電完了であれば、表示してからTC4を停止します。

　グラフ表示モードの場合は、値を整数に変換して配列に追加してからグラフ表示関数（Graph）を呼び出します。そして充電完了を判定し、完了であればTC4を停止します。

Graph関数では、短時間モードか長時間モードかを経過時間で判定し、それぞれのX軸のスケールにしてグラフを表示します。長時間モードになった場合でも短時間モードの表示は残したままとしています。

リスト 8-3-3 メイン関数の後半部

```
                        /*** 開始判定 ***/
                        if(Start == 1){                 // 接続待ち場合
電池接続チェック              if(Current > 100){          // 電流が100mAより大
                                Start = 0;              // 開始フラグリセット
                                Hour = 0;               // 経過時間リセット
                                Min = 0;
                                Sec = 0;
                                Index = 0;              // ログインデックスリセット
                                TC4_TimerStart();       // TC4スタート
                            }
                        }
                        /** 開始後ならデータ表示 ***/
                        if(Start == 0){                 // 開始後の場合
                            LED_Toggle();
データ表示メッセージ             /** メッセージ表示の場合 ***/
の場合                       if(Disp == 0){
データを半角数値で                  /** データ表示 ***/
表示                            lcd_ascii(52, 24, (uint8_t *)Mesg1, CYAN, BLACK);    // 電圧値
                                lcd_ascii(52, 44, (uint8_t *)Mesg2, MAGENTA, BLACK); // 電流値
                                sprintf(Mesg3, "%1d", Hour);                         // 経過時間
                                sprintf(Mesg4, "%2d", Min);                          // 経過分
                                lcd_ascii(52, 64, (uint8_t *)Mesg3, CYAN, BLACK);    // 時間
                                lcd_ascii(92, 64, (uint8_t *)Mesg4, CYAN, BLACK);    // 分
                                /** 状態表示 **/
                                if(MODE_Get() == 0)                          // MODE読み取り
                                    lcd_kanji(10, 94, MsgCC, RED, BLACK);    // 定電流
                                else{                                        // 定電圧の場合
充電状態表示                          if(Current < 100){                      // 100mA以下の場合
                                        lcd_kanji(10, 94, MsgEND, GREEN, BLACK); // 終了表示
                                        Start = 1;                          // 接続待ちセット
                                        TC4_TimerStop();                    // TC4停止
                                    }
                                    else
                                        lcd_kanji(10, 94, MsgCV, YELLOW, BLACK); // 定電圧
                                }
                            }
データ表示グラフ表示          /******** グラフ表示の場合 ********/
の場合                       if(Flag2 == 1){             // 10秒フラグオンの場合
                                Flag2 = 0;              // フラグリセット
                                /*** データログ実行 整数に変換後格納 ***/
                                LogV[Index] = (unsigned short)(Volt * 100); // 電圧格納
                                LogC[Index] = (unsigned short)(Current);    // 電流格納
                                Index++;
データをプロット表示               if(Disp == 1)           // グラフモードの場合
                                    Graph();            // 表示実行
                                if(Index >= 1080)       // データ満杯の場合
                                    Index = 0;          // 最初に戻す
                                if(Current < 100){;     // 100mA以下の場合
                                    Start = 1;          // 接続待ちとする
```

```
                    TC4_TimerStop();      // TC4停止
                }
            }
        }
    }
}
/**********************************
 *  グラフ表示サブ関数
 *    128×160ドット
 **********************************/
void Graph(void){
    if(Index >= 1){
        if(Index < 160){                        // 短時間モード（27分）
            for(i=1; i<Index; i++){             // 10秒間隔
                lcd_Line(i-1, LogV[i-1]/5, i, LogV[i]/5, GREEN);
                lcd_Line(i-1, LogC[i-1]/5, i, LogC[i]/5, RED);
            }
        }
        else{                                   // 長時間モード（2時間40分）
            for(i=1; i<Index/6; i++){           // 1分間隔
                lcd_Line(i-1, LogV[i*6-1]/5, i, LogV[i*6]/5, GREEN);
                lcd_Line(i-1, LogC[i*6-1]/5, i, LogC[i*6]/5, RED);
            }
        }
    }
}
```

データを2段階で表示

27分以内は10秒間隔

27分以上は1分間隔

8 実際の製作例

　以上でプログラム製作は完了です。これをコンパイルして書き込めば動作を開始します。

8-3-7　動作確認

　プログラム実行開始後は、写真8-3-4のように電池接続待ちのメッセージ表示画面となります。

　ここで電池を接続すると、まず写真8-3-5のように定電流充電中となります。

●写真8-3-4　電池接続待ち中　　　　●写真8-3-5　定電流充電中

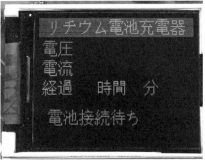
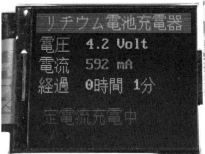

しばらくして電池電圧が4.2Vになると定電圧充電中に変わり、数時間して充電電流が少なくなると充電終了の表示に変わります。

　電池接続後はいつでもメッセージ表示とグラフ表示を切り替えて表示できます。

　実際の充電開始から完了までのグラフ表示例が写真8-3-6のようになります。電流電圧いずれも2本のグラフがあるのは、1600秒の間は10秒周期の計測で表示し、それ以上の場合は1分周期で計測して160分間を表示しているためです。つまり長時間の場合は1目盛りが20分となります。

　このグラフを見ると、定電流充電が平均560mA程度で約75分程度継続しています。560mA×1.3時間≒700mAhを充電し、その後定電圧充電に移行して90分以上継続していることがわかります。大雑把にみて300mA×1.5時間＝450mAhほど充電したことになるので、合計約1150mAhの充電をしたことになります。使用した電池の公称容量が1400mAhですので、この電池はまだ十分の容量があることがわかります。

　このように充電した容量が推定できますから、電池の経年変化による容量低下を確認しながら使うことができます。

●写真8-3-6　グラフ表示例

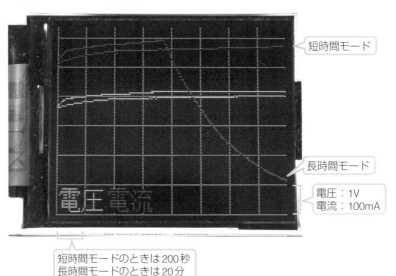

短時間モード

長時間モード

電圧：1V
電流：100mA

短時間モードのときは200秒
長時間モードのときは20分

8-4 蛍光表示管時計の製作

8-4-1 蛍光表示管時計の全体構成と仕様

蛍光表示管
電子が当たると蛍光を発する素子を使った真空管の一種。

　本節では昔懐かしい蛍光表示管*を使った時計を製作します。美しい青緑色で光る蛍光表示管は、何ともいえない味わいがあります。
　完成した外観は写真8-4-1のようになります。

●**写真8-4-1　完成した蛍光表示管時計**

　製作する時計の目標仕様を表8-4-1のようにしました。

▼**表8-4-1　目標とする蛍光表示管時計の仕様**

項　目	目標仕様	備　考
表示	時分秒各2桁 蛍光表示管を使用	ダイナミックスキャン
時刻カウント	12時間表示	精度は月差30秒以下とする
電源	DC5V アダプタから供給 DCDCコンバータで蛍光表示管 駆動電源を構成	電圧可変とする （13V ～ 25V程度）

時間は12時間表示とする。

ダイナミックスキャン方式
瞬時には1桁だけ点灯する状態を6桁順番に繰り返して表示する方式。繰り返し時間が短ければ人間の眼には連続点灯に見える。

　この時計の全体構成は図8-4-1のようになっています。表示は蛍光表示管による時分秒*それぞれ2桁表示とし、ダイナミックスキャン方式*で表示します。その制御はSAMマイコンのプログラムで行います。

時刻カウントもプログラムでカウントすることにします。時刻設定は時、分それぞれ独立にスイッチを押している間カウントアップし、秒はスイッチオンで00秒にする方式とします。

電源は5VDCのACアダプタから供給し、3端子レギュレータで3.3Vを生成してマイコン周りに供給します。蛍光表示管にヒータ電源*と18V程度の駆動電源が必要となります。ヒータ電源は3.3Vから供給し、18Vの駆動電源はDCDCコンバータを使って5Vから生成します。表示の明るさを可変できるように、18Vの出力電圧は13Vから25V程度の範囲で変えられるようにします。

この蛍光表示管の駆動は高電圧ですから、マイコンから直接制御はできません。間にドライバICを挿入して駆動します。

真空管なので、熱電子を放出させるためにヒータが必要となる。

●図8-4-1　蛍光表示管時計の全体構成

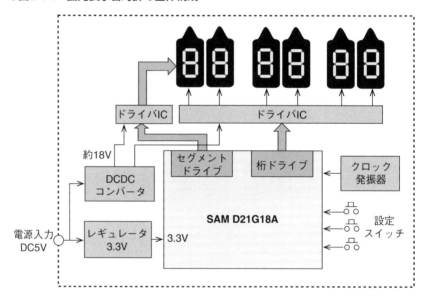

8-4-2　蛍光表示管とは

ここで使う蛍光表示管（VFD: Vacuum Fluorescent Display）とは、写真8-4-2のような外観をした真空管の一種で、セグメント式で数値が表示できるようになっています。薄い青緑色の表示でなかなか趣のある表示をしてくれます。

実はこの蛍光表示管は、写真8-4-2のような一昔前のCASIOの電卓に使われていたものです。現在でも何社かのオンラインショップで「LD8035E」という商品名で1本百数十円という安い価格で販売されています。

●写真8-4-2　蛍光表示管本体と蛍光表示管を使った電卓

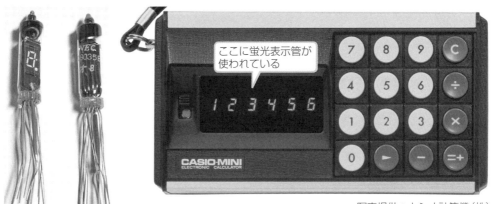

ここに蛍光表示管が使われている

写真提供：カシオ計算機（株）

8

実際の製作例

このLD8035Eの仕様と内部構成は図8-4-2のようになっています。

●図8-4-2　蛍光表示管の仕様と内部構成

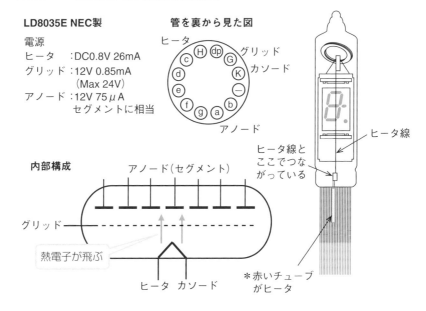

LD8035E NEC製

電源
ヒータ　　：DC0.8V 26mA
グリッド　：12V 0.85mA
　　　　　　（Max 24V）
アノード　：12V 75μA
　　　　　　セグメントに相当

管を裏から見た図

ヒータ
c　H　dp　G　グリッド
d　　　　　　K　カソード
e　　　　　　⊖
f　g　a　b
アノード

ヒータ線

ヒータ線とここでつながっている

内部構成

アノード（セグメント）

グリッド

熱電子が飛ぶ

ヒータ　カソード

＊赤いチューブがヒータ

この内部の動作を図8-4-2の内部構成で説明します。

①カソードをGNDにし、ヒータに電圧を加えると一般の真空管と同様にヒータが発熱し熱電子[*]が放出されます。

②網目状のグリッドにプラス電圧を加えると電子が引き寄せられ、グリッドを通過してアノードと呼ばれるセグメントに向かって飛んでいきます。

金属には原子から離れて自由に動ける自由電子がある。金属を熱すると、自由電子の運動量が増え、金属の外部に放たれて熱電子となる。

③セグメントとなる各アノードにグリッドと同じプラス電圧を加えると、そこに電子が引き寄せられ、蛍光体にぶつかって光ることでセグメントが点灯します。

このような動作ですから、グリッドに加える電圧をGNDとプラスの高電圧とで切り替えれば消灯と点灯を制御できます。したがってグリッドを桁制御用に使えばダイナミック点灯制御ができることになります。

ここでアノードとグリッドに加える電圧ですが、仕様は12Vとなっています。この電圧を高くするとより明るく光ります。25V程度までは問題なく動作します。

ダイナミック点灯にすると点灯時間が短くなるので明るさが下がります。このため、グリッド電圧を可変できるようにして、適当な明るさになるように調整します。

8-4-3 回路設計

蛍光表示管時計としての回路全体の設計です。ここで必要になるのは蛍光表示管の制御、クロック源、電源、DCDCコンバータが主な回路ブロックになります。以降でこれらをそれぞれ説明していきます。

■蛍光表示管の駆動回路

まず蛍光表示管の駆動回路の設計からです。蛍光表示管は図8-4-2のように、ヒータ電源とセグメントの制御とグリッドの制御とが必要になります。

ヒータ電源は単純に一定の電流を常時流すだけでよいので3.3V電源を使うことにします。ヒータ電源は仕様から0.8Vで26mAですから、

$(3.3V - 0.8V) \div 26mA \fallingdotseq 100\Omega$　となるので、100Ωの抵抗で電流制限して3.3Vに接続します。この抵抗の消費電力は$2.5V \times 25mA = 62.5mW$

となるため、発熱を考慮して1/4Wタイプを使います。

蛍光表示管のダイナミック点灯制御は図8-4-3のような接続構成で行います。桁の駆動は、マイコンから一定周期で1桁ずつ順番にオンとするように桁駆動ピンにHigh信号を出力します。この信号により桁ドライバ経由で蛍光表示管のグリッドに駆動電源（VH）が加えられて点灯するようにします。

これを実現するため桁ドライバにはTBD62783Aを使います。このドライバICはソースタイプですので、入力がHighとなると対応する出力ピンにVHが出力されます。

この桁に合わせて表示すべき数値のセグメントデータを、マイコンからセグメント駆動ピンに出力します。こちらも同じドライバICを使うと入力がHighとなった出力ピンにVHが出力されますから、アノードにVHが加えられて対応するセグメントが点灯することになります。これで指定された桁にそ

の桁の数値が表示されます。これを一定周期で繰り返すことでダイナミック点灯制御が実行されます。

●図8-4-3 蛍光表示管のダイナミック点灯制御方法

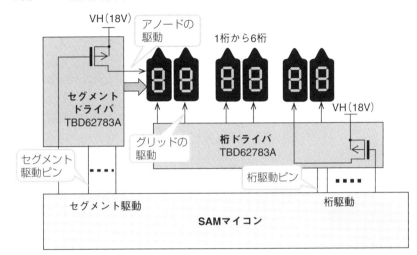

■クロック源

次にクロック源の選択です。時計の精度はクロック源となる発振器で決まってしまいます。今回はリアルタイムクロックIC RX8900を使いました。

このICは高精度で、仕様上は月差9秒の性能となっています。実際に使う環境により周波数がわずかに変動しますが、月差30秒はほぼ間違いなく出せると思います。これでクロックの精度の課題は簡単にクリアできます。ただこのICは表面実装タイプの超小型パッケージですので、これを変換基板に実装してDIP* タイプのパッケージにしたもの* を使います。

■電源

次が電源周りの設計です。必要な電源はマイコン用の3.3V以外に、蛍光表示管のヒータ用とグリッド用の電源が必要になります。

ヒータ用は3.3Vを使うことにしたので、25mA×6桁＝150mAの電流とマイコン用の電流を確保できれば通常の3端子レギュレータで問題ありません。本書では1AクラスのMCP1826S* を使いました。

残りはグリッド用の電源となります。12V以上で最大25V程度まで可変できる電源が必要になるため、ここはDCDCコンバータ* を使うことにし入力の5Vから生成します。これで電源全体は図8-4-4のような構成となります。

DIP
Dual In-Line Package
2.54mmピッチのピン配置のICパッケージ。

秋月電子通商で購入可能。

マイクロチップ社製。

DCDCコンバータ
直流電圧の入力から異なる電圧の直流を出力する回路のこと。

●図8-4-4 電源の構成

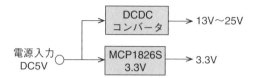

■DCDCコンバータ

次はDCDCコンバータの設計です。ここはDCDCコンバータ専用のICを使って簡単に構成することにします。このICにはDIPパッケージがあって安くかつ入手しやすいということで、JRCのNJM2360[*]を選択しました。このICの仕様は図8-4-5のようになっています。

秋月電子通商で購入可能。

●図8-4-5 DCDCコンバータIC NJM2360の仕様

入力電圧　　：2.5V ～ 40V
出力電圧　　：1.25V ～ 40V
出力電流　　：Max 1.5A
発振周波数　：100Hz ～ 100kHz
ドロップ電圧：250 ～ 400mV
リファレンス：1.25V ± 2%
許容電力　　：875mW
パッケージ　：8ピンDIP

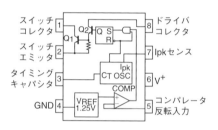

これを使った回路はデータシートを参考にして図8-4-6のようにしました。

右側が入力で5Vとし、左側の出力電圧は可変抵抗VR1で可変できるようにしました。R5＋VR1とR6で分圧するので、$1.25[*] \times (24.2 \div 2.2) = 13.75V$　から、$1.25 \times (44.2 \div 2.2) = 25V$の範囲で可変できることになります。R21で電流制限ができます。0.3Ωで1Aとなりますが、本書ではこの抵抗を省略しました。

IC内部のリファレンス電圧が1.25V
22k + 2.2k　から
22k + 20k + 2.2k

●図8-4-6 DCDCコンバータの回路

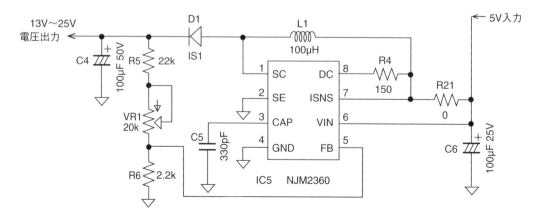

またスイッチング周波数はデータシートから図8-4-7で示されたようにタイミングキャパシタの値により可変でき、最高100kHzまでできます。通常は周波数が高いほど効率が良いはずですので、タイミングキャパシタを330pFとして約60kHz程度のスイッチング周波数としました。これでL1のコイルは100uHでも十分な容量とすることができます。平滑用のコンデンサC4には、ちょっと大きめの容量で50V耐圧*のものを使いました。

25Vの電圧で使える耐圧が必要なため。

● 図8-4-7　タイミングキャパシタと発振周波数（データシートより）

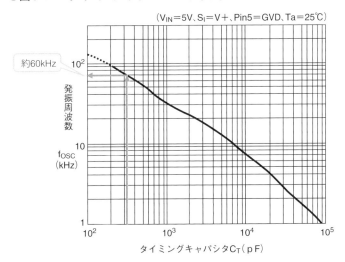

■時刻の設定

次に時刻の設定方法を考えます。時計として使うためには、電源オンしたあと、現在時刻に合わせる設定が必要になります。この設定方法は次のようにすることにしました。

①時と分はそれぞれ独立のスイッチとし、スイッチを押している間、一定間隔で時か分をカウントアップします。
②秒のスイッチを押したとき00秒にすることにします。

これで、秒のスイッチを押し続けて較正元の時刻が00秒になったときにスイッチを離せば時刻同期が取れることになります。

したがって、時刻設定のためにはスイッチを3個用意すればよいということになります。

■全体回路

これで主要な部分の回路設計が完了したので、全体回路を設計します。
本書では回路設計と基板設計にEagleというツールを使っています。
設計完了した全体回路図*が図8-4-8となります。

回路図と組立図と基板のパターン図は、巻末掲載の技術評論社サポートサイトからPDFがダウンロードできる。

●図8-4-8　蛍光表示管時計の全体回路図

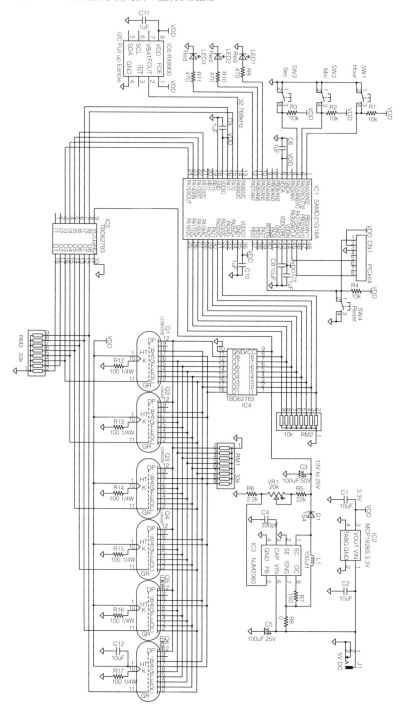

回路図の左上側にある3個のスイッチが時分秒の設定用です。また3個のLEDはテスト用で実際には使いません。マイコンのプログラムデバッグ用に使います。

ここで、蛍光表示管のダイナミックスキャンを行うとき、問題があります。

それは桁がオンからオフになったとき、蛍光表示管のピンに付随する容量成分が大きいため、桁の表示がすぐ消えず残ってしまうことです。このため次の桁に移るとき、表示の一部が残ってちらついてしまいます。

これを避けるため、RM1とRM3の抵抗アレイで各ラインをGNDにプルダウンすることで、容量成分に残っている電荷を素早く放電して表示がすぐ消えるようにしています。

またもう1つ問題があります。それはマイコンのスタート時やリセットしたとき、出力がトライステートになっているためHighと認識され、全桁が表示状態となってDCDCコンバータの電流が増え発熱してしまうことです。

これを避ける目的で、RM2の抵抗モジュールでトライステートの出力をGNDにプルダウンしています。

8-4-4　基板製作

全体回路設計が完了したので、そのままEagleで基板設計をします。本書ではプリント基板を自作*して製作しています。

図8-4-8の回路図を元に作成したプリント基板の組立図が図8-4-9で、必要な部品が表8-4-2となります。

片面のプリント基板で製作しているので、太い線がジャンパ線です。

色付きの部品は表面実装部品なので、はんだ面側に実装します。

IC1のマイコンは48ピンで0.5mmピッチの小型パッケージですので、そのままでは扱いにくいため変換基板に実装*して使っています。変換基板に実装したマイコンは、丸ピンのヘッダピンとソケットで着脱ができるようにしています。

組み立て手順は次のようにすると進めやすいと思います。

①表面実装部品をはんだ面側に実装する
②ジャンパ配線を行う（スイッチのジャンパは不要）
③抵抗を実装する
　　抵抗のリード線を直角に曲げ穴に挿入してから基板を裏返せば固定されるのでそのままはんだ付けし、リード線をカットする
④ICソケット類の実装
　　万一逆向きだったりしたとき簡単に取り外せるようにしておくため、とりあえず実装したら対角の2ピンだけはんだ付けして固定する

実際の製作例

ECADで版下を作り、市販の感光基板に紫外線で露光し、現像、エッチング、穴開けして作成する。

変換基板への実装方法は付録を参照のこと。

⑤残りの部品は背の低い順に実装する

⑥ICソケットなどの全ピンをはんだ付けする

⑦最後に蛍光表示管を実装する

蛍光表示管はヒータのリード線に赤いビニール管が通されているのですが、ちょっと長いのでビニール管を1/3程度の長さに切断します。このときビニール管を外すとピンを見失ってしまうので、曲げるなどして後で見失わないようにしておきます。

ピンが長く基板の穴に入れにくいので、ピンセットでリード線を曲げながら1ピンずつ挿入します。ピンは柔らかいので曲げやすくなっています。挿入をできるだけ深くして、外れないようにするのがコツです。

数字の表示位置の高さも合わせるようにする。

数字表示の向きが正面を向く*ようにします。これを6本実装したら完了です。

●図8-4-9 基板の組立図

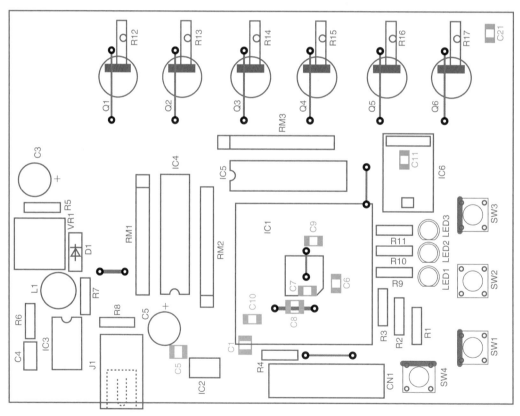

▼表8-4-2　蛍光表示管時計に必要な部品表

型　番	種　別	型番、メーカ	数量
IC1	マイコン	ATSAMD21G18A-AUT（変換基板に実装）	1
IC2	レギュレータ	MCP1826S-3302E/DB（マイクロチップ社）	1
IC3	DCDCコンバータ	NJM2360AD	1
IC4、IC5	ドライバ	TBD62783APG	2
IC6	リアルタイムクロック	RX8900 DIP化モジュール（秋月電子通商）	1
D1	ダイオード	1S4	1
L1	コイル	100uH　2A	1
Q1-Q6	蛍光表示管	LD8035E（共立エレショップ）	6
LED1-LED3	発光ダイオード	赤　OSR5JA3Z74A	3
VR1	可変抵抗	20kΩ　TSR3386K-EY5-103TR	1
R1、R2、R3、R4	抵抗	10kΩ　1/6W	4
R5	抵抗	22kΩ　1/6W	1
R6	抵抗	2.2kΩ　1/6W	1
R7	抵抗	150Ω　1/6W	1
R8	抵抗	0.3Ω 1Wまたはジャンパ	1
R9、R10、R11	抵抗	470Ω　1/6W	3
R12-R17	抵抗	100Ω　1/4W	6
RM1、RM3	抵抗アレイ	33kΩ×8	2
RM2	抵抗アレイ	10kΩ×8	1
C1、C2、C8、C12	チップコンデンサ	10uF 25V　3225/3216サイズ	4
C3	電解コンデンサ	100uF　50V	1
C4	セラミック	330pF	1
C5	電解コンデンサ	100uF　25V	1
C6、C7、C9、C10、C11	電解コンデンサ	1uF　16Vor25V　2012サイズ	5
SW1、SW2、SW3、SW4	タクトスイッチ	小型基板用	4
	ICソケット	8P	1
	ICソケット	18P	2
	ヘッダソケット	6×2列　丸ピンヘッダソケット（40×2列を切断して使う）（サトー電気）	4
	ヘッダピン	6×2列　丸ピンヘッダ（40×2列を切断して使う）（サトー電気）	4
	変換基板	0.5mmピッチQFP48ピン変換基板 AE-QFP48PR5-DIP（秋月電子）	1
CN1	ヘッダピン	角型ヘッダ8×1列　L型	1
J1	DCジャック	2.1mm標準ジャック	1
	基板	P10K感光基板	1
ゴム足		透明ゴムクッション	4

組み立てが完了した基板の写真が写真8-4-3と写真8-4-4となります。丸ピンのヘッダピンソケットに変換基板に実装したマイコンが挿入されています。

　右上がDCDCコンバータ部になります。可変抵抗で電圧の調整ができます。

　左下側にリアルタイムクロックICがあり、この発振パルスが時計用のパルスとなります。下側に6本の蛍光表示管が並んでいます。

　上側にあるヘッダピンがPICkit4用のコネクタとなっています。

●写真8-4-3　部品面

　はんだ面の写真です。ここにはレギュレータとチップコンデンサが実装されています。

●写真8-4-4　はんだ面

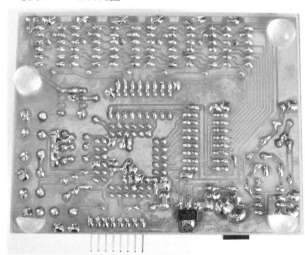

8-4-5 基板単体のテスト

基板の組み立てが完了したら、マイコンは実装しないで、ACアダプタを接続してみます。手で触って熱くなっている部品がないかどうかをチェックします。万一熱くなっている部品があったら、すぐACアダプタを抜きます。

このような場合は何らかの実装間違いか、はんだ付け不良があるということですから、念入りに調べます。特に次のような点をチェックします。

①ICなどの向きが逆になっていないか
②はんだブリッジがないか
　電源とGNDがショートしていないか
③抵抗値の桁まちがいがないか

特に問題がなければテスタなどで電源電圧をチェックします。3.3Vが正常に出ていることを確認します。

さらにDCDCコンバータの出力電圧を確認し、可変抵抗で電圧が13Vから25Vの範囲で可変できることを確認します。

これが正しく出ていれば基板単体は完成したということになります。

この電源が異常だとマイコンを壊す可能性があるため、十分にチェックしてください。

8-4-6 プログラムの製作

ハードウェアが完成したので、次はプログラムの製作です。プログラムの全体フローは図8-4-10のようにしました。初期化関連はすべてMHCに任せています。

時刻のカウントは、リアルタイムクロックICからの32,768KHzの周期のパルスによる外部割り込み（EIC：External Interrupt Controller）によりすべてソフトウェアで行います。この割り込みが32768回入ったら1秒ですから、このとき時刻をカウントアップ*します。

ダイナミック点灯制御はTC3の1msec周期*の割り込みで行います。出力制御はすべてGPIOの汎用出力で行っています。

メインループではTC3の割り込み処理でFlagがオンとなるのを待ちます。これで1msecごとに6桁の点灯制御を順番に繰り返します。続けてスイッチのチェックを行い、押されていたら時刻の設定処理を実行します。

RTCモジュールを使わずプログラムでカウントしている。

6本で1周期が6msecなので、 約167Hzの繰り返しとなる。これでも十分連続点灯としてみることができる。

●図8-4-10　プログラム全体フロー

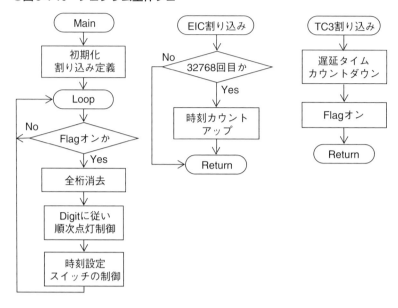

■MHCによる設定

　まずMHCの設定です。周辺モジュールとしてはTC3とEICを追加します。
　クロックの設定は、メインメニューから[MHC]→[Tools]→[Clock Configuration]と選択してから、[Clock Easy View]タブをクリックして開く画面で設定します。デフォルトの48MHzを使い、CPU、TC3、EICのすべてに供給します。
　次にTC3の設定は図8-4-11のように1msec周期に設定します。

●図8-4-11　TC3のMHCの設定

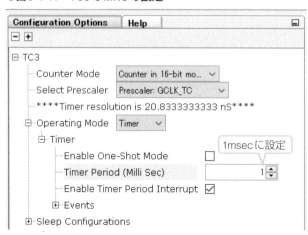

次が外部割り込み（EIC）入力ピンの設定で、この時計の回路ではPA09の Channle9に32.768kHzのパルスが接続されているので、図8-4-12のように立ち上がりエッジ*で設定します。

これで 約30μsec周期で割り込みが入ることになる。

●図8-4-12　EICのMHCの設定

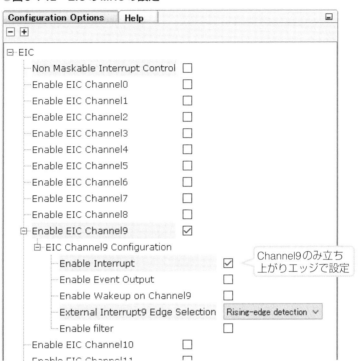

次に入出力ピンの設定で、メインメニューから［MHC］→［Tools］→［Pin Configuration］と選択してから、［Pin Settings］のタブをクリックして開く画面で図8-4-13のように設定します。3個のスイッチをGPIOの入力に、LEDを GPIOの出力に設定します。スイッチのプルアップはハードウェアでプルアップしているので、チェックしなくても問題ありません。

次がEICの設定です。PA09ピンをEICピンとします。

次が桁制御とセグメント制御ピンの設定で、いずれもGPIOの出力ピンとしています。セグメントにはAからGとDPの名称*をセットしていますが、こちらはグループ制御により一括で行うので名前は使用しません。

念のための設定。

369

● 図8-4-13　入出力ピンの設定

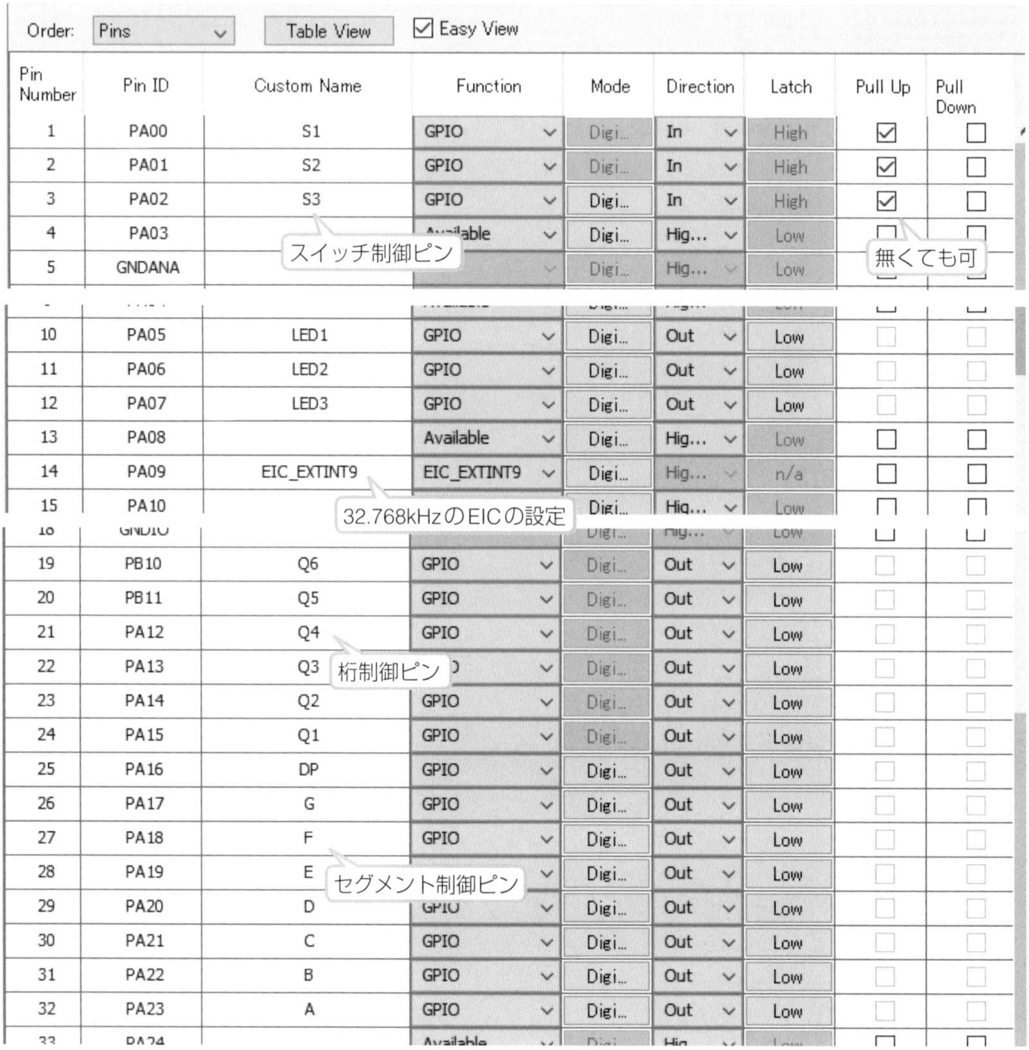

Order: Pins　　　[Table View]　☑ Easy View

Pin Number	Pin ID	Custom Name	Function	Mode	Direction	Latch	Pull Up	Pull Down
1	PA00	S1	GPIO	Digi...	In	High	☑	☐
2	PA01	S2	GPIO	Digi...	In	High	☑	☐
3	PA02	S3	GPIO	Digi...	In	High	☑	☐
4	PA03		Available	Digi...	Hig...	Low	☐	☐
5	GNDANA			Digi...	Hig...	Low		
10	PA05	LED1	GPIO	Digi...	Out	Low	☐	☐
11	PA06	LED2	GPIO	Digi...	Out	Low	☐	☐
12	PA07	LED3	GPIO	Digi...	Out	Low	☐	☐
13	PA08		Available	Digi...	Hig...	Low	☐	☐
14	PA09	EIC_EXTINT9	EIC_EXTINT9	Digi...	Hig...	n/a	☐	☐
15	PA10			Digi...	Hig...	Low	☐	☐
18	GNDIO			Digi...	Hig...	Low	☐	☐
19	PB10	Q6	GPIO	Digi...	Out	Low	☐	☐
20	PB11	Q5	GPIO	Digi...	Out	Low	☐	☐
21	PA12	Q4	GPIO	Digi...	Out	Low	☐	☐
22	PA13	Q3	GPIO	Digi...	Out	Low	☐	☐
23	PA14	Q2	GPIO	Digi...	Out	Low	☐	☐
24	PA15	Q1	GPIO	Digi...	Out	Low	☐	☐
25	PA16	DP	GPIO	Digi...	Out	Low	☐	☐
26	PA17	G	GPIO	Digi...	Out	Low	☐	☐
27	PA18	F	GPIO	Digi...	Out	Low	☐	☐
28	PA19	E	GPIO	Digi...	Out	Low	☐	☐
29	PA20	D	GPIO	Digi...	Out	Low	☐	☐
30	PA21	C	GPIO	Digi...	Out	Low	☐	☐
31	PA22	B	GPIO	Digi...	Out	Low	☐	☐
32	PA23	A	GPIO	Digi...	Out	Low	☐	☐
33	PA24		Available	Digi...	Hig...	Low	☐	☐

（吹き出し注記）
- スイッチ制御ピン
- 無くても可
- 32.768kHzのEICの設定
- 桁制御ピン
- セグメント制御ピン

■コード生成と修正

　これだけの設定でGenerateします。プログラム記述が必要なのはメイン関数のみです。まず宣言部と割り込み処理関数部はリスト8-4-1のようになります。

　データ定義部で数値からセグメント出力データに変換するための配列データを定義していますが、ここでは入出力ピンをグループ制御により一括で出力するため、32ビットのデータとして定義しています。使うのはBIT16からBIT23の8ビットのみ[*]です。

　次にEICの割り込み処理関数で、この割り込みはリアルタイムクロックか

32ビットの中間のビットのデータ定義となる。

370

らの32,768kHzでパルス入力されますから、この割り込みは32768回入力された ら1秒ということです。この1秒ごとに時刻をプログラムでカウントアップ しています。

次がTC3の割り込み処理関数で、1msec周期の割り込みで、ここではFlag をセットしてからスイッチ操作用の遅延タイマ*をカウントダウンしています。

リスト 8-4-1　メイン関数の前半部

時刻設定用のカウント パルスのインターバル 用遅延。

```
/*************************************************
*  VFDクロック      VFD_Clock1
*    蛍光表示管を使った時計
   *************************************************/
#include <stddef.h>                // Defines NULL
#include <stdbool.h>               // Defines true
#include <stdlib.h>                // Defines EXIT_FAILURE
#include "definitions.h"           // SYS function prototypes

volatile uint8_t SEC, MIN, HOUR, Flag, Digit, Temp;
volatile uint16_t interval, delay;
uint32_t Seg[11] = {0xFC0000,0x600000,0xDA0000,0xF20000,0x660000,
        0xB60000,0xBE0000,0xE00000,0xFE0000,0xE60000,0x000000};
/** EIC割り込み処理関数 ***/
void EIC_Process(uintptr_t context)
{
    interval++;                    // カウントアップ
    if(interval >= 32768){         // 32768回カウント
        LED1_Toggle();             // 目印LED
        interval = 0;              // リセット
        SEC++;                     // 秒カウントアップ
        if(SEC >= 60){             // 60秒で分カウントアップ
            SEC = 0;
            MIN++;
            if(MIN >= 60){         // 60分で時間カウントアップ
                MIN = 0;
                HOUR++;
                if(HOUR >= 24)     // 24時で0時に戻す
                    HOUR = 0;
            }
        }
    }
}
/******** TC3割り込み処理関数 **********/
void TC3_ISR(TC_TIMER_STATUS status, uintptr_t context){
    Flag = 1;
    if(delay != 0)                 // 設定用遅延時間生成
        delay--;
}
```

次がメイン関数本体部でリスト8-4-2となります。

最初は初期化部でシステム初期化のあと、TC3の割り込み処理関数とEIC の割り込み処理関数の定義をしています。

メインループでは、24時間時計を12時間時計にしてから、桁制御に入ります。

ピン名称のQ1からQ6を使って1ビット制御。

32ビットまとめて制御。

この桁制御では表示のちらつきを防止するためいったん全桁を消去してから次の桁を制御します。ここでは1msecごとに1桁を順次制御*しています。

セグメント制御ピンにはグループ制御*で8ビットをまとめて出力しています。このあと、桁を点灯させるため桁制御ピンをHighにしています。

最後がスイッチの制御で時間と分ではスイッチが押されている間一定間隔でカウントアップさせています。この一定間隔をdelay変数で指定していて、TC3の1msec周期の割り込み処理の中でdelay変数をカウントダウンして遅延を生成しています。秒はゼロクリアしているだけです。

リスト 8-4-2 メイン関数本体部の詳細

```
/*** メイン関数 ****/
int main ( void )
{
    /* Initialize all modules */
    SYS_Initialize ( NULL );
    /** TC3割り込み巻子定義  スタート ***/
    TC3_TimerCallbackRegister(TC3_ISR,(uintptr_t) NULL);
    TC3_TimerStart();
    /** 変数初期化 ***/
    interval = 0;
    SEC = 0;
    MIN = 0;
    HOUR = 0;
    Digit = 0;
    Flag = 0;
    /*** 32kHz の割り込み EIC 割り込み **/
    EIC_CallbackRegister(EIC_PIN_9, EIC_Process, (uintptr_t)NULL);
    EIC_InterruptEnable(EIC_PIN_9);
    /****** メインループ *****/
    while ( true )
    {
        if(Flag == 1)                          // 1m秒待ち
        {
            Flag = 0;
            Temp = HOUR;
            if(Temp > 12)                      // 24時間から12時間へ変換
                Temp -= 12;
            /** いったん全桁クリア ****/
            PORT_GroupWrite(PORT_GROUP_0, 0x0000F000, 0);
            Q5_Clear();
            Q6_Clear();
            /*** 各桁の表示 *****/
            switch(Digit){                     // 桁ステート
                case 0:                        // 秒表示
                    PORT_GroupWrite(PORT_GROUP_0, 0x00FF0000, Seg[SEC % 10]);
                    Q1_Set();                  // 桁駆動
                    Digit++;
                    break;
                case 1:                        // 10秒表示
                    PORT_GroupWrite(PORT_GROUP_0, 0x00FF0000, Seg[SEC / 10]);
                    Q2_Set();
                    Digit++;
```

TC3割り込み処理関数の定義

EIC割り込み処理関数の定義

Flagセット待ち

ちらつき防止

1桁ごとに順番に実行する

```
                        break;
                    case 2:                        // 分表示
                        PORT_GroupWrite(PORT_GROUP_0, 0x00FF0000, Seg[MIN % 10]);
                        Q3_Set();
                        Digit++;
                        break;
                    case 3:                        // 10分表示
                        PORT_GroupWrite(PORT_GROUP_0, 0x00FF0000, Seg[MIN / 10]);
                        Q4_Set();
                        Digit++;
                        break;
                    case 4:                        // 時表示
                        PORT_GroupWrite(PORT_GROUP_0, 0x00FF0000, Seg[Temp % 10]);
                        Q5_Set();
                        Digit++;
                        break;
                    case 5:                        // 10時表示
                        PORT_GroupWrite(PORT_GROUP_0, 0x00FF0000, Seg[Temp / 10]);
                        Q6_Set();
                        Digit = 0;                 // 最初に戻す
                        break;
                    default:
                        break;
                }
                /*** 時刻設定 *****/
                if((S1_Get() == 0)&&(delay == 0)){ // 時間の設定
                    HOUR++;                        // カウントアップ
                    if(HOUR >=24)                  // 23の次は0
                        HOUR = 0;
                    delay = 250;                   // 一定間隔
                }
                if((S2_Get() == 0)&&(delay == 0)){ // 分の設定
                    MIN++;                         // カウントアップ
                    if(MIN >= 60)                  // 59の次は0
                        MIN = 0;
                    delay = 250;                   // 一定間隔
                }
                if(S3_Get() == 0){                 // 秒設定
                    SEC = 0;                       // 0にセット
                    interval =0;
                }
            }
        }
    }
```

スイッチが押されている間一定間隔でカウントアップする

ゼロにセット

8-4-7 動作確認

すべての製作が完了したら動作を確認します。プログラムをコンパイルして書き込めばすぐ動作を開始します。

まず、蛍光表示管の明るさのチェックです。可変抵抗を回すと明るさが変わることを確認しましょう。最小の電圧設定でも十分な明るさで点灯するはずです。電源オンしてからしばらくは明るさにばらつき*があるかもしれませんが、10分ほど経てば明るさが揃ってくると思います。それでも明るさに大きな差があるときは蛍光表示管本体のばらつきですので、ヒータに直列に入れている100Ωの抵抗を変更して明るさを調整します。

真空管のヒータが一定温度になるまで。

次に時刻を設定して現在時刻に合わせます。時間と分はスイッチを押している間カウントアップするので、合わせる時間でスイッチを離せば時刻セットができます。その後秒セットのスイッチを押したまま、基準時計を見ながら00秒になると同時にスイッチを離せばピッタリと秒の時刻合わせができます。そのままでしばらく動作させて大きく時刻が狂わなければ、正常動作しています。

数日間連続で動作させて時刻のズレ*を確認してみてください。

写真8-4-5が動作中の蛍光表示管時計です。

月差30秒以下ですから、1日で1秒のずれがあるかないかというレベル。

●写真8-4-5　蛍光表示管時計の動作中

374

付録A マイコンのはんだ付け方法

本書では48ピンのTQFPパッケージのSAMファミリマイコンを使いました。この0.5mmピッチの48ピンのパッケージを直接自作基板にはんだ付けするにはかなりの高等技術が必要です。

しかし市販されている変換基板を使うと、意外と簡単に多ピンパッケージのはんだ付けができます。

本書で使用した変換基板は写真A-1のようなものです。この変換基板はICの端子部が金メッキ*されていてよく滑るので、ICを載せての位置合わせが容易です。

> はんだメッキの場合は盛り上がっているため、ピン位置をピッタリ合わせるのが難しい。

●写真A-1　使用した変換基板

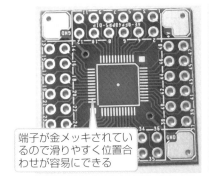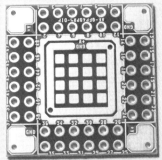

端子が金メッキされているので滑りやすく位置合わせが容易にできる

この変換基板にICを実装する際には、写真A-2のような洗浄剤とはんだ吸収線、それと写真ネガチェック用の拡大ルーペ(10倍以上)をうまく使います。手順は次のようにします。

●写真A-2　活用する道具

洗浄剤　　　　　　　はんだ吸収線　　　　　　拡大ルーペ

1 位置合わせ

通常は1ピンの位置を意識して合わせる必要があるが、ここでは位置は自由。

最初にICを載せて位置を合わせます。このときは指でICを軽く押さえながら微妙に動かして4面のピンの位置*がパターンにピッタリ合うように調整します。このとき拡大ルーペで拡大しながら確認します。

●写真A-3　位置合わせ

拡大して見ながら
位置を合わせる

2 仮固定

任意の端の数ピンだけに限定すること。はんだは1mmΦ以下のほうが扱いやすい。

いずれかの端の数ピンだけを仮はんだ付け*します。そして細かな位置修正をピンのはんだ付けをやり直しながら行います。やはり拡大ルーペを使います。この時点で確実に4面のピンがピッタリ変換基板のパターンと合っているようにすることがポイントです。この位置合わせの良し悪しで完成度が決まります。

●写真A-4　仮固定

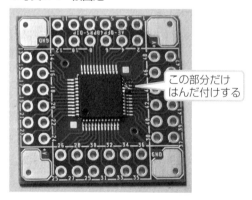

この部分だけ
はんだ付けする

3 はんだ付け

最初の面のときICが動かないように気を付ける。

位置合わせができたら、はんだ付けしていない面からすべてはんだ付け*します。はんだはたっぷり供給するようにして行い、**ピン間がブリッジしても**

気にせず十分はんだが載るようにします。4面ともすべてはんだ付けしてしまいます。この状態が写真A-5となります。結構たっぷりのはんだを使っています。

●写真A-5　はんだ付け

たっぷりのはんだで
はんだ付け

4 はんだの除去

はんだ吸収線を使って余分なはんだを吸い取ります。吸収線の幅は1.5mmか2mm程度の細いほうが作業しやすいと思います。はんだ吸収線にフラックスが含まれているので、はんだが溶けやすくよく吸収してくれます。

これで余分なはんだも取れますし、ブリッジ[*]もきれいに取り去ることができます。意外と簡単にしかもきれいに除去できます。

隣接するピン間がはんだでつながっている状態。吸収線で簡単に取れる。

●写真A-6　はんだの除去

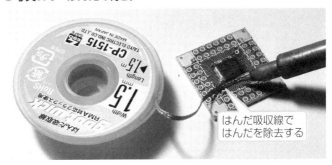

はんだ吸収線で
はんだを除去する

5 洗浄とチェック

フラックスでかなり汚れるので、洗浄液と綿棒などを使ってきれいに拭き取ります。そのままでは汚いですし、酸化して動作に悪影響することもあります。このあと、拡大ルーペを使って念入りにブリッジやはんだくずなどがないかをチェック[*]します。照明にかざしながらチェックすると見つけやすいと思います。終了した基板が写真A-7となります。

動作不良の原因になり、あとから発見するのは難しくなるので念入りにチェックする。とくにピンの奥の方でブリッジしていないかをチェックする。

●写真A-7　フラックスで洗浄

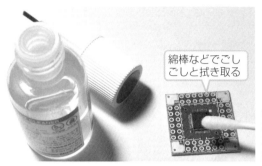

綿棒などでごし
ごしと拭き取る

実装が終了した基板

⑥ ピンヘッダのはんだ付け

　これでICのはんだ付けは終了ですが、あとは基板の周囲に丸ピンヘッダを
はんだ付けします。

角ピンのヘッダを使う
と挿入に力が必要に
なってしまう。

　挿入しやすいように丸ピン型*のヘッダピンを使います。通常は40ピン2列
で提供されているので、カッター等で切断して使います。

　完成したデバイスが写真A-8となります。

●写真A-8　完成したマイコン基板

索 引

参考文献

1. "SAM D21/DA1 Family Data Sheet", DS40001882E

2. "MPLAB PICkit 4 In-Circuit Debugger User's Guide", DS50002751E

3. "32-bit PIC and SAM Microcontrollers Peripheral Integration", DS60001455D

4. "Atmel-42220-SAMD21-Xplained-Pro_User-Guide", Atmel-42220B

5. Web Site https://microchipdeveloper.com/

6. Web Site https://microchipdeveloper.com/harmony3:start

7. Web Site https://microchipdeveloper.com/harmony3:samd21-getting-started-training-module

8. Web Site https://microchipdeveloper.com/32bit:start

9. Web Site https://microchipdeveloper.com/32arm:samd21-mcu-overview

図表について
表1-3-2：32bit PIC and SAM Microcontrollers Peripheral Integration Quick Reference Guideより抜粋
表2-1-1/図2-1-1/図2-2-1/図2-2-2/図2-2-3/図2-3-2/図2-4-1/図2-4-2/図2-5-1/図2-7-1/図2-8-1/図2-8-4/図2-9-1/
図2-9-2/図2-10-2/表2-11-1/図6-2-7/図6-2-8/図6-2-14/図6-3-2/図6-3-3/図6-7-2/図6-8-2/図7-3-1：データシート
（SAMD21-Family-DataSheet）を元に作成
図5-1-1/図5-1-2/図7-1-1：Webサイト（https://microchipdeveloper.com/harmony3:start）を元に作成

当社サイトからのダウンロードについて

以下のWebサイトから、本書で作成したデバイスのプログラムや演習ボードの回路図・パターン図・実装図をダウンロードできます。

https://gihyo.jp/book/2020/978-4-297-11291-2/support

● Hardwareフォルダ

デバイスの回路図・パターン図・実装図が収録されています。例えば、トレーニングボードならばSAMD21G_UIOV2_BRD.pdf（実装図）SAMD21G_UIOV2_PTN.pdf（プリント基板のパターン図）、SAMD21G_UIOV2_SCH.pdf（回路図）の3つが収録されています。

プリント基板のパターン図は、インクジェット用OHP透明フィルムにできるだけ濃く印刷し、感光基板に露光して現像・水洗い・エッチング・感光材除去・穴開け・フラックス塗布で基板ができあがります。詳しくは当社刊の書籍「電子工作は失敗から学べ！」の巻末に掲載しています。

● Firmwareフォルダ

本書で作成したSAMマイコン用のプログラムです。各プロジェクトごとにフォルダにまとめられています。プロジェクトフォルダの中に、C言語によるソースファイルや、コンパイル済みのオブジェクトファイル、ライブラリなどがすべて納められています。すでにプロジェクトとして構築済みなので、MPLAB X IDEで開くことができます。

プロジェクトを開くには、メインメニューから[File]→[Open Project…]で開きたいプログラムがあるフォルダに移動し、「○○.x」というプロジェクトファイルを選択して[Open Project]をクリックします。詳細はp.116などをご覧ください。

■著者紹介
後閑 哲也　Tetsuya Gokan

1947年　愛知県名古屋市で生まれる
1971年　東北大学　工学部　応用物理学科卒業
1996年　ホームページ「電子工作の実験室」を開設
　　　　子供のころからの電子工作の趣味の世界と、仕事として
　　　　いるコンピュータの世界を融合した遊びの世界を紹介
2003年　有限会社マイクロチップ・デザインラボ設立
著書　　「PIC16F1 ファミリ活用ガイドブック」「電子工作の素」
　　　　「PICと楽しむRaspberry Pi活用ガイドブック」「電子工作入門以前」
　　　　「C言語によるPICプログラミング大全」「逆引き PIC電子工作 やりたいこと事典」

Email　gokan@picfun.com
URL　　http://www.picfun.com/

●カバーデザイン　　　平塚兼右（PiDEZA Inc.）
●カバーイラスト　　　石川ともこ
●本文デザイン・DTP　（有）フジタ
●編集　　　　　　　　藤澤奈緒美

ARMマイコンで電子工作
SAMファミリ活用ガイドブック

2020年5月1日　　　初版　第1刷発行

著　者　後閑　哲也
発行者　片岡　巌
発行所　株式会社技術評論社
　　　　東京都新宿区市谷左内町21-13
　　　　電話　03-3513-6150　販売促進部
　　　　　　　03-3513-6166　書籍編集部
印刷／製本　図書印刷株式会社

定価はカバーに表示してあります。

ISBN978-4-297-11291-2 C3055
Printed in Japan

■注意

　本書に関するご質問は、FAXや書面でお願いいたします。電話での直接のお問い合わせには一切お答えできませんので、あらかじめご了承下さい。また、以下に示す弊社のWebサイトでも質問用フォームを用意しておりますのでご利用下さい。

　ご質問の際には、書籍名と質問される該当ページ、返信先を明記して下さい。e-mailをお使いになれる方は、メールアドレスの併記をお願いいたします。

■連絡先

〒162-0846
東京都新宿区市谷左内町21-13
（株）技術評論社　書籍編集部
|ARMマイコンで電子工作
　SAMファミリ活用ガイドブック」係
　FAX番号：03-3513-6183
　Webサイト：https://gihyo.jp